TABELLE

DER

HAUPTLINIEN DER LINIENSPEKTRA ALLER ELEMENTE

NACH WELLENLÄNGE GEORDNET

VON

H. KAYSER

GEHEIMER REGIERUNGSRAT · PROFESSOR
DER PHYSIK AN DER UNIVERSITÄT BONN

SPRINGER-VERLAG BERLIN HEIDELBERG GMBH

ISBN 978-3-662-01734-0   ISBN 978-3-662-02029-6 (eBook)
DOI 10.1007/978-3-662-02029-6

Vorwort.

In dem sechsten Band meines Handbuches der Spektroskopie, welcher 1913 erschien, habe ich eine Tabelle der stärksten Spektrallinien aller Elemente, nach der Wellenlänge geordnet, herausgegeben. Sie ist in den verflossenen 13 Jahren stark veraltet, zwar nicht unbrauchbar, aber ungenügend geworden. Damals standen wir gerade am Anfang der Einführung der Internationalen Normalen zweiter Ordnung; die vorliegenden Messungen waren fast sämtlich ohne ihre Hilfe gemacht. Seitdem sind sie nicht nur allgemein angewendet worden, sondern man hat auch erkannt, daß mehrere von ihnen ungeeignet sind, und hat sie durch bessere ersetzt. Im ganzen wird man sagen können, daß die Genauigkeit der Messung um eine Dezimale vorgerückt ist; bei etwa 10% der stärkeren Linien hat die Angabe der Tausendstel A Berechtigung.

Außer der Zunahme der Genauigkeit haben wir eine beträchtliche Erweiterung der Grenzen des bekannten Gebietes zu registrieren: auf der langwelligen Seite, um 1 μ herum, sind durch Photographie und Strahlungsmesser eine Menge neuer Linien gefunden. Besonders reich aber ist der Gewinn auf der Seite der kurzen Wellen, wo die Grenze um etwa 4 Oktaven weiter hinausgeschoben ist, von etwa 2000 A bis 125 A. Freilich sind in diesem Gebiet die Kenntnisse noch sehr lückenhaft; bei vielen Linien wird nicht nur die Wellenlänge recht falsch, sondern auch der chemische Ursprung unrichtig angegeben sein. Der jetzige Zustand dieses Spektralgebietes gleicht dem des sichtbaren Teiles vor 50 Jahren, als Lockyer und Liveing und Dewar ihre Arbeiten begannen, und dann Rowland kam.

Noch in anderer Beziehung sind wir heute viel weiter: Die zuerst von Plücker und Hittorf festgestellte Tatsache, daß ein Element mehrere ganz verschiedene Spektra zeigen könne, eine Tatsache, welche Lockyer durch Temperatureinfluß und Dissoziation deuten zu sollen meinte, ist inzwischen aufgeklärt worden: Es handelt sich in der Tat um eine Dissoziation, wenn auch in ganz anderem Sinne, als es Lockyer ahnen konnte: um verschiedene Stufen der Ionisation, indem 1, 2 oder mehr Elektronen von dem Atom abgespalten werden. Man nimmt heute an, daß die Linien, welche in Flammen auftreten und den Charakter des Bogenspektrums bedingen, vom gewöhnlichen neutralen Atom herrühren, und bezeichnet solche Atome mit I, z. B. Al I. Wird die Anregung schärfer, so verliert das Atom ein Elektron, es entsteht in Wahrheit ein anderes Element, das man Al II nennt, welches ein ganz anderes Spektrum gibt als Al I. Bei weiterer Verschärfung der Anregung geht ein zweites Elektron ab, es entsteht Al III mit wieder anderem Spektrum, usw. Für gewöhnlich sind in jeder Lichtquelle Gemische der verschiedenen Atome vorhanden, wobei nur je nach der Art der Anregung eine Art überwiegt. Das hat die Erkennung der Tatsache der Ionisation und die Trennung der verschiedenen Spektralstufen so lange verzögert und erschwert. Erst im letzten Jahrzehnt hat die Bohrsche Vorstellung über den Atombau und die Gesetze des Spektralbaus zu einer immer schneller fortschreitenden Entwirrung der verschiedenen Ionisationsstufen geführt, so daß heute schon etwa 15% aller stärkeren Linien einer bestimmten Ionisationsstufe zugeordnet werden können.

Eine neue Tabelle, welche alle diese sehr erheblichen Fortschritte berücksichtigt, schien daher dringend erforderlich, und mir sind so vielfach dahinzielende Wünsche zu Ohren gekommen, daß ich mich entschlossen habe, die sehr große Arbeit zu unternehmen, deren Resultat ich hiermit vorlege.

Die neue Tabelle unterscheidet sich noch in zwei Punkten von der alten: damals sollte der Übergang von der Rowlandschen Skala auf die internationale gemacht werden, und es schien zweckmäßig, alle Wellenlängen nach beiden Skalen anzugeben, soweit eine Umrechnung möglich ist. Heute ist der Übergang vollzogen, und es ist an der Zeit, daß die Angaben nach Rowland verschwinden, obgleich sich immer noch gelegentlich Beobachter finden, die nach Rowland messen, sehr zum Schaden der Genauigkeit ihrer eigenen Arbeit. — So habe ich denn jetzt alle Angaben ausschließlich nach der internationalen Skala gemacht, gebe aber am Schlusse dieses Vorwortes noch einmal meine alte Tabelle zur Umrechnung der Rowlandschen Werte auf internationale. Ihre Kenntnis ist gelegentlich nötig, wenn man ältere Messungen verwerten will oder muß, weil keine neueren vorliegen. Diese Tabelle war aus den besten damals vorliegenden Messungen gewonnen. Heute haben wir viel bessere, aber ich habe mich überzeugt, daß eine mit ihnen hergestellte Korrektionstabelle das gleiche Resultat liefert, und Behner[1]) hat gezeigt, daß man dasselbe erhält, wenn man, statt im wesentlichen Eisenlinien zugrunde zu legen, Titanlinien nimmt. Für die ganz langen Wellen ist, soweit sie nach Rowlands Skala gemessen sind, eine Umrechnung auf I. A. so unsicher, daß sie unterblieben ist; doch ist auch die Genauigkeit der Messung kaum so groß, daß die Korrektur in Betracht käme.

Die zweite Neuerung ist die, daß ich noch schwächere Linien aufgenommen habe, so daß die Zahl der Linien nahezu verdoppelt ist, etwa 19 000 beträgt statt der 10 000 der alten Tabelle. Auch damit folge ich mehrfachen Wünschen.

Jede einzige Angabe beruht auf einer kritischen Durcharbeitung des gesamten vorliegenden Materials. Wenn viele Messungen vorhanden sind, wie es im mittleren Spektralgebiet, etwa 8000 A bis 2000 A, im allgemeinen der Fall ist, so sind Mittelwerte genommen; aber nicht rein schematisch, sondern unter kritischer Würdigung der verschiedenen Beobachter. Darin liegt natürlich eine gewisse persönliche Willkür; aber ich hoffe, daß meine große Erfahrung auf diesem Gebiete durch zahlreiche eigene Messungen, Überwachung vieler Schülerarbeiten und gründliche Kenntnis der ganzen Literatur mich meist das Richtige hat finden lassen.

Ich gebe die Wellenlängen mit einer verschiedenen Anzahl von Dezimalen, nämlich mit so vielen, daß ich die letzte Stelle bis auf ± 3 Einheiten für richtig halte. Dabei kann es vorkommen, daß ich nur Zehntel bringe, während die Autoren die Tausendstel angeben; die meisten — namentlich Anfänger — pflegen die von ihnen erreichte Genauigkeit weit zu überschätzen. Wenn nur eine Messung für eine Linie vorliegt, hört natürlich jede Kritik auf; ich habe aber dann die Tausendstel unter allen Umständen fortgelassen, und oft auch, wenn ich Grund habe, die Exaktheit der Messung zu bezweifeln, die Hundertstel. Bei den längsten Wellen und bei den ganz kurzen, unter 2000 A, wo sehr viele Linien nur von einem Beobachter gemessen sind, füge ich dessen Namen hinzu, und überlasse damit ihm die volle Verantwortung für den Wert, oder dem Benutzer der Tabelle die Kritik. — In diesen Grenzgebieten habe ich viel schwächere Linien aufgenommen, als im mittleren Teil des Spektrums; denn die Schwierigkeit der Beobachtung beschränkt von selbst die gefundenen Linien auf die stärkeren.

Unter die Elemente sind auch die sehr zweifelhaften, wie Welsium, Denebium, Dubhium, Eurosamarium aufgenommen, womit nicht gesagt sein soll, daß ich ihre Existenz für irgend sicher hielte. Auch die Kenntnis von Hafnium scheint mir noch äußerst unvollkommen. Bei Erbium hat Eder noch zwei andere Elemente für möglich gehalten; ich bezeichne ihre Linien mit Er 2 und Er 3, mit arabischen Ziffern, um eine Verwechslung mit Ionisationsstufen auszuschalten. Ebenso sind die Linien des zweiten oder Viellinienspektrums des Wasserstoffs mit H 2 bezeichnet. Bei Argon ist zwischen dem roten und blauen Spektrum unterschieden: AR und A Bl. — Nt bedeutet Neo-Thulium, nicht etwa Niton, welcher Name in neuerer Zeit mehrfach statt Emanation eingeführt ist.

---

[1]) K. Behner, Zeitschr. f. wiss. Photogr. 23, S. 325, 1925.

Die Linien des Luftfunkens sind vollzählig aufgenommen wegen der praktischen Bedeutung bei Funkenspektren. Sie sind mit L bezeichnet. Es sind freilich die Linien der
Bestandteile der Luft, also besonders N und O, daneben H, A. Aber die Wellenlängen sind
etwas verschieden, weil die Messung für die reinen Gase meist in Geißlerröhren, also bei
vermindertem Druck gemacht sind, also sich um die Druckverschiebung für eine Atmosphäre gegen die Luftlinien unterscheiden. Außerdem sind die Luftlinien meist sehr unscharf und werden dadurch leicht zu groß gemessen.

Ein wichtiges Kennzeichen der Linien ist ihre Intensität, und so finden sich selbst-
verständlich in der Tabelle Angaben über die Intensität der Linien im Bogen, Funken,
Geißlerrohr. Aber diese Angaben sind außerordentlich unsicher, willkürlich, unvollkommen, was von vielen Umständen bedingt wird. Die Angaben rühren von Schätzungen her,
die aber nach verschiedenen Skalen gemacht werden. Das üblichste ist die Schätzung von
1 bis 10 für steigende Intensität, wobei einige noch die Stufen 0 und 00 vorherschicken,
andere für besonders starke Linien 20, 50 usw. bis zu 1000 hinzufügen. Einige Autoren
haben die Gewohnheit, nach kleinen Zahlen zu schätzen, gehen selten über 5 hinaus, andere
bevorzugen große Zahlen und die Angaben 100, 150 sind bei ihnen nicht selten. Dazu
kommt, daß bei der Photographie je nach der Expositionszeit und der Entwicklung die
relativen Intensitäten verschieden ausfallen. Bei langer Exposition oder Entwicklung sind
die stärksten Linien ausexponiert und gewinnen nichts mehr, während die schwächeren
noch zunehmen; die schwächeren Linien werden somit bei langer Exposition relativ zu
stark, und bei sehr kurzer ist es umgekehrt. Dazu kommt im langwelligen Gebiet die sehr
verschiedene Empfindlichkeit verschiedener Plattensorten. Endlich ist die relative Intensität in verschiedenen Lichtquellen, und in derselben Lichtquelle an verschiedenen Stellen
ganz verschieden. Der Bogen gibt z. B. auch zahlreiche Linien der ionisierten Atome, die
Funkenlinien; aber ihre relative Stärke ist viel größer an den Polen als in der Mitte des
Bogens, hängt außerdem ab von der Spannung, mit der der Bogen brennt, von dem Druck
der umgebenden Atmosphäre, der Länge des Bogens.

Aus allen diesen Gründen kann es kommen, daß dieselbe Linie von einem Autor mit 2
bezeichnet wird, von einem anderen in nominell derselben Lichtquelle mit 50. Wie soll
man da einen Mittelwert bilden? Noch übler ist der Verlust der Kontinuität der Inten-
sitätsschätzung in demselben Spektrum: der eine Autor mißt z. B. im Luftbogen bis
2100 A, wobei wegen der Absorption durch die Luft die letzten Linien nur Intensitäten
von 1 oder 2 erhalten. Ein anderer setzt die Messungen im Vakuum fort, nennt seine ersten
Linien 40 und 50, und doch weiß man aus Serienbeziehungen, daß sie schwächer sein müssen
als die letzten Linien des vorigen Autors. Soll man nun seine Linien mit 0 und 00 bezeich-
nen oder die anderen auf 40 und 50 aufwerten? Aber dann passen sie zu allen Angaben
des ersten Autors bei längeren Wellen nicht mehr. So gerät man aus einem Dilemma in das
andere, bis man es schließlich ganz aufgibt, ein einheitliches Intensitätssystem durchzufüh-
ren. Die Intensitätsangaben stellen also nur für kurze Stücke des Spektrums die relativen
Verhältnisse halbwegs richtig dar, und an zwei Stellen ist eine größere Diskontinuität zu
erwarten, nämlich bei etwa 4700 A, weil hier die nichtsensibilisierten Platten zu versagen
anfangen und bei etwa 2100 A, weil hier die Luftabsorption sich stark geltend macht.

Sehr viel günstiger liegen scheinbar die Verhältnisse bei Messung mit Bolometer,
Thermosäule, Radiometer, weil hier Galvanometer die Intensität wirklich messen, nicht
nur schätzen. Aber auch hier sind viel Fallstricke gelegt, durch verschiedene Absorption
in den Prismen oder Reflexionsfähigkeit und Furchengestalt der Gitter, so daß man auch
wieder die Messungen verschiedener Autoren schlecht kombinieren kann. — In den Tabel-
len sind die mit Galvanometer ausgeführten Messungen durch einen vorgesetzten Stern
bezeichnet.

Auf alle Fälle behalte man im Auge, daß die Intensitätsangaben gelegentlich um mehrere hundert Prozent falsch sein können. Ein anderes nicht unwichtiges Charakteristikum
der Spektrallinien ist ihr Aussehen, die Intensitätsverteilung innerhalb der Linie, wie sie

etwa durch ein Mikrophotometer ermittelt werden kann. Die Linie kann schmal oder breit sein, sie kann scharf begrenzt erscheinen, oder unscharf, die Abschattung kann symmetrisch zur Mitte sein oder stärker nach einer Seite, die Linie kann oft Selbstumkehr zeigen oder nicht usw. Für diese Erscheinungsweisen sind eine Menge verschiedener Bezeichnungen eingeführt worden, wie unscharf, verschwommen, neblig, diffus usw., ohne daß ihr Sinn scharf präzisiert wäre. Außerdem hängt das Aussehen auch stark von den Umständen ab, namentlich vom Druck und Dichte. Ich verwende daher nur die Bezeichnungen: u für alle Arten von Unschärfe, U für sehr große Unschärfe, r und v, wenn die Abschattierung ausgesprochen einseitig nach Rot oder Violett ist. R bedeutet, daß die Linie leicht Selbstumkehr zeigt, d und tr, daß sie doppelt oder dreifach ist, ohne deutlich aufgelöst zu sein. Es folge schließlich die Tabelle zur Umrechnung von der Rowlandschen Skala auf die internationale.

Die Rowlandschen Zahlen sind zu verkleinern:

um 0.25 A von 7000 A bis 6850 A.
um 0.24 A von 6850 A bis 6750 A.
um 0.23 A von 6750 A bis 6570 A.
um 0.22 A von 6570 A bis 6500 A.
um 0.21 A von 6500 A bis 6050 A.
um 0.22 A von 6050 A bis 5500 A.
um 0.21 A von 5500 A bis 5400 A.
um 0.20 A von 5400 A bis 5375 A.
um 0.19 A von 5375 A bis 5325 A.
um 0.18 A von 5325 A bis 5300 A.
um 0.17 A von 5300 A bis 5125 A.
um 0.18 A von 5125 A bis 4550 A.
um 0.17 A von 4550 A bis 4350 A.
um 0.16 A von 4350 A bis 4150 A.
um 0.15 A von 4150 A bis 3450 A.
um 0.14 A von 3450 A bis 3250 A.
um 0.13 A von 3250 A bis 3125 A.
um 0.12 A von 3125 A bis 2950 A.
um 0.11 A von 2950 A bis 2800 A.
um 0.10 A von 2800 A bis 2625 A.
um 0.09 A von 2625 A bis 2475 A.
um 0.08 A von 2475 A bis 2300 A.
um 0.07 A von 2300 A bis 2150 A.
um 0.06 A von 2150 A bis 1950 A.

Außerhalb dieser Grenzen sind die Korrekturen sehr unsicher; man wird für längere Wellen etwa die doppelte Korrektur der halb so langen anbringen können.

Die Tätigkeit auf spektroskopischem Gebiet ist im letzten Jahrzehnt so außerordentlich lebhaft geworden, daß eine Tabelle, welche heute richtig ist, wahrscheinlich schon in 6 Monaten eine ganze Anzahl von Korrekturen und Nachträgen verlangt. Um denen, welche die Tabelle viel benutzen und sie auf dem Laufenden erhalten wollen, diese Arbeit zu erleichtern, ist die Tabelle auf Schreibpapier gedruckt und zu beiden Seiten freier Raum für die Nachträge gelassen. Der Band wird dadurch zwar dicker, aber nicht wesentlich verteuert.

Die gesamte bis zum Beginn des Druckes erschienene Literatur ist berücksichtigt, soweit sie mir bekannt geworden ist. Auch habe ich noch nicht veröffentlichte Messungen, die im Bonner Physikalischen Institut gemacht sind, verwerten können.

Bonn, März 1926.

H. Kayser.

Verzeichnis der Elemente.

Der Tabelle geht ein Verzeichnis der Elemente voran, die in dieser Tabelle berücksichtigt sind, und ihrer Bezeichnung. Das scheint nicht unnütz, weil in neuerer Zeit die Bezeichnungen nicht mehr ganz einheitlich gehandhabt werden. So verstehen einige unter Nt nach einem Vorschlag von *Ramsay* Niton, das bei mir mit dem älteren Namen Em = Emanation geführt wird. Trotzdem kommt auch bei mir ein Element Nt vor, nur bedeutet es Neo-Thulium, das sonst auch Tu oder Tm genannt wird.

A = Argon (AR und ABl, rotes und blaues Spektrum)
Ag = Silber
Al = Aluminium
As = Arsen
Au = Gold
B = Bor
Ba = Baryum
Be = Beryllium
Bi = Wismut
Br = Brom
C = Kohlenstoff
Ca = Calcium
Cd = Cadmium
Ce = Cer
Cl = Chlor
Co = Cobalt
Cr = Chrom
Cs = Caesium
Cu = Kupfer
De = Denebium (hypothetische seltene Erde nach Eder)
Du = Dubhium (hypothetische seltene Erde nach Eder)
Dy = Dysprosium
Em = Emanation = Niton = Exrodio
Er = Erbium (daneben Er 2 und Er 3, hypothetische Elemente nach Eder)
Eu = Europium [Eder]
Euros = Eurosamarium (hypothetische seltene Erde nach Eder)

F = Fluor
Fe = Eisen
Ga = Gallium
Gd = Gadolinium
Ge = Germanium
H = Wasserstoff (daneben H 2 für die Linien des zweiten Wasserstoffspektrums)
He = Helium
Hf = Hafnium
Hg = Quecksilber
J = Jod
In = Indium
Ir = Iridium
K = Kalium
Kr = Krypton
L = Luft (Linien des Luft-Funkens)
La = Lanthan
Li = Lithium
Lu = Lutecium (auch Cassiopeium genannt)
Mg = Magnesium
Mn = Mangan
Mo = Molybden
N = Stickstoff
Na = Natrium
Nb = Niobium
Nd = Neodym
Ne = Neon
Nh = Neoholmium (auch Ho = Holmium genannt)
Ni = Nickel
Nt = Neo-Thulium (auch Tu oder Tm)

Ny = Neoytterbium (auch Aldebaranium genannt)
O = Sauerstoff
Os = Osmium
P = Phosphor
Pb = Blei
Pd = Palladium
Pr = Praseodym
Pt = Platin
Ra = Radium
Rb = Rubidium
Rh = Rhodium
Ru = Ruthenium
S = Schwefel
Sb = Antimon
Sc = Scandium
Se = Selen
Si = Silicium
Sm = Samarium (auch Sa geschrieben)
Sn = Zinn
Sr = Strontium
Ta = Tantal
Tb = Terbium
Te = Tellurium
Th = Thorium
Tl = Thallium
U = Uran
V = Vanadium
W = Wolfram (Tungsten)
Wels = Welsium (hypothetische seltene Erde nach Eder)
X = Xenon
Y = Yttrium
Zn = Zink
Zr = Zircon

*	λ in μ	Intensität	Element	Beobachter	*	λ in μ	Intensität	Element	Beobachter
*	9.0850	4	Na I	Pa	*	3.73707	10	K I	Pa
*	9.0480	3	Na I	,,	*	3.73543	40	K I	,,
*	8.510	5	K I	,,	*	3.70756	30	K I	,,
*	8.452	4	K I	,,	*	3.66264	27	K I	,,
*	7.4430	8	Na I	,,	*	3.64925	20	Hg	,,
*	7.436	10	Li I	,,	*	3.63727	10	K I	,,
*	7.428	15	Rb I	,,	*	3.6261	6	Hg I	,,
*	7.426	10	K I	,,	*	3.61277	20	Cs I	,,
*	7.40	—	H I	Pf	*	3.595	20	Tl I	,,
*	7.269	10	Rb	Pa	*	3.568	10	Tl I	,,
*	7.193	13	Cs I	,,	*	3.48925	70	Cs I	,,
*	7.117	5	Tl I	,,	*	3.4203	25	Na	,,
*	7.111?	10	Cs	,,	*	3.4165	25	Na I	,,
*	7.023	10	Tl I	,,	*	3.3932	10	Tl I	,,
*	6.931	15	Cs	,,	*	3.15968	40	K I	,,
*	6.807	15	Cs I	,,	*	3.1395	80	K I	,,
*	6.567	8	Rb I	,,	*	3.09629	40	Cs I	,,
*	6.461	8	K I	,,	*	3.09338	30	Ba I	Ra
*	6.436	10	Rb I	,,	*	3.06819	20	Ba	,,
*	6.431	8	K I	,,	*	3.0665	—	Sr I	,,
*	6.236	15	K I	,,	*	3.0482	—	Sr	Sa
*	6.203	20	K I	,,	*	3.04685	15	Ba	Ra
*	5.559	10	Tl I	,,	*	3.01107	5	Sr I	,,
*	5.4300	20	Na I	,,	*	3.01038	6	Cs I	,,
*	5.23134	10	Rb I	,,	*	2.97906	35	Ba	,,
*	5.10579	20	Tl I	,,	*	2.93174	6	Cs I	,,
*	5.0023	15	Na I	,,	*	2.92259	6	Sr I	,,
*	4.696	40	Rb I	,,	*	2.92239	50	Ba I	,,
*	4.61901	5	Rb I	,,	*	2.8964	—	Sr	Sa
*	4.22023	4	Cs I	,,	*	2.8560	—	Na	Pa
*	4.054	4	He	,,	*	2.8516	—	Sr	Sa
*	4.0475	20	Li I	,,	*	2.79098	8	Rb I	Ra
*	4.0449	80	Na I	,,	*	2.78896	40	Tl I	Pa
*	4.0159	8	Hg	,,	*	2.77511	30	Ba I	Ra
*	4.01155	60	K I	,,	*	2.73562	6	Sr I	,,
*	3.99514	8	Ag	,,	*	2.73198	8	Rb I	,,
*	3.98985	30	Rb I	,,	*	2.72150	8	K I	Pa
*	3.98896	5	Ag	,,	*	2.70656	20	K I	,,
*	3.98274	15	Rb I	,,	*	2.70276	3	Tl	,,
*	3.9425	10	Hg I	,,	*	2.70237	3	Tl	,,
*	3.93985	10	Cs	,,	*	2.6947	—	Sr	Sa
*	3.92865	60	Tl	,,	*	2.69154	6	Sr I	Ra
*	3.92465	15	Tl I	,,	*	2.68905	5	Li	Pa
*	3.92155	15	Tl I	,,	*	2.68753	15	Li I	,,
*	3.91801	10	Cs I	,,	*	2.6806	—	Sr	Sa
*	3.91086	—	Al I	,,	*	2.6714	—	Sr	,,
*	3.90869	—	Cd I	,,	*	2.6232	20	Cr	Ra
*	3.88195	5	Hg	,,	*	2.6229	2	Fe	,,
*	3.85114	15	Rb I	,,	*	2.62214	20	Ba I	,,
*	3.81310	15	Tl I	,,	*	2.61335	7	Hg	Pa

	λ in μ	Intensität	Element	Beobachter		λ in μ	Intensität	Element	Beobachter
*	2.60245	6	Sr I	Ra	*	2.02629	10	Sr I	Ra
*	2.5987	3	Fe	,,	*	1.99879	25	Ba	,,
*	2.59022	10	Cr	,,	*	1.99468	10	Ca I	Pa
*	2.58497	20	Cr	,,	*	1.99358	30	Ca I	,,
*	2.58156	10	Cr	,,	*	1.99175	8	Ca I	,,
*	2.57846	5	Cr	,,	*	1.98646	45	Ca I	,,
*	2.57088	10	Cr	,,	*	1.98569	45	Ca I	,,
*	2.56655	10	Cr	,,	*	1.98173	10	Ca	,,
*	2.55836	20	Cr	,,	*	1.97787	30	Co	Ra
*	2.55604	10	Cr	,,	*	1.97774	60	Ca I	Pa
*	2.55157	50	Ba I	Ra	*	1.9701	3	Hg	Vo
*	2.54807	10	Cr	,,	*	1.95071	30	Ca I	Pa
*	2.54596	15	Cr	,,	*	1.94529	50	Ca I	,,
*	2.4467	80	Li I	Pa	*	1.93183	80	Cs	,,
*	2.40457?	3	Zn I	,,	*	1.93106	40	Ca I	,,
*	2.39913	15	Mg	,,	*	1.9290	10	Li I	,,
*	2.39908	20	Li	,,	*	1.909058	1	He I	,,
*	2.39771	8	Mg	,,	*	1.90746	20	Ba	Ra
*	2.39636	5	Mg	,,	*	1.87513	—	H I	Pa
*	2.39335?	5	Zn	,,	*	1.87170	20	Cr	Ra
*	2.39032?	4	Zn	,,	*	1.86970	50	Li I	Pa
*	2.33913	20	Na I	,,	*	1.86934	3	He I	,,
*	2.33610	20	Na I	,,	*	1.86542	30	Cr	Ra
*	2.3256	—	Hg I	Vo	*	1.85835	30	Cr	,,
*	2.32553	10	Ba I	Ra	*	1.84791	30	Cr	,,
*	2.31099	30	Be	Vo	*	1.84595	100	Na I	Pa
*	2.29367	12	Rb I	Ra	*	1.83823	15	Ag I	Ra
*	2.26559	40	Ca I	Pa	*	1.83079	15	Ag I	,,
*	2.26246	25	Ca I	,,	*	1.82738	20	Co	,,
*	2.26100	10	Ca I	,,	*	1.82295	6	Cu I	,,
*	2.25542	7	Bi	Ra	*	1.82041	15	Ba	,,
*	2.25330	35	Rb I	,,	*	1.81947	10	Cu I	,,
*	2.2499	10	Hg I	Vo	*	1.81755	30	Co	,,
*	2.23134	20	Ba I	Ra	*	1.8130	10	Hg	Vo
*	2.22391	20	Be	Vo	*	1.80406	15	Ni	Ra
*	2.22208	20	Ba	Ra	*	1.7986	20	Ni	,,
*	2.20842	30	Na I	Pa	*	1.7608	20	Mn	,,
*	2.20569	70	Na I	,,	*	1.7571	15	Be	Vo
*	2.18974	20	Be	Vo	*	1.75516	20	Li I	Pa
*	2.1803	30	Tl I	Pa	*	1.7446	—	Sr	Sa
*	2.15604	30	Be	Vo	*	1.74167	20	Ag I	Ra
*	2.14772	15	Ba I	Ra	*	1.7336	80	Mn	,,
*	2.13975	5	Tl	Pa	*	1.7332	10	Hg I	Vo
*	2.11663	8	Al I	,,	*	1.7202	11	Hg I	,,
*	2.10982	5	Al I	,,	*	1.71825?	5	Ba	Ra
*	2.0767	—	Sr	Sa	*	1.7170	—	Sr	Sa
*	2.07120	40	Ba I	Ra	*	1.7137	—	Sr	,,
*	2.0705	—	Sr	Sa	*	1.7110	20	Hg I	Vo
*	2.058131	20	He I	Ig	*	1.71081	60	Mg I	Pa
*	2.04858	5	Tl	Pa	*	1.70804	30	Co	Ra

Ig = Ignatieff. — Pa = Paschen. — Ra = Randall. — Sa = Saunders. — Vo = Volck.

	λ in μ	Intensität	Element	Beobachter		λ in μ	Intensität	Element	Beobachter
*	1.7073	28	Hg I	Vo	*	1.5625	3	Fe	Ra
*	1.70648	10	Ba	Ra	*	1.53997	30	Be	Vo
*	1.70049	50	Co	„	*	1.5396	3	Fe	Ra
*	1.700328	2	He I	Pa	*	1.53933	30	Be	Vo
*	1.6999	6	Ni	Ra	*	1.53156	30	Pb	Ra
*	1.6942	16	Hg I	Vo	*	1.5296	—	Hg	Pa
*	1.6920	2	Hg I	„	*	1.5296	7	Fe	Ra
*	1.68685	15	Ni	Ra	*	1.52904	100	Rb I	Ra
*	1.68195	60	Ag I	„	*	1.5263	200	Mn	„
*	1.67944	20	Be	Vo	*	1.52580	7	Cd	Pa
*	1.67522	30	Al I	Pa	*	1.5218	80	Mn	Ra
*	1.67205	20	Al I	„	*	1.5213	4	Fe	„
*	1.66534	12	Cu I	Ra	*	1.52096	15	Co	„
*	1.65738	30	Co	„	*	1.51658	100	K I	Pa
*	1.65040	2	Zn	Vo	*	1.515478	110	Cd I	„
*	1.65039	2	Zn I	„	*	1.5054	2	Fe	Ra
*	1.64955	120	Ni	Ra	*	1.50283	60	Mg I	Pa
*	1.648574	4	Zn I	Vo	*	1.50129	15	Be	Vo
*	1.64837	20	Zn I	„	*	1.50060	15	Bc	„
*	1.64827	6	Cd I	„	*	1.50004	40	Ba I	Ra
*	1.64472	20	Co	Ra	*	1.4970	50	Mn	„
*	1.64326	30	Ca	Pa	*	1.49580	30	Co	„
*	1.64318	6	Cd I	Ra	*	1.49043	30	Be	Vo
*	1.64094?	50	Ni	„	*	1.48771	100	Mg I	Pa
*	1.640273	2	Cd I	Vo	*	1.484930	2	Cd I	Vo
*	1.63875	30	Co	Ra	*	1.4828	2	Fe	Ra
*	1.63630	100	Ni	„	*	1.47540	150	Rb I	„
*	1.63403	100	Tl I	Pa	*	1.4711	2	Fe	„
*	1.6317	2	Fe	Ra	*	1.46964	100	Cs I	„
*	1.63130	15	Ni	„	*	1.46809	20	Co	„
*	1.62569	50	Co	„	*	1.46109	35	Co	„
*	1.62000	25	Ca I	Pa	*	1.45978	25	Tl I	Pa
*	1.6166	2	Fe	Ra	*	1.45926	8	Tl I	„
*	1.61622	20	Ca I	Pa	*	1.45590	15	Co	Ra
*	1.616132	50	Co	Ra	*	1.4558	4	Fe	„
*	1.61448	15	Ca I	Pa	*	1.45155	100	Tl I	Pa
*	1.61326	50	Co	Ra	*	1.4513	8	Fe	Ra
*	1.61230	150	Tl I	Pa	*	1.447462	d	Cd	Pa
*	1.60085	60	Cu I	Ra	*	1.447255	8	Cd I	Vo
*	1.5965	200	Mn	„	*	1.4402	10	Fe	Ra
*	1.59514	20	Be	Vo	*	1.435445	8	Cd I	Pa
*	1.58605	30	Cr	Ra	*	1.43315	25	Bi	Ra
*	1.5821	3	Fe	„	*	1.432747	23	Cd I	Vo
*	1.5815	3	Fe	„	*	1.43254	25	Ba	Ra
*	1.5771	4	Fe	„	*	1.4288	4	Fe	„
*	1.57683	35	Mg I	Pa	*	1.4237	4	Fe	Ra
*	1.57591	10	Mg I	„	*	1.42114	25	Ba	„
*	1.571112	7	Cd I	Vo	*	1.41021	20	Ni	„
*	1.56800	30	Cr	Ra	*	1.40779	40	Ba	„
*	1.567972	6	Zn I	Vo	*	1.40620	40	Co	„

Pa = Paschen. — Ra = Randall. — Vo = Volck.

	λ in μ	Intensität	Element	Beobachter		λ in μ	Intensität	Element	Beobachter
*	1.403852	15	Zn I	Vo	*	1.2976	40	Mn	Ra
*	1.3997	120	Mn	Ra	*	1.29241	5	Rb I	„
*	1.397878	28	Cd I	Vo	*	1.2900	80	Mn	„
*	1.39690	20	Ni	Ra	*	1.28216	50	Ca I	Pa
*	1.39565	20	Ba	„	*	1.28176	—	H I	„
*	1.3950	65	Hg I	Vo	*	1.28148	10	Ba	Ra
*	1.3899	5	Fe	Ra	*	1.27923	1	He I	Pa
*	1.3864	100	Mn	„	*	1.27846	1	He I	„
*	1.3829	30	Ni	„	*	1.27822	20	Li I	„
*	1.38105	40	Ba	„	*	1.27364	150	Tl I	„
*	1.378608	4	Zn I	Vo	*	1.26905	30	Bi	Ra
*	1.378145	2	Zn I	„	*	1.26776	30	Na I	Pa
*	1.37614	12	Cs I	Ra	*	1.25638	40	Pb	Ra
*	1.37226	50	Ni	„	*	1.25543	30	Ba	„
*	1.37199	4	A	Pa	*	1.25510	10	Ag I	„
*	1.3685	80	Mn	Ra	*	1.25230	90	K I	Pa
*	1.3673	160	Hg I	Vo	*	1.2500	30	A	Pa
*	1.36674	150	Rb I	Ra	*	1.24918	15	Tl I	„
*	1.3626	200	Mn	„	*	1.24343	100	K I	„
*	1.36058	—	Cs I	Pa	*	1.23553	60	Be	Vo
*	1.35907	80	Cs I	Ra	*	1.23285	40	Be	„
*	1.3570	115	Hg I	Vo	*	1.23079?	—	Mn	Ra
*	1.35664	15	Li	Pa	*	1.22324	8	Li I	Pa
*	1.3564	5	Fe	Ra	*	1.21665	40	Bi	Ra
*	1.35537	20	Ni	„	*	1.21409	70	Bi	Vo
*	1.35056	4	A	Pa	*	1.2130	4	Hg	Pa
*	1.3500	100	Mn	Ra	*	1.21189	15	Sb	Ra
*	1.34621	20	Cr	„	*	1.20840	50	Ba II	„
*	1.34439	270	Rb I	„	*	1.20832	50	Mg I	Pa
*	1.3434	4	Hg I	Vo	*	1.2072	7	Hg I	Vo
*	1.3416	80	Mn	Ra	*	1.2034	3	Fe	Ra
*	1.3318	30	Mn	„	*	1.2020	9	Hg I	Vo
*	1.3294	50	Mn	„	*	1.19945	13	Bi	Ra
*	1.32370	100	Rb I	„	*	1.19782	15	Ba	„
*	1.32270	60	Be	Vo	*	1.1975	8	Fe	„
*	1.3212	7	Hg I	Vo	*	1.19340	170	Sn	„
*	1.32073	40	Ba I	Ra	*	1.18945	10	Co	„
*	1.319749	15	Zn I	Vo	*	1.18877	10d	Hg I	Pa
*	1.31637	2	O I	Pa	*	1.18857	50	Ba	Ra
*	1.315165	200	Al I	„	*	1.1884	5	Fe	„
*	1.315042	24	Zn I	Vo	*	1.18643	40	Sb	„
*	1.312536	400	Al I	Pa	*	1.18533	40	Sn	„
*	1.31019	40	Pb	Ra	*	1.18288	120	Mg I	Pa
*	1.30574	10	Ba	„	*	1.18272	40	Sn	Ra
*	1.305324	28	Zn I	Vo	*	1.1783	60	Mn	„
*	1.30380	30	Ca	Pa	*	1.177173	500	K I	Pa
*	1.30220	25	Sn	Ra	*	1.17404	90	Sn	Ra
*	1.30138	700	Tl I	Pa	*	1.17111	100	Bi	„
*	1.29866	5	Rb I	Ra	*	1.16907	10	Tl	Pa
*	1.29829	50	Sn	„	*	1.168976	500	K I	„

Pa = Paschen. — Ra = Randall. — Vo = Volck.

	λ in μ	Intensität	Element	Beobachter		λ in μ	Intensität	Element	Beobachter
*	1.16726	20	Sn	Ra	*	1.10164	40	Ba	Ra
*	1.1641	3	Fe	,,	*	1.10160	80	Cr	,,
*	1.16335	20	Co	,,	*	1.10134	20	Sb	,,
*	1.16308	13	Cd I	Pa	*	1.09804	50	Ni	,,
*	1.16180	65	Sn	Ra	*	1.09794	4	Zn I	Pa
*	1.1614	40	Mn	,,	*	1.09715	30	Pb	Ra
*	1.16114	100	Cr	,,	*	1.09707	4	Zn I	Pa
*	1.16081	20	Ba	,,	*	1.096985	30	Mg I	,,
*	1.15945	80	Tl I	Pa	*	1.09632	10	Mg I	,,
*	1.15911	30	Ni	Ra	*	1.09150	200	Sr II	Ra
*	1.1590	8	A	Pa	*	1.09062	60	Cr	,,
*	1.15555	5	Bi	Ra	*	1.08960	40	Sn	,,
*	1.151322	1000	Tl I	Pa	*	1.08886	12	Rb	,,
*	1.14833	40	Cr	Ra	*	1.08886	12	Pb	,,
*	1.14822	50	Tl I	Pa	*	1.08803	30	Sb	,,
*	1.14573	60	Sn	Ra	*	1.08406	50	Sb	,,
*	1.14534	—	Co	Me	*	1.083032	5d	He I	Ig
*	1.14069	150	Ca	Sd	*	1.082911	1	He I	,,
*	1.14042	500	Na I	Pa	*	1.08129	30	Mg I	Pa
*	1.13923	50	Cr	Ra	*	1.08088	12	Sn	Ra
*	1.13824	700	Na I	Pa	*	1.07429	50	Sb	,,
*	1.1378	15	Mn	Ra	*	1.06920	20	Ba	,,
*	1.13408	—	Co	Me	*	1.06897	40	Co	,,
*	1.13394	10	Sn	Ra	*	1.06780	130	Sb	,,
*	1.13371	40	Cr	,,	*	1.06744	40	Be	Vo
*	1.13119	20	Cr	,,	*	1.06734	30	Cr	Ra
*	1.13042	20	Ba I	,,	*	1.06508	60	Pb	,,
*	1.1300	2	O I	Pa	*	1.06505	80	Ba II	,,
*	1.1294	2	O I	,,	*	1.0640	12	A	Pa
	1.12935	—	Co	Me	*	1.05872	50	Sb	Ra
*	1.1287	260	Hg I	Vo	*	1.05402	8	Bi	,,
*	1.12870	4	O I	Pa	*	1.05000	150	Pb	,,
*	1.12792	120	Sn	Ra	*	1.04964	80	Tl I	Pa
	1.12755	—	Co	Me	*	1.04925	50	Tl I	,,
*	1.12685	45	Sb	Ra	*	1.04863	35	Cr	Ra
*	1.12684	25	Cd I	,,	*	1.04744	60	Ba	,,
*	1.12555	300	Al I	Pa	*	1.04586	10	Sn	,,
*	1.12427	50	Sr I	Ra	*	1.039456	70	Cd I	Vo
*	1.12310	8	Si	ML	*	1.03781	40	Ni	Ra
*	1.11989	35	Ni	Ra		1.03666	—	Co	Me
*	1.11940	70	Sn	,,	*	1.03450	500	Ca I	Pa
*	1.11903	10	Sb	,,	*	1.03300	25	Ni	Ra
*	1.11576	90	Cr	,,	*	1.03283	200	Sr II	,,
*	1.11160	10	Ba	,,	*	1.0326	—	Ba I	,,
*	1.11097	15	Sb	,,	*	1.03017	15	Bi	,,
*	1.10827	15	Sb	,,	*	1.03014	25	Ni	,,
*	1.10732	15	Bi	,,	*	1.02923	60	Tl I	Pa
*	1.10543?	15	Mg	Pa	*	1,02913	100	Pb	Ra
*	1.105416	70	Zn I	Vo		1.02846	—	Co	Me
*	1.10262	100	K I	Ra	*	1.02825	50	Be	Vo

Ig = Ignatieff. — Me = Meggers. — ML = McLennan. — Pa = Paschen. — Ra = Randall.
Sd = Sandvick. — Vo = Volck.

	λ in μ	Intensität	Element	Beobachter
*	1.02729	5	Ba I	Ra
*	1.02729	—	Co	Me
*	1.02629	40	Sb	Ra
*	1.02364	—	Co	Me
*	1.02338	60	Ba	Ra
	1.02133	—	Co	Me
	1.02108	—	Co	„
	1.02061	—	Co	„
*	1.01951	50	Ni	Ra
	1.01892	—	Co	Me
*	1.01891	5	Ba I	Ra
*	1.0140	460	Hg I	Pa
*	1.01240	200	Cs I	Ra
*	1.0161	20	Bi	„
*	1.00819	160	Rb I	„
*	1.00799	35	Sb	„
*	1.0063	2	Fe	„
*	1.00383	100	Sr II	„
*	1.00341	60	Ba II	„
*	1.00255	200	Cs I	„
	1.00207	—	Co	Me
*	1.00021	25	Ba	Ra

Me = Meggers. — Pa = Paschen. — Ra = Randall.

	λ in I. A.	Element	Bogen	Funke	Geißler
	9975.0	Hg	6	—	—
*	50.9	Sb	15	—	—
*	48.4	Cr	20	—	—
	9867.7	Si	5	—	—
*	52.5	Sn	10	—	—
	42.2	Hg	4	—	—
*	31.7	Ba I	70	—	—
	29.0	Bi	2	—	—
*	08.7	Sn	6	—	—
	9755.8	Si	10	—	—
*	46.0	Sn	6	—	—
	38.7	Fe	2	—	—
	34.5	Cr	1	—	—
*	13.4	Ba	20	—	—
*	9694.5	Ca	70	—	—
	70.5	Cr	1	—	—
*	58.90	AR	—	—	7
	57.2	Bi	2	—	—
	38.26	Ti	2	—	—
*	19.4	Sn	6	—	—
	08.8	Ba	1	—	—
	9597.89	Co	2	—	—
	97.0	Sr I	—	—	—
	90.0	K I	4	—	—
*	74.2	Cr	2	—	—
	71.7	Cr	0	—	—
*	58.90	AR	—	—	3
*	46.8	Ca	70	—	—
	44.52	Co	2	—	—
*	27.5	Ba	100	—	—
	9519.99	Ni I	2	—	—
*	19.9	Sb	20	—	—
*	12.8	Tl I	30	—	—
	9447.0	Cr	3	—	—
*	33.0	Hg	3	—	—
*	14.9	Sn	7	—	—
	9370.1	Ba	3	—	—
	68.02	Ne	—	—	1
	57.02	Co	10	—	—
	50.5	Fe I	2	—	—
	48.01	Mo	2	—	—
	42.6	Bi	6	—	—
	26.66	Ne	—	—	1
	00.70	Ne	—	—	2
	9294.1	Cr	2	—	—
*	90.4	Cr	4	—	—
	63.9	Cr?	2	—	—
*	63.92	O I	—	—	7
	58.5	Fe	3	—	—
*	58.0	Mg I	30	—	—
*	50.8	Ca	30	—	—
	28.2	S I	—	—	2
*	25.88	AR	—	—	5
	24.44	Mg	0	—	—
	20.28	Ne	—	—	2
	19.7	Ba	2	—	—
	12.8	S	—	—	3
	10.0	Fe	2	—	—
	08.5	Cs I	2	—	—
	08.3	Cr	2	—	—

λ in I. A.	Element	Bogen	Funke	Geißler
9201.88	Ne	—	—	2
9189.4	Ba	2	—	—
72.2	Cs I	3	—	—
* 72.1	Tl I	20	—	—
48.72	Ne	—	—	2
42.6	Cr	1	—	—
41.1	Cr	1	—	—
40.6	Cr	2	—	—
* 36.5	Tl I	20	—	—
32.30	Sb	1	—	—
* 23.69	AR	—	—	6
18.9	Fe	4	—	—
06.33	Ni	3	—	—
00.5	Fe	2	—	—
9095.36	Co	6	—	—
81.4	Fe	4	—	—
88.2	Fe	4	—	—
85.23	V	2	—	—
79.6	Fe	4	—	—
78.67	Ni	2	—	—
58.6	Bi	2	—	—
58.55	Ni	2	—	—
45.69	V	2	—	—
45.44	X	—	—	1
37.92	Co	8	—	—
37.55	V	2	—	—
35.9	Cr	3	—	—
* 23.2	Sn	8	—	—
22.72	V	2	—	—
21.68	Cr I	4	—	—
21.10	V	2	—	—
17.08	Cr I	5	—	—
09.97	Cr I	6	—	—
8999.5	Fe	4	—	—
89.40	Ti	2	—	—
76.8	Cr	3	—	—
68.16	Ni	2	—	—
65.95	Ni I	2	—	—
52.25	X	—	—	1
43.6	Cs I	6 R	—	—
29.35	Mg I	2	—	—
28.72	Kr	—	—	1
26.24	Co	8	—	—
19.83	Ne	—	—	1
19.78	V	3	—	—
15.0	Ba	4	—	—
13.66	Sm	2	—	—
05.0	K I	4	—	—
07.81	Bi	2	—	—
04.65	Co	8	—	—

λ in I. A.	Element	Bogen	Funke	Geißler
8874	Rb I	3	—	—
70.79	Co	4	—	—
66.9	Fe	3	—	—
65.72	Ne	—	—	3
65.50	W	2	—	—
62.60	Ni I	2	—	—
60.96	Ba	4	—	—
59.76	Sm	2	—	—
53.97	Ne	—	—	3
50.74	Co	10	—	—
38.4	Fe	4	—	—
35.22	Co	8	—	—
32.93	V	2	—	—
24.24	Fe I	6	—	—
19.38	X	—	—	6
19.15	Co	10	—	—
09.46	Ni I	3	—	—
06.75	Mg I	5	—	—
8799.70	Ba I	2	—	—
88.83	Sm	2	—	—
83.773	Ne	—	—	4
80.630	Ne	—	—	4
76.73	Kr	—	—	3
74.5	Al I	5	—	—
72.08	Ce	3	—	—
71.64	Ne	—	—	2
67.2	Si	3	—	—
61.54	Bi	3	—	—
61.32	Cs I	4	—	—
58.28	Sm	2	—	—
57.9	U	2	—	—
54.81	Bi I	2	—	—
53.7	U	2	—	—
48.42	La	2	—	—
46.59	W	2	—	—
44.64	W	2	—	—
40.9	Mn	3	—	—
40.44	W	2	—	—
37.29	Mn	2	—	—
19.79	Sb	1	—	—
18.99	L, N	1	2	1
17.89	Sm	3	—	—
11.87	L, N I	1	3	1
10.73	U	2	—	—
08.43	Sm	2	—	—
06.32	Sm	2	—	—
03.7	Mn	3	—	—
03.42	L, N I	1	2	1
02.46	Ni	2	—	—
01.04	Mn	2	—	—

λ in I. A.	Element	Bogen	Funke	Geißler	λ in I. A.	Element	Bogen	Funke	Geißler
8700.20	Sb	1	—	—	8575.32	Co	4	—	—
8699.12	Mn	2	—	—	74.49	Co	2	—	—
95.53	Mo	2	—	—	72.59	Sb	2	—	—
92	L	—	1	—	71.27	Ne	2	—	—
91.26	U	3	—	—	70.5	U	2	—	—
88.640	Fe I	7	—	—	67.6	Ba	3	—	—
86.38	L, N I	1	2	1	60.60	Ce	2	—	—
83.61	L, N I	1	3	2	59.91	Ba	10	—	—
82.93	Ti I	2	—	—	52.6	Sn	7	—	—
82.88	Sb	1	—	—	48.8	Cr	2	—	—
81.9	Ne	—	—	3	48.06	Ti I	2	—	—
80.35	L, N I	1	2	4	45.43	La	3	—	—
79.52	Ne	—	—	3	44.5	Bi	2	—	—
77.93	Sm	2	—	—	43.22	Sm	3	—	—
75.33	Ti I	2	—	—	42.1	Ca II	10	—	—
74.38	La	3	—	—	40.17	U	3	—	—
74.01	Mn	2	—	—	38.99	W	2	—	—
72.08	Mn	2	—	—	34.52	V	2	—	—
70.85	Mn	2	—	—	27.9	Bi	2	—	—
62.11	Ca II	9	—	—	22.442	AR	—	—	3
61.918	Fe I	6	—	—	21.15	Cs I	10 R	—	—
61.04	Co	2	—	—	18.20	Ti I	4	—	—
59.35	Mn	2	—	—	17	AR	—	—	3
54.6	Mn	2	—	—	16.37	W	2	—	—
54.38	Ne	—	—	6	15.36	W	2	—	—
54.03	Ba	4	—	—	14.2	Ba	2	—	—
47.59	Ce	2	—	—	10.92	Sm	4	—	—
47.04	Ne	—	—	2	08.85	Kr	—	—	2
41.56	W	2	—	—	06.95	W	2	—	—
39.668	Ne	—	—	5	06.78	Sm	2	—	—
37.05	Ni I	2	—	—	04.66	U	4	—	—
32.83	Sm	3	—	—	04	K I	4	—	—
29.7	L, N I	1	3 U	2	01.81	Ni I	2	—	—
28.96	Mo	2	—	—	01.8	Bi	1	—	—
27.9	Bi	1	—	—	8499.51	V	2	—	—
24.90	V	2	—	—	98.0	Ca II	8	—	—
19.60	Sb	2	—	—	96.10	U	3	—	—
17.05	Sm	3	—	—	95.64	Cd	3	—	—
14.49	W	2	—	—	95.64	Ce	3	—	—
13.22	W	3	—	—	95.359	Ne	—	—	7
12.62	Ce	2	—	—	89.41	Co	2	—	—
07.92	U	5	—	—	89.28	Mo I	6	—	—
8594.38	W	3	—	—	86.81	W	2	—	—
94.4	L, N I	1	2 u	1	86.00	Sm	4	—	—
91.266	Ne	—	—	6	84.52	Ne	—	—	2
89.70	Co	3	—	—	83.30	Mo	2	—	—
86.71	Co	3	—	—	75.15	W	3	—	—
85.07	W	3	—	—	73.55	Sm	3	—	—
82.1	Ba	4	—	—	70.92	W	2	—	—
79.7	Bi	1	—	—	68.45	Ti I	3	—	—

λ in I. A.	Element	Bogen	Funke	Geißler
8468.425	Fe I	7	—	—
67.13	Ti	2	—	—
63.42	Ne	—	—	3
57.77	Sm	2	—	—
57.6	Sn	2	—	—
57.03	Ti	2	—	—
55.2	Cr	2	—	—
50.89	Ti	3	—	—
50.3	Cr	2	—	—
50.04	U	4	—	—
46.84	L	—	5	—
* 46.7	O I	—	—	31d
46	Fe	7	—	—
45.38	U	4	—	—
41.22	U	3	—	—
38.90	Ti	3	—	—
37.67	Sm	2	—	—
35.64	Ti I	5	—	—
34.89	Ti I	4	—	—
32.64	Sm	3	—	—
31.91	W	2	—	—
28.43	Mo I	5	—	—
26.46	Ti I	4	—	—
24.648	A R	—	—	5
22.77	Sn	3	—	—
18.447	Ne	—	—	7
17.96	Ce	2	—	—
17.22	Ni I	2	—	—
17.08	W	2	—	—
12.34	Ti I	3	—	—
11.65	Sb	2	—	—
09.17	X	—	—	4
08.214	A R	—	—	6
02.78	V	2	—	—
02.53	W	2	—	—
8396.85	Ti I	2	—	—
96.20	Ce	2	—	—
93.65	Sm	2	—	—
91.96	Dy	3	—	—
91.27	Sn	2	—	—
89.28	Mo I	6	—	—
87.786	Fe I	8	—	—
87.77	Sm	3	—	—
83.71	Sm	2	—	—
82.88	W	2	—	—
82.61	Ti	3	—	—
81.93	U	3	—	—
79.95	Co	3	—	—
78.37	Co	7	—	—
77.83	Ti	2	—	—

λ in I. A.	Element	Bogen	Funke	Geißler
8377.630	Ne	—	—	7
76.42	Ne	—	—	1
* 76.5	Tl I	10	—	—
75.23	Nd	3	—	—
72.82	Co	10	—	—
72.27	Sm	2	—	—
71.90	Ce	2	—	—
65.87	Ne	—	—	2
64.18	Ti	2	—	—
63.82	Ce	2	—	—
57.03	Sn	4	—	—
55.32	Ce	2	—	—
55.25	Sm	2	—	—
53.39	Ce	2	—	—
53.12	Ti	2	—	—
51.15	Mo	2	—	—
49.35	Sn	3	—	—
48.70	Sm	3	—	—
48.3	Cr	2	—	—
46.76	X	—	—	3
46.55	La	3	—	—
46.35	Nd	3	—	—
42.66	Co	4	—	—
42.06	V	2	—	—
38.02	W	2	—	—
37.5	U	3	—	—
34.42	Ti	2	—	—
31.96	Fe I	6	—	—
31.23	V	2	—	—
28.43	Mo I	5	—	—
27.07	Fe I	8	—	—
26.04	Dy	3	—	—
25.34	Ba	2	—	—
24.69	La	3	—	—
24.31	V	2	—	—
18.4	U	3	—	—
14.21	Sb	1	—	—
11.71	Ti	2	—	—
10.22	Ce	2	—	—
07.72	Nd	3	—	—
06.27	Ti	2	—	—
05.79	Sm	4	—	—
01.05	Sm	3	—	—
00.81	Pd	5	—	—
00.58	Ce	2	—	—
00.35	Ne	—	—	7
8299.02	Co	5	—	—
98.10	Mo	2	—	—
98.07	Kr	—	—	6
96.85	Co	5	—	—

λ in I. A.	Element	Intensität			λ in I. A.	Element	Intensität		
		Bogen	Funke	Geißler			Bogen	Funke	Geißler
8289.28	Sm	3	—	—	8208.67	Co	8	—	—
89.0	Sb	2	—	—	06.30	X	—	—	2
84.92	Ba	2	—	—	06.28	Sm	3	—	—
83.49	Co	5	—	—	03.0	V	4	—	—
82.36	V	3	—	—	01.55	Dy	5	—	—
81.02	Kr	—	—	3	00.59	L, N I	1	2	1
80.08	X	—	—	10	00.1	Cd I	1	—	—
73.58	Ag I	10	—	—	8198.85	V I	3	—	—
72.85	Pb	3	—	—	98.75	Dy	3	—	—
71	Rb I	4	—	—	95.48	Sm	3	—	—
69.39	Co	8	—	—	95.1	Sr	4	—	—
66.02	Ne	—	—	5	94.93	Na I	10	—	—
65.50	Dy	3	—	—	93.05	Co	8	—	—
64.95	Rn	4	—	—	90.02	Kr	—	—	6
64.523	A R	—	—	5	88.16	L, N I	3	4	3
63.97	Ba	2	—	—	87.38	V	3	—	—
63.22	Kr	—	—	4	86.68	V I	3	—	—
62.09	U	4	—	—	85.05	L, N I	3	4	3
61.03	Ce	2	—	—	83.58	Sr	4	—	—
59.36	Ne	—	—	4	83.33	Na I	10	—	—
57.56	Sb	2	—	—	78.96	Cu	2	—	—
55.8	V	4	—	—	74.29	U	2	—	—
53.47	V	4	—	—	71.32	Ce	2	—	—
45.10	Ce	2	—	—	71.30	V	3	—	—
45.06	Mo I	3	—	—	63.2	Cr	2	—	—
42.47	L, N I	3	5	3	61.88	Sm	3	—	—
41.74	Sb	1	—	—	61.6	Ba	2	—	—
41.55	V	4	—	—	61.03	V I	4	—	—
40.89	Sm	3	—	—	52.03	Co	6	—	—
36.42	Ne	—	—	7	47.8	Ba	2	—	—
35.9	Cr	2	—	—	46.1	Gd	4	—	—
34.12	Ce	2	—	—	44.54	V	3	—	—
33.0	O I	—	—	1	43.29	Nd	4	—	—
31.62	X	—	—	10	43.14	W	2	—	—
30.34	Sm	3	—	—	41.72	Nd	4	—	—
30.2	L	—	1	—	37.10	Co	5	—	—
30.1	O I	—	—	1	36.41	Ne	—	—	4
28.90	Ne	—	—	3	36.20	Rh	4	—	—
24.79	Pt	6	—	—	32.85	Pd	6	—	—
23.28	N I	3	5	3	26.4	Li I	10	—	—
23.08	U	4	—	—	23.78	W	3	—	—
21.0	O I	—	—	1	21.42	Sn	2	—	—
20.42	Fe I	8	—	—	20.5	Ba	3	—	—
18.76	Sm	3	—	—	16.76	V I	5	—	—
18.55	Ne	—	—	5	16.43	Co	7	—	—
16.46	N I	5	7	5	15.308	A R	—	—	10
12.4	Mn	4	—	—	14.06	Sn	7	—	—
10.94	L, N I	2	3	2	12.91	Kr	—	—	10
10.8	Bi	10	—	—	04.33	Kr	—	—	7
10.32	Ba	10	—	—	03.692	A R	—	—	3

λ in I. A.	Element	Intensität			λ in I. A.	Element	Intensität		
		Bogen	Funke	Geißler			Bogen	Funke	Geißler
8100.42	Sn	2	—	—	7978.87	Ti I	4	—	—
8094.03	Co	10	—	—	70.44	U	3	—	—
92.77	Cu I	10	—	—	69.47	Sb	2	—	—
85.21	Fe I	5	—	—	67.34	X	—	—	2
82.46	Ne	—	—	8	65.69	Nd	4	—	—
80.23	Co	5	—	—	61.59	Ti	2	—	—
79.8	Cs I	10	—	—	58.93	Nd	4	—	—
79.1	Cs I	10	—	—	57.77	Co	3	—	—
68.27	Sm	4	—	—	57.05	W	2	—	—
68.21	Ti I	2	—	—	52.3	L	—	3	—
66.50	Co	7	—	—	52.2	O I	—	—	2
62.1	Sb	2	—	—	51.1	L	—	3	—
61.34	X	—	—	1	50.9	O I	—	—	3
60.35	W	2	—	1	49.11	Ti I	3	—	—
57.27	X	—	—	1	48.176	AR	—	—	5
56.03	Co	8	—	—	47.83	L	—	4	—
55.61	W	3	—	—	47.7	O I	—	—	4
48.70	Sm	3	—	—	47.63	Rb I	10R	—	—
46.086	Fe I	5	—	—	45.887	Fe	7	—	—
45.40	Rh	7	—	—	44.0	Cs I	8	—	—
43.33	Nd	4	—	—	43.19	Ne	—	—	8
43.33	Co	8	—	—	42.9	Mn	2	—	—
41.30	Os	3	—	—	42.0	Cr	2	—	—
29.91	Rh	6	—	—	37.93	Zn	2	—	—
29.29	Co	7	—	—	37.18	Fe I	9	—	—
29	H 2	—	—	1	37.01	Ne	—	—	3
28.33	Ni	2	—	—	33.38	Sb	1	—	—
26.59	Ce	2	—	—	33.23	Cu I	10	—	—
25.12	Sm	3	—	—	32.95	Zn	3	—	—
24.83	Ti I	2	—	—	31.7	K	—	—	—
24.75	Co	4	—	—	30.72	Nt	3	—	—
22.15	Co	7	—	—	30.3	Gd	3	—	—
17.9	Nt	3	—	—	28.5	Kr	—	—	2
17.8	Cn	2	—	—	26.59	Co	8	—	—
17.17	W	4	—	—	24.65	Sb	6	—	—
16.9	Cs	5	—	—	24.46	Ru	5	—	—
16.2	Cs I	5	—	—	23.16	Mo	2	—	—
14.785	A R	—	—	3	17.47	Ni I	7	—	—
12.94	Ni I	2	—	—	15.84	Pd	7	—	—
07.34	Co	10	—	—	13.38	Kr	—	—	2
06.3	Cu	2	—	—	11.35	Ba I	6	—	—
06.157	A R	—	—	8	09.36	Dy	3	—	—
02.66	Ce	2	—	—	09.19	W	2	—	—
00.75	Nd	4	—	—	08.75	Co	10	—	—
7998.98	Fe I	6	—	—	08.3	Cr	2	—	—
96.49	Ti	3	—	—	06.73	Sb	2	—	—
94.50	Ni	2	—	—	05.78	Ba I	7	—	—
87.38	Co	7	—	—	05.25	W	2	—	—
86.58	Mo	2	—	—	7890.18	Ni I	3	—	—
82.80	Dy?Nd?	3	—	—	90.39	Ru	5	—	—

λ in I. A.	Element	Bogen	Funke	Geißler
7887.75	Mo	2	—	—
87.42	X	—	—	3
86.45	W	2	—	—
81.91	U	4	—	—
81.7	Y	2	—	—
81.48	Ru	10	—	—
80.34	W	2	—	—
78.0	Ba	2	—	—
71.78	Pr	2	—	—
71.43	Co	6	—	—
69.92	Co	6	—	—
67.17	Sb	2	—	—
67.01	W	2	—	—
63.70	Ni I	5	—	—
63.45	W	2	—	—
62.84	Nd	4	—	—
61.10	Ni I	4	—	—
60.54	Ce	2	—	—
55.05	Ni	3	—	—
59.05	Ce	2	—	—
56.96	Gd	5	—	—
55.88	Co	7	—	—
54.84	Kr	—	—	7
54.44	Mo	2	—	—
52.18	Os	3	—	—
47.82	Ru	7	—	—
46.36	Gd	5	—	—
44.44	Sb	4	—	—
42.0	Cr	2	—	—
40.3	Bi	2	—	—
40.05	Co	7	—	—
39.57	Ba	5	—	—
38.7	Bi	3	—	—
38.18	Co	8	—	—
37.25	Sb	2	—	—
36.9	Al I	6	—	—
35.81	Ce	2	—	—
34.32	Ir	5	—	—
34.32	Mn	2	—	—
32.23	Fe	6	—	—
30.05	Rh	6	—	—
29.63	Mo	2	—	—
27	H 2	—	—	6
26.84	Ni I	4	—	—
24.91	Rh	10	—	—
21.25	Mn	2	—	—
16.95	Sb	2	—	—
16.59	Mn	2	—	—
12.08	Dy	5	—	—
09.18	Ru	9	—	—

λ in I. A.	Element	Bogen	Funke	Geißler
7809	H 2	—	—	6
08.95	W	2	—	—
08.53	Nd	4	—	—
08.3	Cr	2	—	—
05.99	Mn	2	—	—
00.5	F	—	2	—
00.30	Rb I	10R	—	—
7799.49	Ny	10	—	—
99.1	Zn I	4	—	—
97.73	Ce	2	—	—
97.66	Ni I	8	—	—
91.87	Ru	8	—	—
91.61	Rh	9	—	—
90.91	Mn	2	—	—
90.05	Dy	4	—	—
90.02	Os	3	—	—
88.95	Ni I	6	—	—
86.66	Pd	7	—	—
86.16	Pr	2	—	—
84.11	U	5	—	—
84.11	W	3	—	—
80.597	Fe	5	—	—
80.50	Ba	8	—	—
76.67	W	2	—	—
75.60	L	—	6	—
75.4	O I	—	—	6
74.63	L	—	7	—
74.2	O I	—	—	8
73.11	Nd	3	—	—
72.90	Rh	7	—	—
72.07	L	—	10	—
72.0	O I	—	—	10
71.99	Fe	7	—	—
66.8	Ba I	2	—	—
64.9	Sb	2	—	—
64.75	Mn	5	—	—
63.99	Pd	12	—	—
61.82	U	2	—	—
61.13	W	2	—	—
59.60	Rb I	3	—	—
57.8	Rb I	6	—	—
55.85	Sb	2	—	—
55.07	Mn	3	—	—
54.94	Sn	2	—	—
54.8	F	—	5	—
52.78	Mn	2	—	—
51.73	Ba	3	—	—
50.99	Nd	3	—	—
49.27	Gd	5	—	—
48.94	Ni	10	—	—

λ in I. A.	Element	Bogen	Funke	Geißler	λ in I. A.	Element	Bogen	Funke	Geißler
7748.286	Fe	4	—	—	7672.6	Gd	4	—	—
46.81	Kr	—	—	2	72.10	Ba	7	—	—
43.27	Co	5	—	—	70.46	Mn	2	—	—
34.49	Mn	2	—	—	69.69	U	2	—	—
34.25	Co	6	—	—	69	H 2	—	—	8d
33.50	Gd	5	—	—	64.94	K I	10R	5R	—
33.23	Mn	4	—	—	64.84	Zn	4	—	—
32.63	Zn II	—	10	—	64.35	La	3	—	—
32.47	Mo	2	—	—	62.35	Dy	6	—	—
31.52	Nt	4	—	—	60	H 2	—	—	6
29.78	Dy	5	—	—	57.5	Mg I	2tr	—	—
29.0	Hg	6	—	—	56.74	Mo	5	—	—
27.68	Ni I	10	—	—	54.43	Er	3	—	—
24.210	AR	—	—	3	54.28	Ni	3	—	—
24.01	Y	2	—	—	51.91	Mn	2	—	—
23.759	AR	—	—	3	50.3	Gd	4	—	—
23.62	Mo	2	—	—	48.28	Sb	3	—	—
22.9	Cr	2	—	—	48.19	Co	4	—	—
22.86	Ru	6	—	—	46.66	Dy	4	—	—
21.82	Pr	3	—	—	46.34	Mn	3	—	—
20.74	Mo	4	—	—	45.87	Dy	4	—	—
19.89	Y	2	—	—	45.68	Pr	3	—	—
15.64	Ni I	7	—	—	42.97	Ba	5	—	—
15.35	Dy	5	—	—	42.04	X	—	—	4
14.68	Pr	2	—	—	41.15	Dy	5	—	—
14.27	Ni I	8	—	—	39.80	Nd	3	—	—
12.68	Co	9	—	—	37.63	Co	4	—	—
12.42	Mn	5	—	—	36.88	Ba	3	—	—
10.21	Mn	5	—	—	35.70	L	—	1	—
09.51	Mo	2	—	—	35.106	AR	—	—	6
06.64	Mn	2	—	—	34.56	Co	5	—	—
06.58	Ba	3	—	—	31.72	U	3	—	—
04.99	Pr	2	—	—	26.13	Pr	2	—	—
00.96	W	2	—	—	24.77	Zn	3	—	—
00.18	Pb	5	—	—	21.94	Gd	4	—	—
7699.49	Ny	10	—	—	21.53	Sr I	5	—	—
99.01	K I	10R	5R	—	21.52	Ru	6	—	—
99.01	Nd	2	—	—	20.53	Fe	3	—	—
98.93	Zn	4	—	—	19.34	U	3	—	—
96.60	Nd	4	—	—	19.24	Ni I	9	—	—
94.24	Kr	—	—	8	19.14	Rb I	6	—	—
90.65	Rh	7	—	—	17.02	Ni I	10	—	—
89.13	Ce	2	—	—	15	H 2	—	—	9
88.93	W	3	—	—	14.07	W	3	—	—
87.85	Ag I	10	—	—	12.13	W	2	—	—
85.23	Kr	—	—	7	10.48	Ba	3	—	—
80.20	Mn	5	—	—	10.29	Co	6	—	—
80.00	Er	3	—	—	10.02	Ni	3	—	—
79.50	Mo	2	—	—	10	Ca	6	—	—
73.10	Sr	6	—	—	09.0	Cs I	8	—	—

λ in I. A.	Element	Intensität			λ in I. A.	Element	Intensität		
		Bogen	Funke	Geißler			Bogen	Funke	Geißler
7607	H 2	—	—	8	7531.18	Fe	4	—	—
03.39	Mn	2	—	—	29.02	Nd	4	—	—
02.96	Os	6	—	—	29	H 2	—	—	8
01.82	Mo	2	—	—	28.26	Ba	2	—	—
01.54	Kr	—	—	10	27.58	Ny	5	—	—
7598.35	De	2	—	—	25.18	Ni I	8	—	—
95.16	Mo	2	—	—	22.87	Ni I	8	—	—
90.60	Co	6	—	—	16.59	Dy	4	—	—
88.61	Zn II	—	15	—	16.03	Nd	3	—	—
87.41	Kr	—	—	10	15.85	Mn	2	—	—
86.72	Co	4	—	—	15.16	L	—	1	—
86.07	Fe	7	—	—	14.650	AR	—	—	4
84.68	X	—	—	2	13.79	Nd	5	—	—
82.85	W	2	—	—	11.15	Nd	4	—	—
78.75	Zn	3	—	—	11.053	Fe I	9	—	—
77.22	Rh	6	—	—	10.7	Au I	5	—	—
74.10	Ni I	7	—	—	08.98	W	5	—	—
73.32	F	—	5	—	05.84	L	—	1	—
72.61	Mo	2	—	—	04.45	Mo	2	—	—
70.1	Cu	5	—	—	04.07	W	2	—	—
69.87	W	3	—	—	03.868	AR	—	—	4
68.931	Fe I	4	—	—	03.3	Bi	2	—	—
66.02	U	2	—	—	7499.78	Ru	10	—	—
64.98	Co	5	—	—	99.39	Pr	2	—	—
63.06	Y	2	—	—	98.8	La	3	—	—
63.04	Gd	6	—	—	95.59	Pr	3	—	—
62.96	Dy	4	—	—	15.22	Rh	10	—	—
61.08	Co	4	—	—	95.10	Fe I	8	—	—
59.81	Dy	4	—	—	90.18	Er 2	4	—	—
59.62	Ru	8	—	—	89.41	Co	3	—	—
57.67	Rh	6	—	—	88.887	Ne	—	—	5
55.67	Ni I	9	—	—	88.15	Gd	3	—	—
54.04	Co	8	—	—	88.095	Ba	5	—	—
53.03	Dy	4	—	—	86.93	Pd	7	—	—
52.20	F	5	—	—	86.85	Kr	—	—	3
51.72	Mn	2	—	—	85.80	Ru	8	—	—
51.12	Mn	2	—	—	85.73	Mo I	4	—	—
50.46	W	2	—	—	83.48	La	4	—	—
47.01	Nd	3	—	—	83.34	W	3	—	—
45	H 2	—	—	8	82.95	F	—	5	—
44.052	Ne	—	—	8	81.49	Ni	5	—	—
43.76	Dy	5	—	—	81.08	Nb	5	—	—
41.03	Pr	2	—	—	79	L	—	—	—
39.22	La	3	—	—	78.73	Zn II	4	20	—
38.27	Nd	4	—	—	75.74	Rh	10	—	—
37.42	W	3	—	—	72.453	Ne	—	—	6
36	H 2	—	—	7	69.46	Er	5	—	—
35.784	Ne	—	—	8	68.92	Ru	7	—	—
33.91	U	5	—	—	68.74	L, N I	5	6	5
33.52	Co	5	—	—	67	H 2	—	—	4

λ in I. A.	Element	Intensität Bogen	Funke	Geißler	λ in I. A.	Element	Intensität Bogen	Funke	Geißler
7466	Al	—	—	—	7396.7	Cd I	1	—	—
64.37	Gd	4	—	—	94.91	Gd	4	—	—
62.39	Cr I	10	—	—	93.92	Ru	8	—	—
59.75	Ba	5	—	—	93.80	X	—	—	3
58.7	L	—	1	—	93.67	Ni I	10	—	—
57.43	Co	8	—	—	92.44	Ba I	6	—	—
55	In	—	—	—	91.91	Pd	8	—	—
53	H 2	—	—	6	91.36	Mo I	5	—	—
52.83	Mo	2	—	—	89.43	Fe I	7	—	—
51.72	Pr	4	—	—	88.66	Co	7	—	—
51.37	W	2	—	—	86.40	Fe	4	—	—
50.25	Y	4	—	—	86.24	Ni	7	—	—
48.73	Nd	4	—	—	86.04	Gd	3	—	—
48.32	Ny	3	—	—	85.3	Cd I	2	—	—
47.30	Mo	2	—	—	85.23	Ni	7	—	—
45.78c	Fe I	9	—	—	85.08	W	3	—	—
42.56	L, N I	4	5	4	84.53	L	—	1	—
42.41	Rh	8	—	—	83.979	AR	—	—	5
42	Gd	4	—	—	82.3	Cd I	2	—	—
41.3	Bi	3	—	—	81.93	Ni	5	—	—
40.60	Ti I	3	—	—	81.27	W	2	—	—
38.892	Ne	—	—	8	77.3	Gd	3	—	—
37.15	Co I	4	—	—	72.119	AR	—	—	1
35.5	AR	—	—	—	70	Ho	3	—	—
34.08	Mo	2	—	—	70.25	Eu	4	—	—
32.9	L	—	1	—	75.7	Ba	2	—	—
26.99	Dy	5	—	—	68.14	Pd	15	—	—
26.56	Gd	3	—	—	66	H 2	—	—	6
26.2	F	—	—	12	64.12	Ti I	4	—	—
25.49	U	3	—	—	63.14	V	2	—	—
23.88	L, N I	3	5	3	61.63	Mo	2	—	2
22.34	Ni I	9	—	—	59.35	Ba	3	—	—
18.18	Nd	4	—	—	56.47	V	3	—	—
17.55	Ba	4	—	—	55.96	Cr I	10R	—	—
17.39	Co I	8	—	—	54.61	Co I	6	—	—
14.51	Ni I	6	—	—	53.316	AR	—	—	1
12.42	Dy	4	—	—	50.08	Ny	3	—	—
11.19	Fe I	8	—	—	49	H 2	—	—	8
09.35	Ni I	9	—	—	48.48	Mo	2	—	—
09	H 2	—	—	6	46.36	Y	4	—	—
08.4	Rb I	6	—	—	46.0	Cd I	1	—	—
07.97	Os	4	—	—	45.34	La	4	—	—
06.61	Nd	3	—	—	44.70	Ti I	5	—	—
05.50	Sb	2	—	—	38.90	V	4	—	—
01.12	Ni	4	—	—	35.0	Bi	1	—	—
00.26	Cr I	10	—	—	34.17	La	5	—	—
7399.2	Gd I	5	—	—	32.25	F	—	18	—
99	H 2	—	—	6	30.12	Pb	2	—	—
989.6	F	—	20	—	29.92	Ce	2	—	—
97.78	Ce	2	—	—	27.69	Ni I	4	—	—

λ in I. A.	Element	Bogen	Funke	Geißler	λ in I. A.	Element	Bogen	Funke	Geißler
7326.55	Mn I	7	—	—	7267.62	Mo I	3	—	—
26.12	Ca I	8	—	—	66.14	Ni	4	—	—
26.02	W	2	—	—	64.8	Zr	3	—	—
25	H 2	—	—	6	64.23	V	5	—	—
24.91	Gd	5	—	—	64.2	Zn	4	—	—
23.15	Nd	3	—	—	64.16	Y	4	—	—
18.2	Zr	3	—	—	63.68	Gd	3	—	—
16.81	Nd	4	—	—	63.43	Nd	3	—	—
16.29	Er	3	—	—	62.70	Gd	5	—	—
15.9	AR	—	—	1	61.94	Ni I	8	—	—
15.72	Co	3	—	—	58	H 2	—	—	6
15	H 2	—	—	8	54.0	O I	—	—	2
13.28	Gd	4	—	—	53.52	Os	5	—	—
11.6	AR	—	—	1	52.72	Gd	5	—	—
11.40	F	—	15	—	52.72	Ce	3	—	—
09.46	Sr I	7	—	—	51.75	Ti I	6	—	—
02.92	Mn I	6	—	—	51.14	Os	4	—	—
01.24	Gd	4	—	—	50.09	Co	3	—	—
01.16	Eu	5	—	—	47.83	Mn	5	—	—
00.19	Mo	2	—	—	45.87	Mo	4	—	—
7298.73	Nd	2	—	—	45.165	Ne	—	—	10
97	H 2	—	—	6	44.85	Ti I	5	—	—
96.57	W	3	—	—	44.50	Ny	2	—	—
93.08	Fe I	6	—	—	42.54	Mo I	7	—	—
91.36	Gd	3	—	—	42.25	Gd	3	—	—
91.30	Ni I	8	—	—	39.90	Fe I	4	—	—
88.78	Fe I	8	—	—	38.95	Ru	9	—	—
88.54	Nd	4	—	—	38.38	Ce	2	—	—
85.82	W	3	—	—	37.89	Lu	2	—	—
85.36	X	—	—	3	37.08	W	2	—	—
85.29	Co	7	—	—	36.51	Nd	4	—	—
85.29	Nd	3	—	—	36.1	C II	—	6d	—
83.80	Mn I	6	—	—	34.33	Co	8	—	—
82.33	La	6	—	—	33.46	Gd	4	—	—
81.349	He I	—	—	3	32.24	Sr I	5	—	—
80.31	Ba	8R	—	—	29	Cs I	5	1	—
80.3	Zr	4	—	—	28.98	Pb	6	—	—
80.22	Rb I	6	1	—	28.815	Ba	5	—	—
80	Cs II	5	1	—	27.70	Pr	3	—	—
79.47	Gd	3	—	—	26.02	W	2	—	—
78.21	W	2	—	—	23.67	Fe	2	—	—
76	H 2	—	—	7	22.50	Sb	2	—	—
74.07	Gd	3	—	—	21.17	Lu	2	—	—
72.935	AR	—	—	3	19.7	Cs	4	—	—
70.82	Rh	10	—	—	17.58	Pt	6	—	—
70.7	Cs	4	—	—	17.55	Eu	8	—	—
70.11	La	3	—	—	16.31	W	2	—	—
70	H 2	—	—	8	16.21	Ti	3	—	—
69.57	W	3	—	—	09.45	Ti I	8	—	—
68.23	Rh	7	—	—	08.82	Pr	2	—	—

λ in I. A.	Element	Intensität			λ in I. A.	Element	Intensität		
		Bogen	Funke	Geißler			Bogen	Funke	Geißler
7207.42	Fe I	10	—	—	7149.60	Sm	3	—	—
06.986	AR	—	—	1	49.11	Pd	6	—	—
06.31	Os	5	—	—	48.89	Os	6	—	—
04.28	Tb	2	—	—	48.13	Ca	10	—	—
03.34	F	—	—	15	47.37	Gd	6	—	—
02.18	Ca	8	—	—	47.042	AR	—	—	1
01.43	Gd	5	—	—	45.50	Os	8	—	—
00.16	W	2	—	—	40.51	W	3	—	—
7197.07	Ni I	4	—	—	39.74	Y	2	—	—
96	H 2	—	—	8	35.69	Er	3	—	—
95.94	Y	2	—	—	34.33	Co	8	—	—
95.262	Ba I	6	—	—	34.09	Mo I	4	—	—
94.89	Gd	4	—	—	33.17	Gd	3	—	—
94.80	Eu	8	—	—	32.2	Cd I	3	—	—
93.60	Co	8	—	—	31.8	Hf	6	—	—
93.56	Cu	2	—	—	30.95	Fe I	10	—	—
92.01	Nd	3	—	—	29.36	Nd	4	—	—
91.65	Y	3	—	—	28.85	U	4	—	—
89.64	Gd	5	—	—	28.01	Y	2	—	—
89.41	Nd	5	—	—	25.85	Lu	7	—	—
87.35	Fe I	10	—	—	24.45	Co	5	—	—
87	H 2	—	—	8	22.65	Mo	3	—	—
85.5	Cr	2	—	—	22.58	Gd	6	—	—
84.29	Mn	5	—	—	22.29	Ni I	10	—	—
83.74	Ir	5	—	—	20.25	Ba	6	—	—
82.06	Ni I	9	—	—	18.88	Gd	5	—	—
75.50	Eu	3	—	—	16.79	Gd	3	—	—
73.938	Ne	—	—	10	16.56	Pd	2	—	—
72.30	Gd	6	—	—	16	H 2	—	—	6
71	H 2	—	—	7	14.58	Pr	4	—	—
70.11	La	3	—	—	13.75	Pt	10	—	—
69.1	Zr I	8	—	—	13.6	Co	4	—	—
68.3	Gd	10	—	—	11.7	Zr	5	—	—
67.30	Sr I	6	—	—	10.98	Ni I	5	—	—
67.04	Ni I	4	—	—	09.87	Mo I	8	—	—
65.91	Lu	2	—	—	09.30	Dy	4	—	—
64.48	Fe I	9	—	—	06.48	Eu	6	—	—
62.64	W	2	—	—	04.47	Rh	9	—	—
61.22	La	4	—	—	03.70	Zr I	6	—	—
59.89	Zr	3	—	—	02.92	Zr I	4	—	—
59.80	Mo	2	—	—	02.57	Co	4	—	—
59.76	Co	8	—	—	01.75	Gd	3	—	—
58.09	La	3	—	—	01.68	Rh	10	—	—
57.36	L	—	9	—	01.61	U	3	—	—
57.36	O	—	—	9	7098.10	Gd	3	—	—
54.71	Co I	8	—	—	97.70	Zr I	4	—	—
53.65	Ba	4	—	—	96	H 2	—	—	6
53.08	Sr	4	—	—	95.63	Zr	4	—	—
51.33	Mn	8	—	—	95.47	Ni	4	—	—
50.21	Ce	2	—	—	94.77	Pt	7	—	—

λ in I. A.	Element	Bogen	Funke	Geißler	λ in I. A.	Element	Bogen	Funke	Geißler
7094.64	Co	4	—	—	7051.30	Ne	—	—	4
91.9	Hg I	3	—	—	51.08	Pr	3	—	—
90.413	Fe I	6	—	—	50.97	Gd	4	—	—
89.96	Ba	4	—	—	48	H 2	—	—	8
87.35	Ru	2	—	—	46.8	Nb	2	—	—
86.31	Ce	3	—	—	45.8	Th	4	—	—
86.02	Ru	2	—	—	45.29	Mo	2	—	—
85.50	Gd	3	—	—	45.00	Gd	3	—	—
84.97	Co I	10	—	—	43.77	Ny	2	—	—
84.53	Tb	2	—	—	42.46	Pr	3	—	—
82.40	Sm	5	—	—	42.27	Sm	5	—	—
82.0	Hg I	4	—	—	42.05	Al II	—	5	—
80.01	Pr	3	—	—	40.20	Eu	6	—	—
77.14	Eu	8	—	—	39.3	Cu	3	—	—
77.10	Gd	3	—	—	39.24	Sm	6	—	—
75.15	Dy	4	—	—	38.84	Ti	3	—	—
74.78	U	4	—	—	38.26	Fe I	4	—	—
73.60	Gd	3	—	—	37.98	Mo	4	—	—
72	H 2	—	—	10	37.85	Ir	4	—	—
70.97	Gd	3	—	—	37.48	F	—	—	50
70.45	Co	4	—	—	37.33	Nd	5	—	—
70.15	Sr I	10	1	—	37.24	Gd	5	—	—
69.94	Gd	3	—	—	37	H 2	—	—	7
69.86	Mn	4	—	—	36.2	Bi	2	—	—
68.420	Fe	5	—	—	35.18	Y	3	—	—
68.34	La	4	—	—	34.42	Ni	4	—	—
68.06	Gd	4	—	—	32.56	Co	4	—	—
67.6	L	—	1	—	32.411	Ne	—	—	6
67.217	AR	—	—	5	31.18	Lu	4	—	—
67	H 2	—	—	6	30.98	Ce	2	—	—
66.90	Nd	5	—	—	30.250	AR	—	—	2
66.21	La	5	—	—	30.10	Ni I	5	—	—
65.20	He I	—	—	5	27.93	Ru	10	—	—
63.05	Ni I	4	—	—	27.82	Co	8	—	—
61.9	Se I	—	—	5	26.05	V	4	—	—
61.69	Ce	3	—	—	24.76	Ni I	8	—	—
60.62	Os	6	—	—	24.047	Ne	—	—	6
60.29	Pd	5	—	—	22.98	Fe I	3	—	—
59.96	Ba	8R	—	—	21.55	Pr	6	—	—
59.116	Ne	—	—	4	20.47	Sm	5	—	—
58.00	Gd	3	—	—	17.43	Dy	4	—	—
57	Em	—	—	3	16.60	Co I	10	—	—
56.56	At II	—	4	—	16.44	Pd	8	—	—
56	H 2	—	—	9	16.08	Fe	2	—	—
55.95	Dy	4	—	—	14.0	Se I	—	—	3
54.60	Gd	4	—	—	10.6	Se I	—	—	3
54.05	Co	8	—	—	09.94	Y	2	—	—
52.95	Y	2	—	—	08.97	Y	3	—	—
52.85	Co I	10	—	—	06.13	Gd	6	—	—
51.52	Sm	5	—	—	05.99	Tb	2	—	—

λ in I. A.	Element	Bogen	Funke	Geißler	λ in I. A.	Element	Bogen	Funke	Geißler
7004.8	Co I	5	—	—	6965.430	AR	—	—	6
02.2	O I	—	—	4	65.10	Ni	5	—	—
01.63	Mo	3	—	—	64.14	W	3	—	—
01.55	Ni I	4	—	—	62.6	H 2	—	—	10
01.54	Rh	7	—	—	59.23	Gd	4	—	—
01.44	Er	3	—	—	58.09	La	3	—	—
00.70	Gd	4	—	—	58.06	Y	2	—	—
6999.92	Fe I	4	—	—	57.71	Gd	4	—	—
99.87	Ce	2	—	—	55.96	Os	8	—	—
99.86	Ny	3	—	—	55.5	Cs	4	—	—
97.30	Co	7	—	—	55.33	Sm	5	—	—
96.77	Gd	8	—	—	55.10	Ni I	5	—	—
95.91	Sb	2	—	—	53.9	Ir	6	—	—
94.39	Er	3	—	—	51.87	Er	3	—	—
94.35	Zr	5	—	—	51.67	Y	4	—	—
93.1	Th	4	—	—	51.28	Fe	3	—	—
91.90	Gd	6	—	—	50.32	Y	4	—	—
91.1	Bi	4	—	—	50.6	Sm	3	—	—
90.9	Zr	6	—	—	50	L	—	1	—
90.7	Se	—	—	4	45.95	Gd	4	—	—
89.93	Mn	4	—	—	45.214	Fe	7	—	—
89.7	Th	4	—	—	44.95	Er	3	—	—
89.01	Mo	4	—	—	43.6	Th	3	—	—
88.72	Gd	3	—	—	43.4	Zn I	4	—	—
86.00	Ce	2	—	—	42.62	Pt	2	—	—
85.86	Gd	7	—	—	42.55	Mn	5	—	—
84.93	Os	5	—	—	41.38	Nd	3	—	—
84.29	W	4	—	—	40.4	H 2	—	—	10
83.37	Cs I	6	1	—	39.0	K I	10	—	—
82.00	Ru	10	—	—	38.5	Zn I	6	—	—
81.0	Cr I	3	—	—	38.36	Er	3	—	—
80.84	Ce	2	—	—	37.83	Co	7	—	—
80.84	Cr I	2	—	—	37.666	A R	—	—	2
80.84	Gd	4	—	—	35.8	Cu	2	—	—
80.15	Pr	4	—	—	35.8	H 2	—	—	10
79.87	Y	4	—	—	34.99	La	3	—	—
79.81	Cr I	7	—	—	34.28	W	4	—	—
79.13	Rh	7	—	—	35.54	Y	3	—	—
78.861	Fe	7	—	—	31.27	Mn	3	—	—
78.50	Cr	10	—	—	29.86	Ir	5	—	—
78.25	Gd	3	—	—	29.466	Ne	—	—	9
76.34	Gd	4	—	—	28.4	Zn I	8	—	—
74.56	V	5	—	—	26.08	Er	3	—	—
73.14	Cs I	10R	3	—	25.26	La	4	—	—
71.64	Gd	4	—	—	25.23	Cr I	9	—	—
66.33	F	—	—	4	24.97	Gd	3	—	—
66.5	Zr	4	—	—	24.80	Ce	3	—	—
66.16	Ta	2	—	—	24.15	Cr I	10	—	—
65.85	L	—	1	—	23.22	Ru	12	—	—
65.65	Rh	10	—	—	23.09	Tb	2	—	—

λ in I. A.	Element	Intensität Bogen	Intensität Funke	Intensität Geißler	λ in I. A.	Element	Intensität Bogen	Intensität Funke	Intensität Geißler
6920.61	Gd	4	—	—	6882.41	Cr I	9	—	—
20.2	Cu	3	—	—	82.07	X	—	—	3
17.28	Lu	7	—	—	81.9	Cu	2	—	—
16.710	Fe	4	—	—	81.65	Cr I	9	—	—
16.69	Tb	2	—	—	81.23	Pr	3	—	—
16.58	Gd	8	—	—	80.01	Er	3	—	—
16.56	Pd	9	—	—	79.94	Rh	10	—	—
14.58	Ni I	7	—	—	78.37	Sr I	10	—	—
14.05	Mo	5	—	—	75.25	Ta	3	1	—
11.46	Ru	8	—	—	74.18	Tb	3	—	—
11.3	K I	10	—	—	72.45	Sm	3	—	—
09.79	F	—	—	20	72.38	Co	7	2	—
08.32	W	3	—	—	71.55	V	5	—	—
08.31	Y	2	—	—	71.51	Ny	2	—	—
08.11	Co	5	—	—	71.290	AR	—	—	4
07.49	Hg I	8	—	—	70.5	Co I	4	—	—
05.94	Cu	5	—	—	70.21	F	—	—	18
04.6	Kr	5	—	—	67	Ba	3	—	—
03.71	Eu	5	—	—	66.2	Ta	3	1	—
02.46	F	—	—	30	65.69	Ba	5	—	—
02.08	Tb	3	—	—	64.57	Eu	10	—	—
00.70	Gd	4	—	—	64.20	Ta	3	1	—
00.45	Nd	5	—	—	64	L	—	1	—
00.37	In I	6	—	—	62.85	Sm	4	—	—
6899.95	Tb	3	—	—	61.47	Ti I	5	1	—
99.4	Dy	4	—	—	61.14	Sm	6	—	—
99.07	Ce	2	—	—	58.44	Co	5	—	—
98.49	Ce	2	—	—	58.17	Fe	3	—	—
97.53	Er	3	—	—	57.14	Gd	5	—	—
96.37	Tb	5	—	—	56.06	Sm	5	—	—
95.99	U	2	—	—	56.01	F	—	—	40
93.34	Ir	4	—	—	55.182	Fe	6	—	—
92.76	Pr	3	—	—	54.18	Nt	3	—	—
92.61	Sr I	5	—	—	53.37	Y	3	—	—
92.37	Mo	3	—	—	53.00	Dy	5	—	—
91.3	In	—	7	—	50.55	Pr	4	—	—
90.9	Cu	2	—	—	48.93	Mo	3	—	—
89.9	Cu	2	—	—	48.17	Sm	3	—	—
89.3	Th	3	—	—	48.11	Er	4	—	—
88.30	Zr	5	—	—	47.8	In I	8	—	—
87.85	Rh	3	—	—	46.98	Zr	5	—	—
87.8	Mn	3	—	—	46.75	Nd	6	—	—
87.63	Gd	5	—	—	46.60	Gd	5	—	—
87.61	L	—	1	—	46.26	Sm	3	—	—
87.22	Y	4	—	—	45.79	Nt	8	—	—
86.37	Mo	4	—	—	45.23	Y	4	—	—
85.77	Fe	4	—	—	44.73	Sm	4	—	—
85.3	Sm	3	—	—	44.30	Nt	8	—	—
83.95	Mo	4	—	—	44.2	Sn	2	2	—
83.04	Cr I	9	—	—	43.681	Fe	4	—	—

λ in I. A.	Element	Intensität			λ in I. A.	Element	Intensität		
		Bogen	Funke	Geißler			Bogen	Funke	Geißler
6842.9	Sb	—	2	—	6794.20	Sm	5	—	—
42.60	Pt	8	—	—	93.80	Lu	5	—	—
42.08	Ni I	6	—	—	93.71	Y I	4	1	—
41.90	V	5	—	—	91.53	Os	8	—	—
41.36	Fe	6	—	—	91.07	Sr I	6	1	—
38.95	Mo	4	1	—	90.43	Nd	5	—	—
35.5	Dy	6	—	—	90.03	Sm	5	—	—
35.06	Sc	2	—	—	89.4	Hf	6	—	—
34.25	F	—	—	18	85.12	Pr	3	—	—
33.40	Pd	8	—	—	85.12	Tb	4	—	—
32.95	Zr	4	—	—	85.02	V	5	—	—
32.59	Y	3	—	—	84.89	Co I	4	—	—
31.15	Nt	4	—	—	84.6	Pd	10	6	—
31.0	Se	—	—	5	82.98	Sm	3	—	—
30.57	Pr	3	—	—	82.59	Eu	6	—	—
30.04	Ir	2	—	—	79.86	Du	8	—	—
29.87	Sm	3	—	—	79.77	Nt	8	—	—
29.57	Sc	2	—	—	79.3	Zn	5	—	—
29.06	Mo	3	—	—	78.63	Sm	4	—	—
28.614	Fe	4	—	—	78.34	Sb	3	4	—
28.25	Gd	5	—	—	78.2	Sm	3	—	—
28.14	Nb	4	—	—	77.7	Cd I	2	—	—
27.70	Pr	6	—	—	77.16	Lu	3	—	—
26.90	U	5	—	—	76.76	De	2	—	—
25.46	Er	3	—	—	75.06	Rb	—	9	—
24.07	Ru	10	—	—	74.98	Ru	6	—	—
23.79	La	3	—	—	74.6	Pd	10	6	—
20.27	W	4	—	—	74.28	La	6	3	—
19.56	Sc	3	—	—	74.27	Ce	2	—	—
19.0	Hf	6	—	—	73.96	F	—	—	20
17.16	Sc	2	—	—	72.36	Ni I	9	—	—
16.09	Eu	5	—	—	71.8	Ba	2	—	—
14.96	Co I	10	1	—	71.05	Co I	10	2	—
14.93	W	3	—	—	69.14	Zr	5	—	—
13.2	Ta	4	1	—	67.79	Ni I	10	—	—
13.1	Kr	—	—	3	67.55	De	2	—	—
12.42	V	5	—	—	66.92	Ru	8	—	—
11.9	L	—	1	—	66.32	V	5	—	—
10.27	Fe	4	—	—	65.9	Dy	4	—	—
09.1	Bi	—	7	—	62.91	F	—	—	6
09.01	Co I	5	—	—	62.47	Cr	2	—	—
06.61	Os	7	—	—	62.35	Zr	5	—	—
06.3	Sb	6	1	—	62.16	Y	3	—	—
04.00	Nd	4	—	—	60.00	Pt	20	—	—
02.78	Eu	10	—	—	59.88	Er	4	—	—
6799.66	Ny	10	—	—	57.2	S I	—	—	7
98.69	Pr	8	—	—	56.4	Th	3	—	—
96.65	Rh	8	—	—	54.02	Mo	3	1	—
95.41	Y II	4	1	—	53.06	La	4	—	—
94.58	Tb	5	—	—	53.03	V	4	—	—

λ in I. A.	Element	Intensität Bogen	Intensität Funke	Intensität Geißler
6752.831	AR	—	—	5
52.72	Fe	3	—	—
52.69	Zr	4	—	—
52.67	Gd	5	—	—
52.38	Rh	20	1	—
51.28	Cr	2	—	—
50.161	Fe	4	—	—
49.3	Cu	2	—	—
49.28	Pr	3	—	—
48.8	S I	—	—	6
47.97	Dy	3	—	—
47.17	Pr	6	—	—
46.4	Se I	—	—	6
46.26	Mo	5	1	—
46.10	Mo	3	1	—
44.96	Eu	5	—	—
43.7	S I	—	—	5
43.15	Ti I	5	3	—
41.42	Cu	6	—	—
40.10	Nd	5	—	—
39.51	Sc	3	—	—
38.99	Sb	2	—	—
37.95	Sc	4	—	—
37.80	Nd	4	—	—
36.89	Pr	4	—	—
35.99	Y	4	—	—
34.83	Sm	4	—	—
34.15	Cr	2	—	—
34.11	Sm	5	—	—
34.00	Mo I	7	1	—
31.86	Sm	6	—	—
30.77	Gd	5	—	—
29.74	Cr	3	—	—
29.54	Os	9	—	—
27.90	X	—	—	3
27.63	Ny	4	—	—
27.6	Cd	—	5	—
27.5	Th	3	—	—
26.90	U	5	—	—
26.67	Fe	3	—	—
25.86	Sm	4	—	—
24.75	Sm	3	—	—
23.66	Nb	6	1	—
23.3	Cs I	10R	3	—
23.17	Sm	4	—	—
21.93	Er	4	—	—
21.35	O II	—	—	5
21.39	Nt?	4	—	—
21.0	L	—	1	—
19.2	AR	—	—	2

λ in I. A.	Element	Intensität Bogen	Intensität Funke	Intensität Geißler
6718.3	Ru	6	—	—
17.74	Ca I	8	2	—
17.043	Ne	—	—	5
16.40	Hg I	6	—	—
15.42	Cr	3	—	—
14.3	Tl I	4	2	—
13.20	Y	3	—	—
11.92	Lu	4	—	—
11.25	Lu	4	—	—
10.40	Pt	10	—	—
09.52	La	4	—	—
07.88	Zr	5	—	—
07.86	Li I	10R	10R	—
07.8	Co	5	—	—
04.40	Ce	3	—	—
02.61	Tb	3	—	—
00.71	Y	4	1	—
00.67	Ce	3	—	—
6699.6	Se I	—	—	6
99.1	Kr	—	—	3
98.8	AR	—	—	3
98.73	Al I	3	—	—
96.07	Al I	3	—	—
94.32	Nh	7	—	—
93.98	Eu	8	—	—
93.86	Ba I	6R	2	—
93.54	Sm	5	—	—
93.38	Tb	3	—	—
93.12	W	8	—	—
90.48	F	—	—	5
90.47	Mo	4	—	—
90.00	Ru	15	—	—
87.57	Y I	5	1	—
86.08	Ir	7	—	—
85.27	Eu	5	—	—
84.7	AR	—	—	1
81.58	Sm	4	—	—
81.25	Gd	4	—	—
79.5	Se I	—	—	5
79.24	Sm	5	—	—
78.81	Co I	6	1	—
78.42	W	4	—	—
78.276	Ne	—	—	8
78.16	Ny	3	—	—
78.149	He I	—	—	6
77.994	Fe	5	1	—
77.94	Tb	6	—	—
77.34	Nb	8	1	—
77.282	AR	—	—	5
75.51	Ta	5	2	—

λ in I. A.	Element	Intensität			λ in I. A.	Element	Intensität		
		Bogen	Funke	Geißler			Bogen	Funke	Geißler
6675.29	Ba I	6R	2	—	6640.7	L	—	1	—
73.70	Ta	4	1	—	37.96	Nd	4	1	—
73.68	Pr	10	—	—	36.48	Y	3	—	—
72.23	Cu	5	—	—	35.14	Ni	6	—	—
71.52	Sm	4	—	—	34.39	Gd	5	—	—
71.41	La	4	—	—	32.44	Co	6	2	—
69.26	Cr	4	—	—	32.30	Sm	4	—	—
68.33	Ir	3	—	—	31.8	Br	—	—	5
67.91	Dy	6	—	—	30.14	Nd	5	—	—
67.85	Ny	10	—	—	30.13	Rh	15	1	—
67.71	Ir	3	—	—	30,04	Cr I	3	—	—
66.89	Ne	6	—	—	28.99	Nh	10	—	—
65.65	Ce	3	—	—	28.90	Ce	3	—	—
64.37	Y	4	—	—	27.80	Rh	8	—	—
64.1	AR	—	—	3	24.87	V I	5	2	—
63.45	Fe	4	—	—	24.74	Ir	5	—	—
63.16	Ru	9	—	—	23.75	Co	6	1	—
62.2	Th	3	—	—	21.69	W	3	—	—
61.70	Dy	4	—	—	21.63	Cu	3	1	—
61.41	La	4	—	—	21.25	Ta	7	1	—
61.12	Cr	5	2	—	19.98	Th	3	—	—
60.7	AR	—	—	3	19.15	Mo I	9	8	—
60.1	Pb	3	6	—	18.53	Nd	4	—	—
59.71	Mo	3	1	—	17.30	Co	10d	1	—
58.40	Dy	4	—	—	17.27	Sr	6	3	—
57.75	Nt	5	—	—	17.03	Ny	3	—	—
56.91	Pr	6	—	—	16.78	Pr	5	—	—
55.67	Nd	5	—	—	16.75	Er	4	—	—
54.78	L	—	2	—	16.60	La	4	—	—
54.8	O	—	—	2	13.75	Y II	5	3	—
54.11	Ba	3	—	—	12.20	Cr	4	—	—
53.46	N I	—	—	4	11.9	Ta	7	2	—
52.75	Ce	3	—	—	11.63	W	3	—	—
52.09	Ne	—	—	7	11.45	Sb	3	3	—
50.81	La	4	—	—	11.27	Mo	3	1	—
50.60	U	2	—	—	10.4	L	—	6	—
50.55	Nd	5	1	—	10	N	—	—	4
50.38	Mo	7	1	—	09.94	Pr	4	—	—
49.53	Ru	4	—	—	09.122	Fe	4	—	—
48.31	Pt	6	—	—	07.17	Tb	3	—	—
45.20	Eu	10	10	—	06.87	Ce	3	—	—
44.97	N I	7	—	7	05.98	V I	4	—	—
44.6	Th	3	—	—	05.57	Mn	4	—	—
44.6	Hf	6	—	—	05.46	Th	3	—	—
43.8	AR	—	—	3	04.95	Nt	8	—	—
43.66	Ni I	10	1	—	04.94	Nh	10	—	—
43.55	Sr	5	2	—	04.9	AR	—	—	4
43.55	Ny	5	—	—	04.65	Sc	4	1	—
43.41	Dy	4	—	—	04.59	Sm	5	1	—
40.90	O	—	—	4	03.25	Zr	5	—	—

λ in I. A.	Element	Bogen	Funke	Geißler	λ in I. A.	Element	Bogen	Funke	Geißler
6602.90	Ne	—	—	6	6569.66	F	—	—	10
01.84	Sm	5	—	—	69.54	Sm	6	2	—
01.11	Er	6	—	—	69.236	Fe	5	—	—
00.1	Bi	—	7	—	67.90	Eu	8	—	—
6599.7	Cu	5	—	—	66.8	Pr	5	—	—
99.13	Ti I	5	—	—	65.55	Cu	3	—	—
98.953	Ne	—	—	10	64.83	Gd	3	—	—
98.54	Ni I	6	—	—	64.71	Pr	4	—	—
97.6	Cr	3	—	—	63.40	Co	9	3	—
96.52	Ru	3	—	—	63.22	W	3	—	—
95.90	Co	6	3	—	63.2	L	—	3	—
95.46	Pr	4	—	—	62.8	Cs	—	5	—
95.35	Ba I	7R	3	—	62.851	H I	—	—	—
94.69	Cr	4	1	—	62.718	H I	—	—	—
93.9	Th	3	—	—	60.3	J	—	—	4
93.81	Eu	8	—	—	60.13	He II	—	—	—
93.76	Ru	3	—	—	60.07	Th	3	—	—
93.49	La	3	—	—	59.9	Br	—	4	—
92.925	Fe	5	1	—	58.14	Sb	4	—	—
92.48	Ni I	5	—	—	58.0	Sc	3	—	—
91.00	Zr	5	—	—	57.37	Y I	3	1	—
89.73	Sm	6	1	—	56.09	Ti I	6	5	—
87.0	Cs I	5	—	—	55.65	Ce	3	—	—
86.5	Cs	10	1	—	55.03	U	3	—	—
86.33	Ni I	6	—	—	54.24	Ti I	6	4	—
85.70	Nd	3	2	—	51.45	Co	6	—	—
85.24	Sm	5	—	—	50.98	Cu	2	—	—
85.2	J	—	—	4	50.97	Nh	10	—	—
84.0	Th	4	—	—	50.27	Sr	6	3	—
84	C	1	2	—	50	Tl I	6	3	—
83.47	Er	5	—	—	49	O	—	—	5
82.85	C II	—	8	—	46.80	Sr	5	2	—
81.82	Th	3	—	—	46.6	Mg II	5	—	—
80.90	Nd	5	1	—	46.5	Mo	5	—	—
79.40	Dy	6	—	—	46.28	Ti I	5	3	—
79.28	Co	8	—	—	46.247	Fe	5	1	—
79.2	Sn	—	4	—	44.67	Nb	6	1	—
78.54	La	5	1	—	43.18	La	6	1	—
78.0	J	—	—	4	43.03	U	3	—	—
78.03	C II	1	10	—	42.83	Sm	4	1	—
77.67	Th	3	—	—	40.59	Pr	4	—	—
76.81	Os	6	—	—	40.23	Ru	4	—	—
75.028	Fe	3	—	—	39.92	Nd	4	—	—
74.8	Ta	7	2	—	39.15	W	4	—	—
73.96	W	3	—	—	38.58	Y	4	2	—
72.89	Cr I	4	—	—	38.30	Os	8	—	—
72.75	Ca I	2	1	—	38.2	AR	—	—	3
72.67	Nd	4	—	—	38.16	Gd	3	—	—
70.83	Mn	3	—	—	38.16	W	4	—	—
70.72	Sm	4	—	—	37.95	Cr	3	—	—

λ in I. A.	Element	Bogen	Funke	Geißler
6532.89	Ni I	5	—	—
32.882	Ne	—	—	5
32.41	W	3	—	—
31.43	V I	10	6	—
31.30	Th	4	—	—
29.19	Cr	4	1	—
28.73	Ru	5	—	—
27.43	Pr	4	—	—
27.32	Ba I	8R	3	—
26.98	La	8	4	—
25.6	Sc	3	—	—
23.46	Pt	10	—	—
23.16	Lu	10	—	—
19.84	Mo	4	3	—
19.70	Rh	15	1	—
19.61	Eu	5	—	—
19.39	Mn	3	—	—
18.378	Fe	3	—	—
17.10	Sb	2	—	—
16.12	Ta	10	3	—
16.02	Cr	3	—	—
14.4	Ta	9	3	—
13.61	Ce	3	—	—
12.8	Sb	—	4	—
10.38	Rh	10	1	—
08.76	Co	4	—	—
08.45	Pd	5	—	—
06.528	Ne	—	—	10
06.36	Zr	5	—	—
05.5	Ta	7	2	—
04.22	Co	4	—	—
04.18	V I	4	—	—
04.01	Sr	8	4	—
03.6	U	2	—	—
03.57	Th	3	—	—
03.26	Zr	5	—	—
03.03	Sb	1	4	—
01.57	Eu	8	—	—
01.23	Cr I	3	—	—
00.79	Pr	4	—	—
6499.64	Ca I	5	4	—
99.19	La	3	3	—
98.77	Ba I	8R	4	—
98.67	Sm	4	1	—
97.6	Bi	4	—	—
96.91	Ba II	10R	10R	—
96.43	Ru	6	1	—
94.988	Fe	5	3	—
93.762	Ca I	8	5	—
93.75	Co	4	—	—

λ in I. A.	Element	Bogen	Funke	Geißler
6491.82	Pr	4	—	—
91.71	Mn	7	—	—
90.83	Sm	4	1	—
90.32	Co	7	1	—
90.25	Sb	2	—	—
89.66	Zr	6	1	—
89.14	Ny	10	1	—
88.1	J	—	—	4
87.65	Sm	4	1	—
87.3	Ra	3	3	—
86.63	Dy	5	—	—
86.62	Pr	4	—	—
85.92	Mo	3	—	—
85.70	Nd	5	1	—
85.37	Ta	10	10	—
85.16	Cu	3	—	—
84.88	N I	8	—	—
84.53	Sm	4	1	—
83.62	Dy	4	—	—
83.07	Eu	5	—	—
82.98	Zn II	—	15	—
82.93	Ba	7R	3	—
82.84	Ni I	7	1	—
82.74	N I	9	—	5
82.0	L	—	5	—
81.880	Fe	2	—	—
81.0	AR	—	—	2
79.0	Zn I	7	—	—
78.07	Pr	5	—	—
77.89	Co	9	—	—
77.67	Lu	3	—	—
76.2	Bi I	3	—	—
75.7	Bi	3	—	—
75.636	Fe	3	—	—
75.34	Pr	4	—	—
74.53	Co	5	—	—
74.20	Cu	4	—	—
74.01	Mo	3	—	—
73.69	Ce	3	—	—
72.40	Sm	4	1	—
71.77	Nh	5	—	—
71.68	Ca I	5	5	—
71.22	Mo	3	—	—
71.0	Zn	4	—	—
70.21	Zr	6	1	—
69.70	X	—	—	3
69.22	Fe	4	—	—
67.82	Pr	4	—	—
67.40	Ce	3	—	—
66.89	Ce	3	—	—

λ in I. A.	Element	Bogen	Funke	Geißler	λ in I. A.	Element	Bogen	Funke	Geißler
6466.5	AR	—	—	3	6441.13	Lu	4	—	—
65.79	Sr	3	—	—	40.97	Mn	5	—	—
65.00	U	5	—	—	40.2	J	—	—	4
63.16	Lu	10	3	—	39.14	Th	3	—	—
63.00	Co	4	—	—	39.10	Co	7	—	—
62.736	Fe I	4	—	—	39.060	Ca I	10R	8	—
62.64	Th	5	1	—	38.9	Ra	—	4	—
62.57	Ca I	6R	6	—	38.4696	Cd I	10	10R	—
62.55	Co	6	—	—	38.0	Te	10	—	—
60.26	Nt	10	—	—	37.63	Eu	10	5	—
58.35	Rb	—	6	—	35.03	Y I	8	8	—
58.05	Ce	3	—	—	33.27	Nb	4	1	—
57.96	Eu	8	1	—	32.70	Ny	3	—	—
57.28	Th	4	—	—	32.64	Nd	4	—	—
56.3	Kr	—	—	5	31.9	Pr	5	—	—
56.1	O I	—	—	9	31.6	AR	—	—	3
56.00	La	5R	3	—	30.89	Du	3	—	—
55.57	Ca	3	2	—	30.8855	Fe I	5	1	—
55.50	Pr	4	—	—	30.77	Ta	9	5	—
55.14	Ir	3	—	—	30.50	Nb	8	1	—
55.02	Co	10	5	—	30.34	Co I	5	—	—
54.95	Sb	2	—	—	29.89	Co	7	—	—
54.6	O I	—	—	7	29.70	Pr	5	—	—
54.53	La	6	1	—	28.66	Nd	4	1	—
53.7	O I	—	—	6	28.59	Ta	5	1	—
53.5	Sn	3	6	—	28.29	Ru	5	—	—
52.38	V I	5	4	—	28.14	Cr	4	1	—
51.13	Co I	6	—	—	26.63	Sm	4	1	—
50.85	Ba I	7	3	—	24.82	Th	4	—	—
50.36	Ta	10	5	—	24.43	Tb	3	—	—
50.23	Co I	10	6	—	24.37	Mo	8	8	—
49.81	Ca	5	3	—	21.94	Dy	5	—	—
49.76	Co	4	—	—	21.72	Co I	5	1	—
49.19	U	10	1	—	21.69	Ne	—	—	6
46.87	Tb	3	—	—	21.47	Ni	7	—	—
46.69	Sr	3	—	—	21.42	Ir	3	—	—
46.64	La	4	3	—	21.359	Fe	4	1	—
46.33	Mo	3	—	—	21.15	Cr	4	—	—
46.1	Ra	5	8	—	21.1	Kr	—	—	3
45.79	Nd	4	1	—	17.96	Ny	3	—	—
45.7	Zr	6	—	—	17.80	Co	7	1	—
45.15	W	4	2	—	17.57	Ru	7	—	—
44.83	Lu	4	—	—	17.52	Sm	4	1	—
44.80	Ru	9	—	—	16.307	AR	—	—	6
44.73	Co	6	—	—	16.10	Th	4	—	—
44.70	Ne	—	—	7	15.5	S I	—	—	5
44.02	Pr	4	—	—	14.70	Rh	8	1	—
43.51	Mn	3	—	—	14.63	Ni I	5	—	—
41.70	N I	5	—	—	13.95	Mn	3	—	—
41.33	Cr	5	—	—	13.75	Ga	5R	4	—

λ in I. A.	Element	Intensität			λ in I. A.	Element	Intensität		
		Bogen	Funke	Geißler			Bogen	Funke	Geißler
6413.74	Ca	8	—	—	6390.82	Sm	4	1	—
13.61	F	—	—	23	90.49	La	5R	5	—
13.60	Er	3	—	—	90.20	Ru	5	—	—
13.60	Th	4	—	—	89.99	Nd	4	1	—
13.36	Sc I	5	—	—	89.88	Sm	3	1	—
11.91	Th	4	—	—	89.81	U	4	—	—
11.67	Fe I	5	1	—	89.44	Ta	8	3	—
11.66	U	3	—	—	88.3	Sb	2	—	—
11.35	Cu	6	1	—	88.27	Sr I	6	1	—
11.30	Pr	5	—	—	88.19	Er	6	—	—
10.99	La	10	3	—	86.88	Dy	5	—	—
10.34	Th	4	—	—	86.85	Sm	3	—	—
10.07	Eu	8	1	—	86.68	Co I	6	—	—
09.41	Ne	—	—	4	86.53	Sr I	7	1	—
08.48	Sr	10	4	—	86.35	Hf	5	—	—
08.1	S I	—	—	3	85.16	Nd	10	3	—
08.042	Fe I	4	—	—	84.69	Ni I	7	—	—
06.13	Eu	5	—	—	84.68	Mn	3	—	—
05.97	Tb	3	—	—	84.5	AR	—	—	4
04.64	Ni	5	—	—	83.88	Eu	5	1	—
04.22	W	4	2	—	82.991	Ne	—	—	10
03.5	S I	—	—	3	82.70	Eu	5	1	—
03.18	Os	8	—	—	82.19	Mn	3	—	—
03.16	Th	4	—	—	82.08	Nd	5	2	—
02.35	Dy	4	—	—	81.00	Gd	4	—	—
02.246	Ne	—	—	10	80.75	Fe	3	—	—
02.02	Y I	3	—	—	80.74	Sr I	5	1	—
01.95	Eu	7	1	—	79.79	L	—	2	—
01.43	Nt	4	—	—	79.62	U	3	—	—
01.08	Ne	—	—	6	78.97	Mn	3	—	—
01.06	Mo	5	3	—	78.86	Sc I	5	—	—
00.38	Ny	3	—	—	78.5	U	4	—	—
00.02	Fe I	3	3	—	78.23	Ni I	8	—	—
6399.04	La	5	5	—	76.94	Th	4	—	—
97.18	U	4	—	—	76.41	Ru	5	—	—
96.84	Ga	10	5	—	73.0	O	—	—	4
96.63	Dy	5	—	—	72.59	Nh	10	—	—
96.50	Co I	4	1	—	72.46	U	5	—	—
96.40	Th	4	—	—	71.36	Si II	—	8	—
95.46	U	6	—	—	71.13	Ce	4	—	—
95.19	Co	7	1	—	70.9	Si	—	2	10
94.24	La	6R	5	—	70.7	L	—	1	—
93.608	Fe	5	2	—	69.98	Sr I	4	1	—
93.20	Pr	4	—	—	69.6	AR	—	—	3
93.06	Ce	3	1	—	69.26	Eu	6	1	—
92.76	U	4	—	—	68.29	Sm	3	1	—
92.3	Ta	4	—	—	66.43	Ni I	7	—	—
92.25	Th	4	—	—	66.37	Ti I	5	3	—
92.18	Sb	3	—	—	65.97	Lu	5	—	—
91.09	Mo	3	2	—	64.97	Ne	—	—	6

λ in I. A.	Element	Bogen	Funke	Geißler	λ in I. A.	Element	Bogen	Funke	Geißler
6364.8	AR	—	—	3	6339.2	Zn	4	—	—
63.95	Sr I	4	1	—	39.17	Ni I	10	1	—
62.87	Cr I	5	3	—	37.9	J	—	—	4
62.345	Zn I	10	10	—	37.0	Ra	1	6	—
62.08	Nd	4	1	—	36.843	Fe I	4	—	—
61.45	Nd	4	1	—	36.11	Ti I	5	2	—
60.82	Ta	7	2	—	35.81	Eu	8	1	—
60.76	Ni I	6	—	—	35.339	Fe I	4	1	—
59.1	J	—	—	4	34.91	Tb	3	—	—
59.32	U	4	—	—	34.46	Ir	6	—	—
59.07	Pr	5	—	—	34.428	Ne	—	—	9
58.68	Fe I	3	—	—	33.2	Sb	4	—	—
58.64	Th	4	—	—	33.0	Rb	4	—	—
58.15	La	4	2	—	32.21	Th	4	—	—
58.1	L	—	1	—	32.17	Sb	4	—	—
57.27	Sm	4	—	—	31.68	Tb	4	—	—
57.21	Mo	5	3	—	30.89	Ne	—	—	7
56.14	Ta	7	—	—	30.65	Ru	5	—	—
55.83	Eu	5	—	—	30.11	Cr I	6	3	—
55.039	Fe	3	—	—	29.94	Cd I	5	—	—
54.93	Lu	5	—	—	28.16	Ne	—	—	8
54.5	Cs I	4	1	—	27.60	Ni I	5	—	—
54.35	Nh	8	—	—	27.50	Sm	4	1	—
52.63	Du	3	—	—	27.44	Cr	4	—	—
51.8	Ne	—	—	6	27.04	H 2	—	—	8
51.40	Co	6	1	—	26.60	Pt	10	1	—
51.02	Pr	4	—	—	26.57	V	5	4	—
50.8	Br	—	—	10	26.13	Er	5	—	—
50.02	Eu	10	1	—	25.93	La	5R	1	—
48.7	F	—	—	20	25.6	Se I	—	—	6
48.57	Th	4	—	—	25.4	Cu	3	—	—
47.79	Co	10	1	—	25.1	Cd I	5	1	—
47.19	Er	4	—	—	25.04	Ta	7	1	—
47.09	Gd	4	—	—	22.695	Fe	3	—	—
46.69	Si II	—	5	10	20.9	J	—	—	4
45.91	Sb	3	—	—	20.8	Si	3	—	—
45.8	Sr I	4	—	—	20.40	La	4R	3	—
45.44	Lu	7	3	—	20.35	Co	10	2	—
45.20	Zr	7	1	—	19.56	Rh	6	1	—
44.158	Fe	2	—	—	19.4	Sb	—	3	—
44.12	Mn	3	—	—	18.5	Mg I	2tr	—	—
43.98	Ce	4	1	—	18.40	Pt	7	—	—
43.32	Dy	5	—	—	18.06	X	—	—	3
42.86	Th	4	—	—	18.026	Fe	4	1	—
41.70	Ba I	7R	3	—	15.315	Fe	3	—	—
41.5	L	—	1	—	14.67	Ni I	10	1	—
41.48	Nd	9	2	—	14.49	Co	7	1	—
40.80	Co	4	—	—	13.65	Ne	—	—	7
40.05	Sm	3	1	—	13.21	Cr	1	—	—
39.5	J	—	—	6	13.06	Co	6	1	—

λ in I. A.	Element	Intensität Bogen	Funke	Geißler
6313.01	Zr	7	1	—
12.24	Tu I	5	3	—
11.29	Co	7	—	—
10.94	La	4	2	—
10.50	Nd	9	1	—
10.03	Ce	3	—	—
09.90	Sc II	—	—	6
09.56	Ta	8	3	—
09	Em	—	—	5
08.79	Er	8	—	—
08.16	Ny	3	—	—
07.7	AR	—	—	3
07.11	Sm	3	—	—
05.72	Sc I	10d	1	—
05.36	Nh	10	—	—
05.16	Gd	5	1	—
04.789	Ne	—	—	5
04.23	Th	4	—	—
03.78	Tb	3	—	—
03.77	Ti I	6	3	—
03.42	Eu	10	3	—
03.25	W	3	2	—
02.516	Fe I	3	—	—
01.52	Fe I	5	—	—
00.67	Sc II	3	—	—
00.22	Ce	3	—	—
6299.80	Eu	8	1	—
99.63	Zr	7	1	—
99.43	Er	5	—	—
99.40	H I	—	—	6
99.25	Rb	—	1	—
98.56	U	4	—	—
98.50	Rb I	10	3	—
97.801	Fe I	3	—	—
96.8	AR	—	—	4
96.72	V I	10	10	—
96.11	La	5R	4	—
95.58	Ce	3	—	—
95.23	Ru	5	—	—
94.69	Sm	3	—	—
93.9	J	—	—	6
93.7	Ne	—	—	6
93.59	La	4R	2	—
93.36	U	4	—	—
93.1	Sc	3	—	—
92.85	V I	9	7	—
92.43	Tb	3	—	—
92.05	W	4	2	—
91.67	Dy	4	—	—
91.34	Eu	6	1	—

λ in I. A.	Element	Intensität Bogen	Funke	Geißler
6290.97	Fe	3	—	—
89.78	Gd	4	—	—
88.54	Pt	3	—	—
88.28	Ir	7	—	—
87.0	Sb	—	3	—
85.90	W	4	2	—
85.18	V I	9	7	—
84.3	Se I	3	—	—
84.3	L	—	1	—
83.50	Pt	5	—	—
82.65	Co I	10	4	—
81.34	Pr	5	1	—
81.29	Ta	5	1	—
80.62	Fe I	2	—	—
80.17	U	3	—	—
79.8	Sc II	4	1	—
78.6	AR	—	—	2
78.2	Au I	4	3	—
77.5	Rh	6	—	—
76.63	Co I	6	—	—
76.3	Sc I	3	—	—
76.01	Ne	—	—	4
75.15	Co	4	—	—
74.96	Eu	3	—	—
74.65	V I	8	8	—
74.14	Th	4	1	—
73.05	Co	7	1	—
73.00	Ne	—	—	5
72.05	Ce	4	2	—
71.40	Co	10	—	—
71.15	Dy	7	—	—
69.45	Os	5	—	—
68.85	V I	5	5	—
68.66	Ta	8	2	—
68.5	J	—	—	4
68.3	Cu	3	—	—
67.32	Sm	6	1	—
66.495	Ne	—	—	10
66.07	La	4	1	—
66.1	Se I	—	—	4
65.65	Mn	2	—	—
65.142	Fe I	3	1	—
65	O	—	—	5
62.56	Er	4	—	—
62.30	La	5R	3	—
62.26	Eu	10	2	—
62.21	Sc	3	—	—
61.4	O	—	—	6
61.27	Cr	3	1	—
61.10	Ti I	9	9	—

λ in I. A.	Element	Intensität			λ in I. A.	Element	Intensität		
		Bogen	Funke	Geißler			Bogen	Funke	Geißler
6261.06	Th	4	1	—	6235.39	Lu	5	1	—
60.40	Dy	4	—	—	35.3	Ba	3	—	—
59.12	Dy	10	—	—	34.35	Hg I	4	—	—
58.99	Sc I	5	1	—	34.17	Nh	10	—	—
58.78	Ne	—	—	6	33.73	Eu	5	—	—
58.73	Ti I	9	9	—	33.18	V I	6	4	—
58.72	Nd	4	1	—	32.47	Ce	3	1	—
58.58	V I	5	3	—	32.44	Co	5	1	—
58.11	Ti I	9	9	—	31.76	Al II	—	7	—
57.61	Co	10	3	—	31.02	Co I	7	3	—
57.4	J	—	—	4	30.77	V I	10	9	—
57.24	Zr	5	1	—	30.732	Fe	5	3	—
56.91	V I	5	3	—	28.98	Ce	4	1	—
56.69	Sm	5	1	—	28.18	Lu	4	—	—
56.65	Ta	8	2	—	27.74	Os	10	—	—
56.39	Ni I	7	1	—	26.19	Al II	—	5	—
56.370	Fe	3	1	—	25.73	Ne	—	—	4
55.75	Nh	10	—	—	25.22	Ru	5	—	—
54.265	Fe	3	1	—	24.81	H 2	—	—	9
53.69	Rh	8	1	—	24.50	V I	6	5	—
52.566	Fe	4	2	—	23.97	Ni I	6	—	—
51.800	V I	9	8	—	23.37	Co I	6	1	—
51.79	Nb	3	1	—	23.37	Nd	5	1	—
49.98	Sc	3	1	—	22.58	Y I	4	2	—
49.94	La	7R	4	—	21.94	Nb	3	1	—
49.52	Co	6	2	—	21.88	Lu	10	—	—
48.86	Lu	4	—	—	21.45	Sb	3	—	—
48.5	AR	—	—	3	21.01	Er	6	1	—
47.23	Co	5	1	—	20.49	Ti I	6	—	—
46.71	Ne	—	—	6	19.55	V	10R	8	—
46.6	Sb	—	3	—	19.289	Fe I	3	1	—
46.54	Sm	3	1	—	17.5	Cs I	3	1	—
46.34	Fe I	4	1	—	17.280	Ne	—	—	9
45.63	Sc II	4	1	—	16.344	V I	8	10	—
44.3	J	—	—	4	16.00	Pt	5	—	—
44.04	Nd	4	1	—	15.9	AR	—	—	4
43.35	Al II	—	10	—	15.37	U	3	—	—
43.101	V I	10	4	—	15.26	Ti I	7	10	—
43.1	Cu	3	—	—	15.152	Fe	2	—	—
42.85	V I	4	10	—	14.65	Zn II	5	12	—
42.42	Lu	7	1	—	14.00	Sb	2	—	—
40.6	Li I	1	—	—	13.88	Ne	—	—	7
39.80	Sc I	5d	1	—	13.86	V I	7	3	—
39.63	F	—	—	30	13.438	Fe I	3	1	—
39.20	Zn I	5	—	—	13.07	Nb	3	10	—
38.37	H 2	—	—	7	13.0	Cs I	8	2	—
38.00	Zn I	6	—	—	12.70	Dy	4	—	—
37.67	Sm	3	1	—	12.4	AR	—	—	5
36.3	J	—	—	4	11.68	V	10	9	—
35.4	Pb	4	—	—	11.37	Ir	4	—	—

λ in I. A.	Element	Intensität			λ in I. A.	Element	Intensität		
		Bogen	Funke	Geißler			Bogen	Funke	Geißler
6211.13	Co	8	1	—	6176.2	Pd	6	—	—
10.66	Sc I	6	1	—	75.44	Ni I	10	1	—
09.00	Ce	3	—	—	73.343	Fe I	2	1	—
06.48	Rb I	8	2	—	73.3	As	—	2	—
05.76	Ne	—	—	6	73.03	Eu	10	3	—
04.7	J	—	—	6	72.9	AR	—	—	4
04.62	Ni I	5	—	—	72.86	U	4	—	—
03.62	Sn	3	—	—	72.57	Pt	4	—	—
03.52	W	3	1	—	72.2	A Bl	—	—	4
02.71	Cr	4	1	—	71.88	U	4	—	—
00.4	Ra	5	10	—	71.49	Sn	4	—	—
00.4	J	—	—	4	71.0	L	—	1	—
00.322	Fe	2	—	—	70.95	Pd	5	—	—
6199.99	Rh	9	—	—	70.49	Nd	4	1	—
99.73	Lu	5	—	—	70.36	V I	5	3	—
99.42	Ru	5	—	—	70.1	AR	—	—	4
99.41	Ru	5	—	—	70.06	Er	4	—	—
99.38	H 2	—	—	6	69.60	Ca I	7	3	—
99.20	O I	8	8	—	69.08	Ca I	4	3	—
97.8	In	—	6	—	68.45	Dy	5	—	—
96.28	Dy	4	—	—	67.2	Ra	1	8	—
95.5	J	—	—	4	66.49	Ca I	4	2	—
95.16	Lu	4	—	—	65.93	Pr	5	2	—
95.05	Eu	8	1	—	65.73	La	5R	—	—
93.58	Co	6	1	—	65.59	Dy	4	—	—
92.9	Sb	—	4	—	65.366	Fe	2	1	—
91.72	Y I	5	4	—	65.1	AR	—	—	3
91.68	Nh	8	—	—	64.57	U	3	—	—
91.6	J	—	—	4	64.30	Nb	3	1	—
91.567	Fe	5	3	—	63.80	Ca I	4	2	—
91.23	Ni I	7	1	—	63.594	Ne	—	—	8
89.05	Ne	—	—	5	63.36	Ni	8	1	—
88.98	Co I	7	—	3	62.4	Os	2	—	—
88.10	Eu	10	2	—	62.19	Ca I	10R	8R	—
88.05	Pd	6	—	—	61.32	Ca I	5	2	—
86.89	Rh	7	—	—	61.20	Pr	5	2	—
86.77	Ni I	7	—	—	60.8	Na I	5	4	—
86.16	Ce	3	—	—	60.7	L	—	1	—
85.13	Hf	5	—	—	60.00	Lu	6	1	—
83.9	Zn	5	—	—	59.84	Rb I	5	1	—
82.98	H 2	—	—	6	59.49	Sm	4	—	—
82.7	X	—	—	3	58.33	Dy	4	—	—
82.61	Th	4	—	—	58.2	O I	—	—	10
82.15	Ne	—	—	7	58.03	Os	7	—	—
81.37	Du	3	—	—	58.0	L	—	1	—
81.01	Co I	5	1	—	57.82	Nd	4	1	—
80.44	Gd	4	—	—	57.732	Fe	2	1	—
78.76	Eu	6	1	—	56.8	O I	—	—	8
78.55	Nd	5	1	—	56.0	O I	—	—	7
76.80	Ni	10	2	—	56.1	Sb	—	4	—

λ in I. A.	Element	Bogen	Funke	Geißler
6155.1	AR	—	—	3
55.05	Lu?Nd?	6	—	—
54.60	Sn	5	—	—
54.4	Na I	4	3	—
52.0	Th	4	—	—
51.63	Fe I	2	—	—
51.1	Ra	—	4	—
50.27	Ne	—	—	6
50.15	V I	6	5	—
49.7	Br	—	—	10
49.64	Sn	5	—	—
49.24	Nd	4	—	—
49.12	Sm	3	—	—
48.12	Nb	3	1	—
46.26	Sc	3	—	—
45.4	AR	—	—	5
44.55	Os	6	—	—
43.19	Zr I	7	1	—
43.062	Ne	—	—	10
42.51	Ne	—	—	6
41.8	Ir	4	—	—
41.78	Ba II	10R	10R	—
38.44	Y I	4	2	—
37.700	Fe	4	3	—
36.623	Fe	4	3	—
35.77	Cr	5	—	—
35.4	AR	—	—	1
35.35	V I	6	5	—
35.35	H 2	—	—	8
34.85	Bi	5	1	—
34.54	Zr I	7	1	—
34.42	La	5R	—	—
33.64	Dy	4	—	—
33.60	Nb	10	—	—
30.62	Pd	4	—	—
29.9	Sb	3	6	—
29.57	La	5R	3	—
29.34	Ba	2	—	—
28.6	Cs	—	4	—
28.6	Cd I	2	—	—
28.45	Ne	—	—	6
28.29	W	3	2	—
28.10	Bi	—	4	—
28.0	Rh	5	—	—
27.913	Fe	2	—	—
27.44	Zr I	7	1	—
27.4	J	—	—	8
27.4	AR	—	—	3
27.3	H 2	—	—	6
26.22	Ti I	9	5	—

λ in I. A.	Element	Bogen	Funke	Geißler
6126.08	La	4R	3	—
24.7	Eu	5	—	—
23.66	Ce	4	—	—
23.46	Hg	5	—	—
23.3	Br	—	—	3
22.68	Co	10	2	—
22.24	Ca I	10R	10R	—
21.92	Zr	7	1	—
21.78	H 2	—	—	10
21.7	AR	—	—	2
20.56	Th	4	1	—
19.55	Cu	3	—	—
19.54	V I	10R	8	—
18.78	Eu	6	1	—
18.7	Br	—	—	4
16.99	Co I	6	2	—
16.76	Ru	5	—	—
16.16	Ni I	9	1	—
16.12	Cd I	3	1	—
15	O	—	—	5
14.8	A Bl	—	—	3
14.6	Sm	3	—	—
14.07	Gd	6	1	—
13.98	Dy	4	—	—
12.84	Th	4	1	—
11.74	La	4R	—	—
11.66	V I	10	10	—
11.5	Cd I	5	—	—
11.01	Ni	6	—	—
10.80	Ba I	8R	5	—
10.67	Sm	3	—	—
10.67	Ir	8	—	—
10.6	Pb	3	—	—
10.0	As	—	2	—
08.49	La	5R	—	—
08.40	Nd	4	1	—
08.20	Eu	5	—	—
08.14	Ni I	7	1	—
07.93	Co	9	1	—
06.07	Tb	3	—	—
05.8	AR	—	—	4
05.45	Co	4	1	—
05	O	—	—	5
04.79	Th	4	1	—
04.54	Lu	10	1	—
04.30	Tb	3	—	—
03.59	Li I	10R	10	—
02.54	Zn II	2	20	—
02.73	Ca I	8R	8	—
02.71	Cr	3	1	—

λ in I.A.	Element	Intensität			λ in I.A.	Element	Intensität		
		Bogen	Funke	Geißler			Bogen	Funke	Geißler
6102.70	Rh	10	1	—	6074.337	Ne	—	—	9
02.185	Fe	3	1	—	73.97	Nd	4	—	—
01.87	Mo	3	1	—	73.54	Sn	4	—	—
01.1	AR	—	—	3	73.10	Th	4	—	—
00.74	Co	5	—	—	72.64	Hg I	4	—	—
00.43	La	4	1	—	71.70	Nd	4	—	—
6099.38	Eu	6	1	—	70.78	Rb I	3	1	—
99.2	Cd I	5	—	—	70.60	Co	7	1	—
99.08	Th	4	1	—	70.09	Sm	4	—	—
98.70	Ti	5	3	—	70.00	H 2	—	—	7
98.7	AR	—	—	4	69.48	Ce	3	—	—
98.35	Ce	4	1	—	69.01	Sn	8	—	—
97.63	Sb I	3	—	—	68.8	J	—	—	4
97.6	X	—	—	7	68.72	La	4R	—	—
97.04	In	—	7	—	67.85	Ir	7	—	—
96.163	Ne	—	—	8	66.05	Nd	4	—	—
95.98	H 2	—	—	6	65.490	Fe	4	2	—
93.14	Co I	6	2	—	64.7	AR	—	—	3
91.40	Sm	3	—	—	63.16	Ba I	8R	4	—
91.18	Ti I	7	5	—	62.94	Nh	5	—	—
90.93	H 2	—	—	6	59.6	Pb	4	—	—
90.8	AR	—	—	3	59.4	AR	—	—	5
90.25	V I	10R	10	—	58.93	Bi	—	3	—
90.23	Cu	3	—	—	58.15	V I	6	3	—
88.26	Dy	5	—	—	57.99	Ce	3	—	—
88.00	Y	3	1	—	57.36	Su	8	1	—
87.28	Th	5	1	—	56.69	Nb	3	1	—
86.66	Co	7	2	—	56.1	Kr	—	—	2
86.34	Ni I	10	1	—	55.989	Fe	3	1	—
85.24	Ti I	7	4	—	55.13	Pr	6	—	—
85.06	Dy	4	—	—	55.05	Lu	4	—	—
84.20	Sm	4	—	—	54.90	Sn	5	—	—
84.16	Lu	4	—	—	53.70	Ni I	4	—	—
83.89	Eu	10	1	—	52.8	S I	—	—	7
83.46	Ba	4	—	—	52.6	AR	—	—	4
82.46	Co	10	5	—	52.6	Sb	—	4	—
82.3	J	—	—	10	51.74	U	4	—	—
81.79	Nh	8	—	—	51.2	X	—	—	7
81.48	V I	10	8	—	49.55	Eu	8	3	—
80.44	Gd	4	—	—	49.06	Co	10	2	—
79.80	H 2	—	—	9	47.23	Ta	4	8	—
79.6	Sb	3	9	—	46.66	Pr	4	—	—
79.58	Mo	3	1	—	46.4	O I	—	—	7
79.28	U	4	—	—	46.0	S I	—	—	6
78.482	Fe	3	—	—	45.53	Nb	3	1	—
78.40	Mn	3	—	—	45.43	Sm	3	—	—
77.28	U	4	—	—	45.4	Ta	5	—	—
76.46	Er	5	—	—	45.00	Sm	3	—	—
75.60	Eu	5	—	—	44.70	Eu	5	—	—
74.9	J	—	—	6	44.41	Th	4	—	—

λ in I. A.	Element	Bogen	Funke	Geißler	λ in I. A.	Element	Bogen	Funke	Geißler
6043.39	Ce	5	2	—	6015.76	Er	4	—	—
43.3	AR	—	—	6	15.40	Th	4	1	—
42.0	S I	—	—	5	14.82	Er	4	—	—
41.66	Lu	4	—	—	14.08	Gd	6	1	—
39.74	V I	10	10	—	13.6	AR	—	—	3
38.97	Tb	4	—	—	13.50	Mn I	10	10	—
38.60	La	4R	—	—	13.41	Ce	5	—	—
37.70	Sn	5	—	—	12.80	W	4	3	—
36.68	Ir	3	—	—	12.59	Eu	5	—	—
36.2	X	—	—	6	12.25	Ni	3	1	—
34.22	Nd	4	1	—	11.8	Pb	5	—	—
34	Cs I	3	—	—	10.83	Dy	5	—	—
33.27	Nd	4	—	—	10.3	Cs I	4	2	—
32.127	AR	—	—	7	09.20	Y	3	—	—
31.9	H 2	—	—	10	08.94	Dy	4	—	—
31.4	Cd I	3	—	—	08.581	Fe	3	1	—
31.3	AR	—	—	6	07.73	Y	3	1	—
31.27	Nd	4	—	—	07.63	Co	8	2	—
30.66	Mo I	9	10	—	07.63	Nd	4	—	—
29.998	Ne	—	—	7	07.37	La	4	1	—
29.00	Eu	6	1	—	07.32	Ni I	3	—	—
27.98	H 2	—	—	6	06.80	Er	5	—	—
27.058	Fe	2	—	—	06.37	Pr	4	1	—
26.14	Sc I	4	—	—	06.30	Co	8	2	—
26.12	Ir	5	—	—	05.0	Sb	4	10	—
26.04	Pt	6	—	—	04.61	Gd	4	1	—
25.50	Mo	3	2	—	04.54	Lu	10	1	—
25.4	AR	—	—	3	04.40	Eu	5	—	—
24.18	Ce	5	—	—	03.036	Fe	3	1	—
24.064	Fe	4	2	—	02.04	Nh	8	—	—
23.9	J	—	—	6	02.0	Pb	8	—	—
23.42	Y I	4	2	—	00.95	Ne	—	—	6
23.3	As	—	2	—	00.71	Co	8	2	—
23.16	Eu	5	—	—	5999.666	Ti I	6	2	—
22.56	Er	4	—	—	99.2	AR	—	—	3
21.79	Mn I	10	10	—	97.9	Nb	5	1	—
21.53	W	4	2	—	97.32	U	5	—	—
21.43	Nh	5	—	—	97.24	Ta	7	—	—
21.3	Zn II	1	15	—	97.15	Lu	4	—	—
21	Ge	—	10	10	97.10	Ba I	7R	3	—
20.69	Ta	5	—	—	96.78	Ni I	4	—	—
19.49	Ba I	7 R	3	—	96.45	Nd	4	—	—
18.30	H 2	—	—	9	95.99	Os	10	—	—
18.18	Eu	8	3	—	95.4	O I	—	—	4
17.81	Pr	5	2	—	94.74	Nd	4	—	—
17.40	Sm	3	1	—	93.8	Kr	—	—	2
16.64	Mn I	10	10	—	93.64	Ru	6	—	—
16.52	Pr	4	1	—	92.87	Eu	8	1	—
15.8	J	—	—	4	91.89	Co	10	5	—
15.76	Os	6	—	—	91.68	Ne	—	—	7

λ in I. A.	Element	Bogen	Funke	Geißler	λ in I. A.	Element	Bogen	Funke	Geißler
5991.17	Rh	4	—	—	5966.17	Ne	—	—	5
89.01	Th	7	2	—	66.09	Eu	9	2	—
88.40	Sc	4	—	—	65.88	W	4	2	—
88.12	Mo	3	2	—	65.821	Ti I	8	10	—
87.83	Ne	—	—	8	65.70	Sm	6	—	—
87.4	AR	—	—	3	65.49	Ne	—	10	—
86.89	Euros.	3	—	—	64.79	Ba	3	—	—
86.2	U	4	—	—	61.9	Se I	—	—	5
84.9	Dy	4	—	—	61.63	Ne	—	—	7
84.80	Fe	3	1	—	61.00	Tb	4	—	—
84.19	Co I	20	2	—	58.69	Er	4	—	—
84.11	Lu	10	1	—	58.5	O I	—	—	6d
83.66	Ir	3	—	—	58.4	Ra	1	10	—
83.65	Lu	10	1	—	57.61	Si II	—	5	—
83.60	Rh	10	2	—	57.02	Au	3	3	—
83.26	Nb	7	2	—	56.697	Fe I	3	—	—
82.90	Nh	10	1	—	56.64	Pr	4	1	—
82.55	H 2	—	—	7	55.98	Nh	8	—	—
81.98	Co	4	—	—	53.155	Ti I	8	10	—
81	Sb	—	3	—	52.74	Fe	4	1	—
78.97	Si II	—	7	8	52.4	L	—	2	—
78.535	Ti I	8	8	—	52.2	N II	—	—	3
77	Em	—	—	3	51.31	Pr	4	1	—
76.5	X	—	—	7	50.6	O I	—	—	5
76.32	U	5	—	—	50.1	J	—	1	10
75.87	Ce	4	—	—	50.03	Y	3	1	—
75.534	Ne	—	—	8	49.91	H 2	—	—	7
75.44	H 2	—	—	9	49.3	AR	—	—	3
75.35	Fe	2	—	—	48.9	Tl	—	8	—
75.04	Th	3	—	—	48.58	Si I	5	—	—
75.01	Nt	5	—	—	48.03	Nh	10	—	—
74.64	Ne	—	—	10	48	Ra	1	10	—
74.60	Te	—	4	—	47.58	W	4	2	—
74.51	Dy	5	—	—	46.51	Co	8	1	—
73.72	Nh	9	—	—	45.82	Dy	4	—	—
73.66	Th	3	—	—	45.80	Ir	3	—	—
73.42	Ru	9	—	—	45.72	Y	3	1	—
72.78	Eu	8	1	—	45	Em	—	—	2
72.76	Nh	8	—	—	44.834	Ne	—	—	9
71.72	Ba I	3	3	—	44.00	Ta	5	3	—
71.7	AR	—	—	3	43.0	AR	—	—	3
71.53	U	4	—	—	41.748	Ti I	7	4	—
71.24	Du	4	—	—	41.6	L	—	6	—
70.30	Sn	5	—	—	41.6	N II	—	—	7
70.2	Sr I	4	—	—	41.52	Rh	4	—	—
69.17	Sc	4	—	—	40.86	Ce	4	1	—
68.84	Sm	3	—	—	40.6	Br	—	—	4
68.25	Sc	4	—	—	40.5	L	—	1	—
67.35	Tb	5	—	—	39.94	Pr	5	4	—
67.09	Eu	10	1	—	39.75	Ta	4	—	—

λ in I. A.	Element	Intensität			λ in I. A.	Element	Intensität		
		Bogen	Funke	Geißler			Bogen	Funke	Geißler
5939.32	Ne	—	—	6	5914.35	Th	4	1	—
38.91	Gm	4	—	—	14.16	Fe	6	1	—
38.62	H 2	—	—	7	13.63	Ne	—	—	5
36.23	La	3	2	—	13.57	Gd	4	1	—
35.37	Co I	7	1	—	12.63	Sm	3	—	—
34.675	Fe	4	1	—	12.2	Sb	3	—	—
34.46	Ne	—	—	7	12.1	AR	—	—	3
34.40	Ce	4	—	—	10.6	Sb	1	7	—
34.16	Nb	5	1	—	10.00	Ce	5	—	—
33.71	Nh	10	—	—	09.88	Nd	4	—	—
32.38	Ru	6	—	—	09.25	Er	4	—	—
32.31	Ru	5	—	—	08.35	Ny	3	—	—
32.22	Sm	4	—	—	07.6	Ba I	6	2	—
31.8	L	—	5	—	07.25	Rh	4	—	—
31.7	N II	—	—	4	06.67	Nd	5	1	—
31.4	H 2	—	—	7	06.44	Ne	—	—	6
30.59	La	6R	—	—	06.07	Er	4	—	—
30.58	Pr	4	1	—	04.58	Gd	5	—	—
30.17	Fe	5	—	—	04.07	Gd	4	—	—
28.82	Mo I	9	10	—	03.97	Os	5	—	—
28.5	AR	—	—	5	03.52	Sm	5	—	—
28.34	Ce	4	—	—	02.97	Y	3	1	—
28.0	N II	—	—	3	02.93	Hf	6	3	—
27.8	L	—	3	—	02.61	Sm	3	—	—
26.33	Mo I	8	5	—	02.48	Ne	—	—	6
25.86	Th	4	—	—	02.10	Er	5	—	—
25.7	Cs	—	5	—	01.9	Ta	4	—	—
25.48	Sn	4	—	—	01.59	Nt	4	—	—
24.9	Se I	—	—	4	00.62	Nb	10	2	—
23.33	Sm	3	—	—	00.5	AR	—	—	1
22.103	Ti I	7	4	—	5899.48	Nt	4	—	—
21.77	Nh	10	—	—	99.290	Ti I	9	10	—
21.40	Ru	12	1	—	98.87	Sm	4	—	—
21.01	Sm	3	—	—	98.84	Tb	4	—	—
20.82	Pr	4	—	—	98.0	Se	—	—	5
20.7	J	—	—	4	97.39	Sm	3	—	—
19.34	Sm	3	—	—	95.932	Na I	8R	10	—
19.32	Ru	9	—	—	95.85	Mo I	5	—	—
18.93	Ta	4	—	—	95.67	Pb	5	—	—
18.92	Ne	—	—	9	95.63	Nt	6	—	—
18.542	Ti	6	3	—	95.0	Sb	1	3	—
18.48	Rh	4	—	—	94.83	La	4R	—	—
17.65	La	3	—	—	94.37	Zn II	8	6	—
16.252	Fe	3	—	—	94.08	Ir	15	—	—
15.79	Eu	6	—	—	93.8	J	—	—	8
15.53	Co	8	3	—	93.4	Nb	4	1	—
15.39	U	8	1	—	93.4	Ge	—	2	10
15.16	Dy	3	—	—	93.39	Mo I	4	—	—
14.92	Ne	—	—	5	92.882	Ni I	9	1	—
14.67	Euros.	3	—	—	92.56	Nh	6	—	—

λ in I. A.	Element	Intensität			λ in I. A.	Element	Intensität		
		Bogen	Funke	Geißler			Bogen	Funke	Geißler
5892.26	Pr	4	1	—	5866.5	Nb	6	3	—
90.48	Co	4	2	—	66.435	Ti I	9	10	—
89.965	Na I	10R	10	—	66.2	Se	—	—	6
88.7	AR	—	—	4	64.64	W	4	2	—
88.32	Mo I	10	10	—	64.3	Br	—	—	3
88.16	H 2	—	—	6	63.69	La	5R	2	—
87.37	Ir	6	—	—	62.97	Au	4	3	—
86.50	Er	5	—	—	62.350	Fe	4	—	—
84.44	Cr	3	1	—	62.49	Ce	4	—	—
83.842	Fe	4	—	—	61.53	Al II	—	7	—
82.99	Nh	10	—	—	61.22	Tb	4	—	—
82.7	AR	—	—	3	61.14	Bi	—	4	—
82.29	Ir	9	—	—	60.83	Pt	4	—	—
82.29	Ta	5	—	—	60.8	Ra	—	5	—
81.895	Ne	—	—	10	60.78	Lu	4	—	—
81.14	Er	5	—	—	60.4	AR	—	—	3
80.64	La	5R	1	—	60.37	Sm	4	—	—
80.1	AR	—	—	6	60.28	Nh	10	—	—
79.97	Y	2	—	—	59.68	Pr	5	1	—
79.77	Zr	8	1	—	59.58	Th	3	—	—
79.2	Pr	6	1	—	59.35	Hg I	3	—	—
78.08	Pr	4	—	—	58.90	Nd	4	—	—
77.8	Nb	4	1	—	58.28	Mo I	8	10	—
77.39	Ta	5	3	—	57.79	Os	15	—	—
77.28	Gd	4	1	—	57.759	Ni I	10	1	—
75.63	He I	—	—	10	57.49	Ca	10	10	—
75.1	J	—	—	4	56.92	Pr	4	—	—
74.7	Nb	4	1	—	56.22	Gd	4	—	—
74.22	Sm	4	—	—	55.59	La	4R	—	—
73.49	Ir	6	—	—	55.33	Er	4	—	—
73.02	Eu	5	1	—	54.49	Ny	3	—	—
72.84	Ne	—	—	10	53.92	U	4	—	—
72.49	Ir	3	—	—	53.69	Ba II	8R	5	—
72.35	Er	4	—	—	52.488	Ne	—	—	10
72.16	Ne	—	—	7	52.2	Br	—	—	5
71.7	Br	—	—	3	51.63	Gd	4	—	—
71.58	Ce	3	—	—	51.53	Mo	7	5	—
71.08	Sm	3	—	—	51.07	Tb	5	—	—
70.917	Kr	—	—	10	50.65	Pr	4	—	—
70.62	Tb	4	—	—	50.05	Er	4	—	—
70.50	Th	4	1	—	49.73	Mo	8	5	—
70.28	Gd	4	—	—	48.97	Mn	3	—	—
69.32	Mo	4	3	—	48.82	Mo	5	2	—
68.89	Nd	4	—	—	48.36	La	4R	—	—
68.81	Pr	4	1	—	47.07	Pr	4	—	—
68.62	Sm	4	—	—	46.37	V	7	5	—
68.39	Ne	—	—	7	46.03	Ir	6	—	—
68.14	Dy	3	—	—	45.25	U	4	2	—
67.79	Sm	4	—	—	45.03	La	4R	—	—
67.62	Ca	4	—	—	44.9	Pr	5	1	—

λ in I. A.	Element	Bogen	Funke	Geißler
5844.82	Pt	10	1	—
44.7	Os	4R	—	—
44.6	Sb	2	—	—
42.97	Tb	4	—	—
42.6	Se	—	—	6
42.51	Nb	5	2	—
42.35	Nd	4	1	—
40.13	Pt	15	1	—
39.47	Nh	5	—	—
38.73	Nt	5	—	—
38.66	Nb	8	5	—
38.12	Ce	4	—	—
37.9	As	—	—	6
37.7	U	4	1	—
37.41	Au I	4	6	—
37.13	Ny	8	—	—
36.37	Sm	4	—	—
36.0	H 2	—	—	7
35.12	Pr	4	—	—
34.91	Nb	7	2	—
34.00	Ny	3	—	—
33.5	Br	—	—	3
33.19	Ru	5	—	—
32.26	Y	2	1	—
32.1	K I	7R	4	—
32.1	AR	—	—	2
31.60	Ni	8	—	—
31.59	Rh	10	1	—
31.2	Cs	—	5	—
30.98	Eu	10	3	—
30.8	Br	—	—	7
30.75	V	6	4	—
30.1	Se	—	—	4
30.06	Co	7	—	—
30.0	J	—	—	6
29.72	La	4R	—	—
28.91	Ne	—	—	6
28.54	Ir	9	—	—
28.02	Ru	4	—	—
27.0	Se	—	—	5
26.78	Er	6	1	—
26.30	Ba I	7R	4	—
25.86	Nd	4	1	—
25.8	As	—	—	5
25.29	La	4	8	—
23.83	La	4R	—	—
23.71	Pr	6	1	—
23.7	Ra	—	5	—
22.6	Pr	4	—	—
21.99	La	6R	1	—

λ in I. A.	Element	Bogen	Funke	Geißler
5821.87	Y	2	1	—
21.78	Rh	4	—	—
21.2	Br	—	—	3
20.66	Pr	4	—	—
20.17	Ne	—	—	9
19.9	In	—	10	—
19.47	Nb	6	3	—
18.93	Ba I	3	—	—
18.73	Eu	5	1	—
18.58	Pr	4	—	—
16.84	Mn	3	—	—
16.78	Sr	3	1	—
16.61	Ne	—	—	5
16.51	Nt	4	—	—
16.35	Fe	3	—	—
15.38	Th	4	—	—
15.36	Nb	4	1	—
15.24	Pr	8	1	—
14.97	Ru	10	1	—
14.88	Sm	5	—	—
13.7	Ra II	3	10	—
12.9	Ce	5	—	—
12.58	H 2	—	—	9
12.4	K I	6R	2	—
11.57	Nd	4	1	—
11.42	Ne	—	—	7
11.08	Ta	8	—	—
09.2	Gd	4	—	—
08.33	La	5R	1	—
07.18	V	5	2	—
06.95	Ir	5	—	—
06.86	Rh	15	1	—
05.76	La	5R	2	—
05.71	Ba	5R	2	—
05.54	Dy	3	—	—
05.20	Ni I	10	—	—
04.86	W	7	5	—
04.45	Ne	—	—	9
04.42	Ce	4	—	—
04.3	Ti	8	3	—
04.3	Ra	6	—	—
04.12	Th	3	—	—
04.10	Ne	—	—	6
04.00	Nd	5	2	—
03.6	Hg I	3	—	—
03.26	Rh	4	—	—
03.11	Tb	5	—	—
02.84	Sm	4	—	—
02.2	AR	—	—	1
01.9	K I	6R	4	—

λ in I. A.	Element	Bogen	Funke	Geißler	λ in I. A.	Element	Bogen	Funke	Geißler
5800.60	Lu	4	—	—	5781.17	Cr	8	1	—
oo.58	Os	7	—	—	80.81	Os	10	—	—
oo.50	Sm	4	—	—	80.66	Ta	4	1	—
oo.3	Ba I	7	2	—	80.56	U	4	—	—
oo.26	Eu	5	—	—	80.17	Mn	5	—	—
5799.3	Sn	—	10	—	79.28	Pr	5	—	—
98.54	U	4	1	—	79.24	Sm	4	—	—
97.72	Zr I	7	1	—	78.34	Sm	4	—	—
97.59	La	7R	2	—	78.3	Ra	—	5	—
96.52	W	4	1	—	78.28	Ir	4	—	—
96.0	Ra	—	5	—	77.7	Ba I	10R	5	—
95.71	Rh	4	—	—	77.0	Zn I	5	—	—
95.63	Tb	4	—	—	76.71	Ta	7	2	—
94.26	Nb	5	2	—	76.68	V	5	2	—
92.64	Rh	8	—	—	76.02	Gd	4	—	—
91.84	Mo I	10	10	—	75.6	Zn I	6	—	—
91.40	Gd	4	—	—	75.39	Lu	6	—	—
91.33	La	7R	1	—	75.096	Fe	3	—	—
91.14	Er	4	—	—	75.0	H 2	—	—	6
91.02	Pr	10	8	—	74.8	J	—	—	10
90.66	Hg I	10R	10	—	74.5	Sb	3	—	—
90.2	Se	—	—	5	74.03	Ti	7	3	—
89.70	Euros	3	—	—	73.77	Sm	5	—	—
89.23	La	6R	1	—	73.12	Ce	4	—	—
88.57	U	4	1	—	72.2	Zn I	8	—	—
88.37	Sm	5	—	—	71.67	Ny	5	—	—
88.15	Ce	4	—	—	70.66	Ny	5	—	—
87.98	Cr	9	6	—	70.41	Co	6	—	—
87.53	Nb	7	2	—	70.31	Ne	—	—	5
87.1	J	—	—	6	69.98	La	5R	—	—
87.04	Sm	5	—	—	69.90	Er	4	—	—
86.20	Pr	4	—	—	69.60	Hg I	10R	10	—
86.20	V	5	3	—	69.35	La	7R	1	—
86.02	Ti	8	3	—	69.2	Se	—	—	5
85.81	Cr	8	3	—	69.07	La	7R	3	—
85.3	Pr	5	—	—	68.94	Ce	4	1	—
85.18	Tb	5	—	—	68.89	Ir	4	—	—
85.02	Cr	8	3	—	67.62	Euros	3	—	—
85.0	Se	—	—	5	67.4	L	—	2	—
84.0	Cd	2	—	—	67.4	N II	—	2	1
83.93	Cr	9	3	—	67.07	Sr	3	1	—
83.68	Eu	6	—	—	66.97	Dy	3	—	—
83.3	As	—	1	6	66.33	Ti	7	3	—
83.13	Cr	9	3	—	65.64	Y	3	1	—
82.6	K I	5R	3	—	65.18	Eu	6	2	—
82.54	Ru	5	—	—	65.05	Os	5	—	—
82.13	Cu I	8	8	—	64.99	Nb	4	2	—
81.91	Sm	4	—	—	64.42	Ne	—	—	9
81.81	Cr	8	1	—	64.3	J	—	—	6
81.68	Y	4	2	—	64.29	Nt	5	—	—

λ in I. A.	Element	Bogen	Funke	Geißler	λ in I. A.	Element	Bogen	Funke	Geißler
5763.58	Pt	6	—	—	5743.86	Y	4	1	—
63.1	As	—	5	5	43.54	Ce	5	—	—
63.01	Fe	4	1	—	43.45	V I	6	4	—
62.80	Er	5	1	—	43.34	Sm	5	—	—
62.276	Ti	7	2	—	42.55	Bi	6	1	—
61.84	La	5R	1	—	42.07	Nd	4	—	—
60.84	Ni I	6	1	—	41.863	Fe	2	—	—
60.8	J	—	—	8	40.85	Nd	4	—	—
60.58	Ne	—	—	5	40.64	La	6R	1	—
60.52	Th	3	—	—	40.20	Dy	3	—	—
60.36	Nb	5	3	—	39.986	Ti	6	2	—
60.18	Nt	4	—	—	39.76	Si III	—	—	8
59.9	Au	—	3	—	39.7	AR	—	—	3
59.90	Pd	4	—	—	39.67	Pd	6	—	—
59.50	Sm	4	—	—	39.5	J	—	—	10
58.18	U	6	1	—	39.478	Ti I	7	2	—
58.01	Nt	4	—	—	39.17	Er	5	1	—
57.62	Er	5	2	—	38.5	J	—	—	10
56.16	Pr	5	1	—	38.28	Mn	4	—	—
55.8	Te	—	8	—	38.00	Sm	4	—	—
55.6	Ra	—	5	—	37.07	V I	8	8	—
54.67	Ni I	6	1	—	36.86	H 2	—	—	7
54.20	Gd	5	—	—	36.61	Pd	10	—	—
53.61	Sn	3	—	—	36.54	Lu	10	1	—
53.3	Se I	—	—	7	36.23	Ir	6	—	—
53.14	Fe	3	1	—	35.10	W	8	8	—
51.85	Gd	6	—	—	34.02	V	4	3	—
51.43	Nb	4	2	—	33.87	Gd	6	1	—
51.42	Mo I	10	10	—	33.1	Se	—	—	5
51.12	Nh	5	—	—	32.94	Sm	4	—	—
51.0	X	—	—	5	32.34	Cu	3	1	—
50.8	AR	—	—	6	31.90	H 2	—	—	6
49.39	Gd	4	1	—	31.8	As	—	1	6
49.32	Th	4	1	—	31.773	Fe	3	—	—
49.22	W	4	1	—	31.70	Sn	7	3	—
49.12	Nd	4	—	—	31.28	V	8	5	—
48.95	Euros	3	—	—	30.9	Se	—	—	5
48.65	Ne	—	—	6	30.6	L	—	2	—
48.29	Ne	—	—	9	30.5	N II	—	1	1
48.06	Sm	3	—	—	30.4	Sb	4	—	—
47.6	Se	—	—	7	29.29	Nd	5	—	—
47.58	Tb	6	—	—	29.2	Nb	6	2	—
47.5	L	—	1	—	28.90	Y	4	2	—
47.44	Ru	6	—	—	28.65	Dy	3	—	—
47.2	N II	—	3	1	28.3	In I	4	—	—
46.32	Gd	4	—	—	27.68	V I	5	3	—
45.95	Ru	5	—	—	27.04	V I	10R	10	—
44.58	Tb	6	—	—	26.9	X	—	—	5
44.41	La	5R	—	—	26.82	Nd	4	1	—
44.34	Euros	4	—	—	25.84	Ce	4	—	—

λ in I. A.	Element	Intensität			λ in I. A.	Element	Intensität		
		Bogen	Funke	Geißler			Bogen	Funke	Geißler
5725.78	Ru	4	—	—	5710.88	Er	4	1	—
25.7	Se	—	—	5	10.7	L	—	5	—
25.63	V	6	4	—	10.7	N II	—	—	5
25.29	Ir	4	—	—	10.4	J	—	1	10
24.76	Ru	4	—	—	10.3	Se	—	—	5
24.74	Gd	3	—	—	09.96	Nt	4	—	—
24.5	Rb I	4	2	—	09.7	In I	5	—	—
24.09	Sc I	4	—	—	09.55	Ni I	8	2	—
23.63	U	5	1	—	09.43	Gd	3	—	—
22.77	Mo I	8	10	—	09.41	Sr	3	—	—
22.65	Al III	—	6	—	09.393	Fe I	3	1	—
21.98	Gd	3	—	—	09.33	Ir	8	—	—
21.95	Os	3	—	—	08.64	Sc I	4	—	—
21.35	Sm	4	—	—	08.40	Si I	—	5	—
20.464	Ti I	6	1	—	08.231	Ti I	5	1	—
20.22	Mn	3	—	—	08.25	Nd	5	2	—
20.02	Ny	10	—	—	08.1	Te	—	10	—
19.6	X	—	—	6	07.84	Dy	4	—	—
19.53	Ne	—	—	6	07.60	Pr	6	—	—
19.29	Hf	6	4	—	07.48	Sb	3	—	—
19.22	Ne	—	—	9	07.07	Th	4	1	—
19.04	Ce	5	—	—	07.02	V I	8R	9	—
19.0	Br	—	—	4	06.88	Nh	6	—	—
18.9	Br	—	—	4	06.73	Y	4R	2	—
18.90	Ne	—	—	7	06.43	Nb	5	2	—
18.48	Dy	3	—	—	06.20	Sm	4	—	—
18.20	Mn	3	—	—	06.2	S I	—	—	8
18.10	Nd	5	2	—	05.72	Mo	5	5	—
18.1	Se I	—	—	7	03.61	V I	10R	10	—
17.88	Euros	4	—	—	03.6	Se I	—	—	4
17.85	Fe	3	—	—	02.91	Dy	3	—	—
17.30	Sc I	4	—	—	02.683	Ti I	6	2	—
16.475	Ti I	6	1	—	02.31	Cr	4	1	—
16.33	Nb	5	2	—	02.30	Ru	4	—	—
16	Em	—	—	6	02.22	Nd	4	2	—
15.2	Ta	5	1	—	01.553	Fe	3	—	—
15.124	Ti I	8	2	—	01.38	Gd	5	—	—
15.09	Ni I	8	1	—	01.1	AR	—	—	1
13.53	Ba	2	—	—	00.8	Kr	—	—	2
12.84	Ru	5	—	—	00.41	Rh	4	—	—
12.77	Cr	4	2	—	00.4	S I	—	—	7
12.77	Sc I	7	1	—	00.25	Cu I	8	10	—
12.42	La	5	1	—	00.17	Sc I	8	1	—
11.905	Ti I	6	2	—	5699.22	Ce	5	1	—
11.90	Ni I	6	1	—	99.16	Rb	—	6	—
11.75	Sc I	7	1	—	98.53	V I	10R	10	—
11.13	Mg I	5	1	—	98.33	Cr	5	2	—
11.0	Br	—	—	4	97.9	Se	—	—	8
10.92	Sm	3	—	—	97.83	W	4	2	—
10.9	Au	—	4	—	96.99	Ce	5	1	—

λ in I. A.	Element	Bogen	Funke	Geißler	λ in I. A.	Element	Bogen	Funke	Geißler
5696.8	S I	—	—	6	5680.17	Ba	5	1	—
96.74	Sm	4	—	—	79.57	Ru	4	—	—
96.47	Al III	—	8	—	79.5	L	—	7	—
96.20	Gd	8	—	—	79.5	N II	—	5	10
95.09	Pd	20	1	—	78.1	J	—	1	10d
94.97	Ni	7	1	—	77.74	Ce	4	1	—
94.73	Cr	5	2	—	77.70	Dy	4	—	—
93.0	Sr	3	—	—	76.9	P	—	—	5
92.2	Pb	4	—	—	76.0	In	—	4	—
91.9	Ge	—	—	6	76.0	N	—	4	5
91.7	AR	—	—	1	75.9	L	—	6	—
91.47	Nh	10	—	—	75.9	N II	—	—	8
91.39	U	4	—	—	75.9	Hg I	5	—	—
91.2	Sb	3	1	—	75.90	Nd	4	1	—
90.9	J	—	1	10d	75.88	Du	10	—	—
90.88	Pr	4	1	—	75.85	Ny	4	—	—
90.3	Kr	—	—	3	75.8	Na I	3	—	—
90.13	Pd	8	—	—	75.427	Ti I	7	4	—
90.1	Ra	—	5	—	75.27	Y	4	1	—
90.0	AR	—	—	2	74.70	Nh	10	—	—
89.81	Ne	—	—	7	74.43	W	5	3	—
89.475	Ti I	8	3	—	73.83	Eu	5	—	—
89.15	Mo I	9	10	—	73.7	J	—	—	4
88.49	Nd	6	3	—	72.6	AR	—	—	5
88.43	Pr	4	1	—	71.84	Wels	3	—	—
88.3	Na I	8	7r	—	71.83	Sc I	10	1	—
88.20	H 2	—	—	6	71.56	La	4	1	—
88.0	Cd	—	4	—	71.26	Dy	4	—	—
87.70	Sm	4	—	—	71.06	Nb	8	1	—
87.35	Ir	4	—	—	70.87	V	10	10	—
87.20	Pr	4	—	—	70.05	Pd	20	1	—
86.85	Sc I	10	1	—	69.96	Ce	5	1	—
86.84	Sm	4	—	—	69.45	U	4	—	—
86.35	Rh	4	1	—	69.06	Sc II	4	1	—
86.2	L	—	5	—	68.83	Nd	4	2	—
86.1	N II	—	4	5	68.46	Pr	6	—	—
85.72	Tb	5	—	—	68.38	V I	4	5	—
85.59	Dy	4	—	—	67.6	X	—	—	6
85.5	As	—	1	5	67.57	Tb	4	—	—
84.8	As	—	1	7	66.6	L	—	7	—
84.74	Nt	4	—	—	66.6	N II	—	5	10
84.21	Sc II	4	1	—	66.59	In	—	5	—
82.8	Na I	7	6r	—	66.4	Ag	4	2	—
82.45	Cr	3	1	—	65.57	Nb	7	3	—
82.20	Ni	7	1	—	65.45	Er	4	2	—
82.12	Nh	5	—	—	65.15	Ru	4	—	—
81.9	Kr	—	—	5	64.90	S	—	—	4
81.86	Pr	4	1	—	64.89	Ta	6	3	—
81.6	AR	—	—	2	64.72	Nb	7	2	—
80.88	Zr I	6	1	—	64.50	Zr	8	1	—

λ in I. A.	Element	Intensität			λ in I. A.	Element	Intensität		
		Bogen	Funke	Geißler			Bogen	Funke	Geißler
5663.8	Cs I	5R	—	—	5646.03	Dy	4	—	—
62.95	Euros	8	—	—	45.87	Ta	4	3	—
62.95	Y	7R	10	—	45.78	Eu	6	1	—
62.92	Ti I	7	3	—	45.5	L	—	7	—
62.55	Ne	—	—	6	44.87	In	—	10	—
62.529	Fe	3	1	—	44.83	Gd	3	—	—
62.164	Ti I	7	8	—	44.69	Y	4R	1	—
61	C?	—	3	—	44.137	Ti I	7	10	—
60.78	Sb	2	—	—	44.11	Sm	6	—	—
60.73	W	6	3	—	43.4	J	—	—	4
60.7	Ra	5	10	—	43.24	Gd	5	—	—
60.1	Kr	—	—	3	42.87	Euros	3	—	—
60.07	S	—	—	6	42.70	Pd	8	—	—
59.86	Sm	5	—	—	42.59	Nt	4	—	—
59.84	Pr?	4	1	—	42.10	Nb	5	3	—
59.75	Nd?	4	1	—	41.53	Dy	4	—	—
59.59	Rh	4	—	—	41	C?	—	3	—
59.5	X	—	—	5	40.98	Sc II	4	1	—
59.2	AR	—	—	3	40.62	Nh	8	—	—
59.11	Co	4	—	—	40.32	S	—	—	4
58.83	Fe I	4	1	—	40.04	S	—	—	8
58.29	Du	4	—	—	39.76	Sb	2	4	—
57.90	Sc II	6	2	—	39.71	Th	5	1	—
57.6	Br	—	—	4	39.51	Dy	5	—	—
57.46	V I	5	5	—	38.80	Pr	5	1	—
57.0	As	—	1	8	38.270	Fe	3	—	—
56.78	Au	3	2	—	37.71	Co	5	—	—
56.66	Ne	—	—	8	37.5	AR	—	—	1
56.35	Sm	4	—	—	37.3	Cd	5	—	—
56.03	Ne	—	—	5	37.12	Ni	5	1	—
55.5	Bi	—	3	—	36.24	Ru	5	3	—
55.42	Pd	10	—	—	36.10	Co	6	—	—
55.14	Ce	5	1	—	36.0	H 2	—	—	7
54.0	Rb I	3	1	—	35.99	Rb	—	6	—
52.57	Ne	—	—	5	35	Cs	2	1	—
52.4	Se	—	—	5	34.9	Cl	—	—	1
52.00	Ny	8	—	—	34.36	U	4	1	—
51.99	Dy	5	—	—	33.0	Kr	—	—	6
51.3	As	—	10	10	32.54	Eu	5	—	—
50.8	AR	—	—	5	32.47	Mo I	9	8	—
50.13	Mo I	8	6	—	32.25	Gd	5	—	—
49.3	Te	—	10	—	31.99	Sb	5	1	—
48.46	Y	4R	1	—	31.96	W	5	2	—
48.39	W	7	10	—	31.39	Nt	6	—	—
48.25	La	5	—	—	31.22	La	4	1	—
48.0	Rb I	3	2	—	30.13	Y	6R	2	—
47.22	Co	8	1	—	29.54	Gd	4	—	—
47.08	S	—	—	8	29.17	Nb	4	2	—
47	C?	—	3	—	28.65	Cr	3	1	—
46.12	V I	5	5	—	27.66	V I	8	9	—

λ in I. A.	Element	Bogen	Funke	Geißler	λ in I. A.	Element	Bogen	Funke	Geißler
5627.49	Dy	4	—	—	5604.48	Th	4	1	—
26.52	Er	4	1	—	03.2	J	—	—	4
26.05	V I	6	3	—	02.96	Fe I	3	1	—
26.01	Sm	5	—	—	02.84	Ca	8	4	—
25.7	J	—	1	10	02.63	Nd	4	1	—
25.55	Ir	20	—	—	02.2	Sb	3	—	—
25.28	Ni	7	1	—	01.65	Pd	8	—	—
24.65	V I	6	3	—	01.5	Ra	—	8	—
24.56	Fe I	5	1	—	01.28	Ce	5	1	—
23.1	Se	—	—	9	01.26	Ca I	8	4	—
23.04	Pr	5	2	—	01.19	Er	4	1	—
23	Ag	—	4	—	00.86	Sm	4	—	—
22.44	Eu	6	—	—	00.7	Br	—	—	4
21.80	Sm	5	—	—	00.69	Dy	5	—	—
21.50	U	4	1	—	00.2	J	—	—	6
21.1	AR	—	—	2	00.10	Ni I	4	—	—
20.6	As	—	1	10	5599.8	Sb	3	—	—
20.59	Nd	8	5	—	99.43	Rh	40	3	—
20.13	Zr	6	1	—	99.41	Bi	3	—	—
20.05	Ir	8	—	—	98.8	Cd I	5	—	—
19.45	Pd	10	1	—	98.5	Ra	—	8	—
17.90	Gd	5	—	—	98.3	Au	—	3	—
17.8	Se I	—	—	5	98.28	Ce	5	1	—
17.8	X	—	—	6	98.26	Ca	8	4	—
17.62	S	—	—	4	98.19	Er	4	1	—
17.6	Ra	1	8	—	97.7	AR	—	—	5
15.66	Fe I	6	4	—	97.36	U	4	2	—
14.79	Ni I	6	1	—	94.90	Pd	4	—	—
14.73	Ce	3	—	—	94.67	Ca I	8	6	—
14.3	S I	—	—	5	94.40	Nd ?	8	5	—
14.25	Nd	4	1	—	94.11	Gd	3	—	—
13.24	Dy	4	—	—	93.74	Ni I	6	1	—
12.8	J	—	—	6	93.40	Er	4	1	—
12.58	H 2	—	—	9	93.28	Ba	3	—	—
11.95	Mo	5	4	—	93.23	Al II	—	10	—
11.6	Se	—	—	5	93.17	Euros	3	—	—
10.94	Mo	5	4	—	93.1	J	—	—	4
10.88	U	5	1	—	93.0	Ag	—	3	—
10.20	Pr	4	1	—	92.46	V I	5	5	—
08.8	Pb	4	10	—	92.3	L	—	1	—
08.34	Rh	8	1	—	92.24	Ni I	7	2	—
08.02	Pd	7	1	—	91.83	Gd	4	—	—
07.0	Ge	—	6	6	91.62	Wels	3	—	—
06.9	AR	—	—	6	91.2	Se	—	—	8
06.33	Y	3	1	—	90.98	Nb	4	—	—
06.13	S	—	—	8	90.73	Co I	8	1	—
05.64	Dy	4	—	—	90.10	Ca I	10	6	—
05.64	Pr	5	2	—	89.9	Br	—	—	8
04.96	V I	5	4	—	89.38	Ne	—	—	5
04.7	Cd I	2	—	—	89.2	AR	—	—	1

λ in I. A.	Element	Intensität Bogen	Intensität Funke	Intensität Geißler
5589.2	Sn	—	10	—
88.74	Ca	—	10	10
88.46	Ny	6	—	—
88.4	Sn	—	10	—
88.34	La	4R	—	—
88.2	P	—	—	5
88.18	Sm	4	1	—
87.88	Ni I	5	1	—
86.95	Nb	4	1	—
86.766	Fe I	6	4	—
86.5	Se	—	5	—
86.3	J	—	4	—
84.54	V I	7	5	—
84.43	Os	10	—	—
83.64	Gd	4	—	—
83.3	P	—	—	5
82.4	Em	—	—	8
81.96	Ca	8	4	—
81.88	Y	5R	2	—
81.65	U	4	3	—
81.6	AR	—	—	2
80.66	Os	5	—	—
80.05	Eu	5	—	—
79.10	S	—	—	6
78.71	Ni I	5	1	—
78.5	Au	—	5	—
78.37	Ru	8	—	—
77.42	Y	4R	1	—¹)
77.12	Eu	8	1	—
76.16	Nb	4	1	—
76.10	Fe I	4	1	—
75.56	Er 3	3	—	—
73.70	Mn	3	—	—
73.43	Sm	4	1	—
72.85	Fe I	5	3	—
72.67	Euros	3	—	—
72.6	AR	—	—	4
71.84	Pr	4	1	—
70.66	U	4	3	—
70.46	Mo I	10	10	—
70.31	Eu	10	1	—
70.291	Kr	—	—	10
69.93	Nd	4	2	—
69.628	Fe I	5	2	—
69.01	Ru	4	—	—
68.6	Kr	—	—	2
68.47	La	4	—	—
68.0	Sb	3	3	—
67.765	Mn	4	1	—
67.0	Se	—	—	9

λ in I. A.	Element	Intensität Bogen	Intensität Funke	Intensität Geißler
5566.0	L	—	1	—
66.52	Nh	8	—	—
65.99	Du	4	—	—
65.92	Tb	4	—	—
65.70	Fe	3	1	—
65.470	Ti I	7	8	—
64.88	S	—	—	8
64.21	Th	4	1	—
64.16	U	5	1	—
63.607	Fe	3	1	—
63.05	Ne	—	—	5
63.0	Cs	—	4	—
62.76	Ne	—	—	8
62.7	Sn	—	10	—
62.49	Ne	—	—	6
62.1	Kr	—	—	6
62.09	De?	2	—	—
62.05	Pr	5	—	—
61.16	Nd	4	1	—
60.7	Se	—	—	4
60.66	Gd	4	—	—
59.75	Ru	12	1	—
59.70	Gd	4	—	—
58.81	Co	4	—	—
58.8	A Bl	—	—	6
58.7	AR	—	—	5
58.1	As	—	10	8
58	Ag	—	3	—
57.59	Al I	5	—	—
57.07	Al I	7	—	—
56.47	Ny	10	1	—
56.45	Y	4R	1	—
56.30	Tb	4	—	—
56.28	Mo	4	3	—
56.2	Sb	2	—	—
55.92	S	—	—	4
55.9	Ra	3	6	—
54.95	Tb	4	—	—
54.94	Cu	3	1	—
54.9	O I	—	—	6d
54.88	Fe	3	2	—
54.42	Tb	4	—	—
53.7	Ra	1	6	—
53.17	Sr	3	—	—
53.14	Nh	5	—	—
52.24	Bi	8	3	—
52.10	Hf	6	4	—
52.0	L	—	3	—
51.99	Mn	5	1	—
51.9	N	—	2	1

¹) Bei 5577.350 liegt die grüne Nordlichtlinie nach Babcock.

λ in I. A.	Element	Bogen	Funke	Geißler	λ in I. A.	Element	Bogen	Funke	Geißler
5551.38	Nb	5	2	—	5530.2	L	—	4	—
50.60	Hf	6	4	—	30.2	N	—	3	2
50.38	Sm	6R	—	—	29.45	Pd	9	—	—
48.96	Sm	4	—	—	28.48	Mg I	10	5	—
48.45	Nd	4	2	—	28.4	Se I	—	—	4
48.17	Gd	4	—	—	28.39	Zr	5	1	—
47.44	Eu	10	1	—	28.32	Nt	4	—	—
47.27	Dy	5	—	—	28.2	Tl I	3	—	—
47.07	V	5	3	—	28.04	Dy	3	—	—
47.02	Pd	20	1	—	27.84	U	10	4	—
46.03	Y	4	2	—	27.55	Y	5R	3	—
45.6	Ag	4	—	—	26.81	Sc	8	3	—
44.98	Pr	4	1	—	26.24	S	—	—	5
44.96	Gd	4	—	—	26.2	L	—	2	—
44.8	Pb	—	2	—	26.1	N	—	2	1
44.60	Y	5	2	—	25.85	Pt	4	—	—
44.60	Rh	15	1	—	25.62	Tb	4	—	—
43.7	Au	—	3	—	25.2	AR	—	—	2
43.4	N	—	—	3	24.93	Co	7	—	—
43.4	L	—	1	—	24.13	Pr	5	—	—
43.3	N	—	3	1	24.11	Tb	5	—	—
43.29	Sr I	5	2	—	23.7	Ag	3	—	—
42.80	Pd	30	1	—	23.57	Nb	4	1	—
41.27	La	4R	—	—	23.55	Os	30	—	—
40.04	Sr I	5	2	—	23.29	Co	8	1	—
39.89	Th	5	2	—	22.80	Pr	5	1	—
39.05	Ny	10	1	—	22.79	Rb	—	6	—
38.64	Ne	—	—	5	22.5	Se	—	—	8
37.784	Mn I	7	2	—	22.47	Ce	3	—	—
37.45	H 2	—	—	6	22.23	Euros	3	—	—
37.06	Sm	4	1	—	21.77	Sr I	6	3	—
36.3	Br	—	—	4	21.62	Y	5	3	—
36.14	Euros	3	—	—	21.0	Ag	—	4	—
35.79	Cu	3	2	—	20.50	Sc	6	1	—
35.66	La	3	—	—	19.65	Sm	4	—	—
35.53	Ba I	10R	6	—	19.4	Kr	—	—	4
35.20	Pr	4	2	—	19.11	Ba I	8R	5	—
35.2	L	—	5	—	18.89	Ta	3	2	—
35.2	N	—	4	2	16.773	Mn I	8	2	—
35.16	Gd	4	—	—	16.24	Tb	4	—	—
35.14	Ny	6	1	—	16.12	Sm	7	—	—
35.02	Rh	15	1	—	15.40	Dy	4	—	—
34.80	Sr I	5	2	—	14.72	W	10	10	—
34.5	AR	—	—	1	14.540	Ti I	8	8	—
33.81	Nd	4	2	—	14.51	Tb	4	—	—
33.68	Ne	—	—	5	14.349	Ti I	7	8	—
33.03	Mo I	10	10	—	14.21	Sc	5	1	—
31.18	Pr	4	—	—	14.10	Pt	4	—	—
31.1	X	—	—	7	13.60	Pr	4	2	—
30.77	Co I	8	1	—	12.93	Ca I	8	2	—

λ in I. A.	Element	Intensität			λ in I. A.	Element	Intensität		
		Bogen	Funke	Geißler			Bogen	Funke	Geißler
5512.81	Nb	5	1	—	5496.85	Pd	6	—	—
12.7	O I	—	—	5d	96.69	Ru	4	—	—
12.531	Ti I	8	10	—	95.9	AR	—	—	6
12.10	Sm	5	2	—	95.7	L	—	3	—
12.05	Ce	8	3	—	95.7	N	—	4	2
11.6	Se	—	—	4	95.58	Y	3	1	—
11.50	U	4	3	—	95.20	Eu	5	—	—
10.72	Ru	15	1	—	95.0	Br	—	—	7
10.51	Eu	7	1	—	94.41	Ne	—	—	5
09.98	Ni I	5	1	—	94.01	Nd	4	2	—
09.90	Y	8	4	—	93.85	Mo	6	3	—
09.61	Tb	4	—	—	93.72	Sm	6	—	—
09.58	S	—	—	10	93.3	J	—	—	8
09.33	Os	5	—	—	93.16	Y	3	1	—
09.14	Pr	4	2	—	92.94	U	9	4	—
08.3	Br	—	—	3	92.34	W	10	10	—
07.75	V	5	8	—	91.5	J	—	—	8
07.1	P	—	—	5	91.44	Y	3	—	—
07.0	S I	—	—	5	90.67	Sm	3	—	—
06.8	Br	—	—	3	90.32	Sb	2	—	—
06.783	Fe I	4	2	—	90.16	Ti	7	4	—
06.50	Mo I	10	10	—	90.0	Cd	—	5	—
05.877	Mn I	6	1	—	89.8	Br	—	—	6
05.67	Er	3	1	—	89.63	Co	5	1	—
05.65	Ta	5	1	—	89	Ag	—	3	—
05.6	Ra	—	4	—	88.8	Br	—	—	6
05.6	Se	—	—	5	88.65	Eu	6	1	—
05.5	H 2	—	—	5	88.6	Ra	—	6	—
05.47	De	2	—	—	88.228	Ti I	6	3	—
04.95	Euros	3	—	—	87.98	V	5	6	—
04.8	J	—	—	8	87.78	Fe	3	1	—
04.63	Rh	4	—	—	86.13	Sr I	5	2	—
04.60	Nb	5	1	—	85.93	Er	5	2	—
04.20	Sr I	5	3	—	85.68	Nd	7	4	—
03.91	Ti I	7	8	—	85.43	Sm	5	—	—
03.49	W	4	4	—	84.7	Li II	—	1 5 mehrf.	—
03.45	Y	8	2	—	84.60	Sc	4	1	—
02.12	Zr	6	1	—	84.32	Ru	10	1	—
01.9	Ra	1	8	—	84.23	Rh	8	1	—
01.470	Fe I	4	2	—	84.2	Se	—	—	6
01.35	La	6R	1	—	83.95	Co I	5	1	—
00.40	Gd	4	—	—	83.6	P	—	—	5
5499.7	P	—	3	7	83.35	Co I	10	2	—
98.22	Sm	6	—	—	82.27	La	4	1	—
98.0	Kr	—	—	3	82.0	Ra	—	6	—
97.8	As	—	10	7	81.98	Sc	6	1	—
97.520	Fe I	4	2	—	81.95	Ny	8	—	—
97.41	Y	5	8	—	81.872	Ti I	5	2	—
96.9	J	—	2	10	81.447	Ti I	6	3	—
96.9	As	—	5	6	81.397	Mn I	6	1	—

λ in I. A.	Element	Bogen	Funke	Geißler	λ in I. A.	Element	Bogen	Funke	Geißler
5481.20	U	5	3	—	5464.39	La	5	1	—
81.09	H 2	—	—	5	64.3	Sb	—	3	—
80.84	Sr I	7	4	—	63.33	Hf	6	3	—
80.73	Y	5	3	—	63.27	Fe	3	1	—
80.31	Ru	8	—	—	62.8	L	—	1	—
80.27	U	5	3	—	62.7	N	—	—	3
80.2	N	1	2	—	62.58	Th	4	1	—
80.1	L	—	1	—	62.48	Ni	5	—	—
80.0	Br	—	—	3	62.44	Er	4	2	—
79.6	J	—	—	6	61.29	Ta	4	2	—
79.40	Ru	9	1	—	60.9	P	—	—	6
78.50	Pt	12	2	—	60.724	Hg I	10R	10	—
78.29	Sm	3	—	—	60.4	X	—	—	6
78.1	L	—	1	—	59.81	Tb	4	—	—
77.81	W	4	3	—	58.20	Euros	3	—	—
77.727	Ti I	9	4	—	57.46	Mn I	3	—	—
77.45	Er	4	2	—	57.1	Cl	—	—	3
77.08	Co I	3	1	—	56.58	Er	5	1	—
76.91	Ni I	10	10	—	56.13	Ru	8	—	—
76.70	Lu	10	10	—	55.8	Se	—	—	7
76.58	Fe	4	1	—	55.614	Fe I	6	6	—
75.78	Pt	15	2	—	55.45	Dy	5	—	—
75.71	U	5	3	—	55.14	La	8	1	—
75.3	Kr	—	—	2	54.81	Ru	10	1	—
74.0	Se	—	—	6	54.55	Co	10	1	—
73.910	Fe	3	1	—	54.51	Ir	10	—	—
73.69	Ba	2	—	—	54.25	Er	5	1	—
73.57	S	—	—	8	54.1	L	—	1	—
73.38	Y	5	3	—	53.79	S	—	—	10
73.35	Mo	6	6	—	53.02	Sm	4	—	—
72.7	X	—	—	7	52.95	Eu	9	2	—
72.30	Eu	5	1	—	52.1	L	—	1	—
72.27	Ce	5	3	—	51.52	Eu	9	2	—
71.7	As	—	—	6	51.7	AR	—	—	5
71.51	Ag I	6	5	—	51.04	Dy	5	—	—
71.20	Ti I	6	2	—	50.83	Sr I	5	5	—
70.84	Rh	5	1	—	50.7	P	—	—	6
70.639	Mn I	8	2	—	50.5	X	—	—	5
70.34	Tb	5	—	—	50.1	Br	—	—	3
69.88	Pr	5	—	—	49.7	Te	—	5	—
69.70	Gd	4	—	—	49.50	Ir	30	1	—
68.45	Y	4	1	—	48.78	Mo	1	5	—
67.21	Sm	4	—	—	48.51	Ne	—	—	6
66.72	Sm	5	—	—	47.17	Euros	3	—	—
66.45	Y	10	3	—	47.0	Th	—	5	—
66.41	Fe	3	1	—	46.920	Fe I	6	6	—
66.2	Br	—	—	5	46.18	Sc	4	—	—
65.43	Ag I	10	6	—	45.21	Rh	12	1	—
65.35	Mo	6	6	—	45.0	Se	—	—	6
64.6	J	—	5	10	44.56	Co	8	1	—

λ in I. A.	Element	Intensität			λ in I. A.	Element	Intensität		
		Bogen	Funke	Geißler			Bogen	Funke	Geißler
5444.2	Cl	—	—	3	5423.3	Cl	—	2	6
43.4	Cl	—	1	5	22.8	Br	—	—	7
43.31	Os	7	—	—	22.79	Er	5	1	—
42.3	Br	—	—	4	21.91	Lu	5	—	—
41.34	Rh	8	—	—	21.6	AR	—	—	4
39.0	X	—	—	8	20.366	Mn I	7	3	—
38.24	Y	5	2	—	20.16	Ne	—	—	5
37.9	J	—	—	8	19.90	H 2	—	—	6
37.89	Lu	5	—	—	19.85	Er	4	1	—
37.72	Mo	4	3	—	19.7	Cs	—	5	—
37.3	P	—	—	5	19.2	X	—	—	10
37.29	Nb	6	2	—	19.12	Dy	4	—	—
36.8	O I	—	—	6	18.84	Ru	4	1	—
35.87	Ni I	7	1	—	18.56	Ne	—	—	6
35.86	Th	4	1	—	17.1	Se	—	—	5
35.76	O I	—	—	6	16.67	Os	5	—	—
35.7	J	—	1	10	16.33	Os	10	—	—
35.16	O I	—	—	5	15.28	V	10	8	—
35.16	Pd	7	—	—	15.19	Fe	4	6	—
35.1	Br	—	—	5	14.63	Er	6	1	—
35.07	W	5	3	—	13.78	Euros	3	—	—
34.84	H 2	—	—	5	13.696	Mn	7	2	—
34.527	Fe I	6	5	—	13.20	Gd	4	—	—
33.88	Euros	3	—	—	12.66	Ne	—	—	7
33.65	Ne	—	—	7	11.20	Ni	6	1	—
32.78	S	—	—	10	11.55	He II	—	—	—
32.555	Mn I	6	1	—	11.5	L	—	1	—
32.1	L	—	1	—	10.91	Fe	3	3	—
31.6	Rb I	2	2	—	09.80	Cr I	10	8	—
31.53	Nd	4	3	—	09.7	P	3	7	—
29.701	Fe I	6	6	—	09.23	Ce	6	3	—
29.15	Ti	7	2	—	08.6	O I	—	—	4
28.70	S	—	—	9	07.60	Zr	4	—	—
27.61	Ru	10	1	—	07.52	Co	4	1	—
26.91	Eu	6	—	—	07.432	Mn I	7	2	—
26.70	Dy	5	—	—	07.1	J	—	1	10
26.26	Ti	5	1	—	06.7	Ra	2	8	—
25.9	P	—	7	7	05.780	Fe I	6	6	—
25.67	Th	4	1	—	05.22	Sm	6	—	—
25.43	Rb	10	1	—	05.3	J	—	1	10
25.0	Br	—	—	5	04.69	Rh	15	1	—
24.70	Rh	8	1	—	04.14	Fe	3	8	—
24.65	Ni I	5	1	—	03.69	Sm	4	—	—
24.63	Ba I	7	3	—	02.8	Cs	—	4	—
24.37	Y	3	1	—	02.78	Y	4	8	—
24.10	Tb	5	—	—	02.77	Eu	10	2	—
24.07	V	5	5	—	02.57	Lu	10	1	—
24.06	Fe	4	5	—	02.53	Ta	5	3	—
24.05	Rh	18	2	—	01.95	Va	7	8	—
23.30	Dy	5	—	—	01.39	Ru	7	—	—

Kayser, Linienspektra.

λ in I. A.	Element	Intensität			λ in I. A.	Element	Intensität		
		Bogen	Funke	Geißler			Bogen	Funke	Geißler
5401.01	Ru	15	1	—	5380.68	Dy	6	—	—
01.0	Se	—	—	4	80.63	Y	3	1	—
00.60	Or	4	2	—	80.2	Se	—	—	6
00.56	Ne	—	—	10	79.08	Rh	30	3	—
00.2	Ra	2	8	—	79	C	—	4	—
5399.66	Euros	3	—	—	78.9	Cd II	—	8	—
99.506	Mn	8	3	—	77.88	Tb	4	—	—
97.35	Euros	3	—	—	77.83	Ru	10	—	—
97.133	Fe I	6	6	—	77.634	Mn	8	3	—
97.08	Ti	7	2	—	77.215	Mn	3	—	—
96.5	Br	—	—	5	77.10	La	3	3	—
95.97	Euros	3	—	—	76.93	Eu	5	1	—
95.86	Er	6	1	—	76.80	Os	7	—	—
95.57	Dy	4	—	—	75.99	Tb	5	—	—
95.27	Pd	20	1	—	75.34	Sc	4	—	—
94.76	Pd	6	—	—	75.04	Euros	3	—	—
94.677	Mn I	7	2	—	74.98	Ne	—	—	5
94.4	Em	—	—	3	74.1	Se I	—	—	10
94.0	AR	—	—	1	73.89	Hf	6	3	—
93.64	Gd	8	—	—	72.4	Pb	—	6	—
93.39	Ce	7	3	—	72.4	X	—	—	8
93.181	Fe I	4	2	—	72.31	Ne	—	—	5
93	Em	—	—	3	71.494	Fe I	7	6	—
92.94	Eu	5	—	—	71.4	Ni	6	—	—
92.1	Cl	—	2	4	71.0	Cs	—	6	—
92.09	Sc	5	—	—	70.69	Gd	6	—	—
91.65	Cu	3	2	—	70.01	Euros	6	—	—
90.98	Ir	7	—	—	69.97	Fe	4	—	—
90.8	Sè	—	—	5	69.9	Se I	—	—	10
90.79	Pt	10	1	—	69.71	Tb	5	—	—
90.75	De?	2			69.7	J	—	1	10
90.43	Rh	20	3	—	69.65	Ti	6	2	—
90.000	Ti	6	2	—	69.59	Co I	8	1	—
89.58	Dy	6	—	—	68.99	Pt	15	1	—
89.48	Gd	4	—	—	68.85	Er	4	—	—
89.29	Ta	4	2	—	68.36	Sm	4	—	—
88.53	Mn	3	—	—	67.47	Fe	3	2	—
88.2	H 2	—	—	7	66.0	H 2	—	—	5
87.57	Cr	3	1	—	65.4	Se I	—	—	8
86.97	Cr	4	1	—	64.86	Fe	3	2	—
86.9	P	—	4	7	64.32	Ir	20	—	—
85.88	Ru	7	1	—	64.2	Mo I	6	3	—
85.3	As	—	—	6	63.66	De?	2	—	—
85.12	Zr	7	1	—	62.8	Rb I	2	1	—
83.37	Fe	5	6	—	62.76	Co	10	1	—
83.0	Se	—	—	6	62.68	Pd	10	—	—
81.90	La	3	2	—	62.53	Zr	4	—	—
81.27	Pr	4	2	—	61.76	Ru	20	3	—
81.0	S I	—	3	—	61.61	Eu	5	1	—
80.98	La	4	1	—	61.47	Nd	5	3	—

λ in I. A.	Element	Intensität			λ in I. A.	Element	Intensität		
		Bogen	Funke	Geißler			Bogen	Funke	Geißler
5360.59	Mo I	10	8	—	5342.68	Co	8	2	—
60.02	Ne	—	—	6	42.4	Se	—	—	8
59.7	K I	5R	2	—	41.32	Co	4	—	—
59.18	Co	6	1	—	41.26	Sm	5	—	—
58.02	Ne	—	—	10	41.2	L	—	1	—
57.88	La	3	—	—	41.097	Ne	—	—	10
57.61	Eu	9	1	—	41.071	Mn I	10	8	—
56.94	Nd	4	2	—	41.027	Fe I	5	2	—
56.45	Rh	8	1	—	40.73	Ir	8	—	—
56.4	L	—	1	—	40.66	La	3	1	—
56.07	Sc	5	1	—	39.94	Fe I	3	2	—
55.40	Ne	—	—	6	39.8	K I	4R	2	—
55.18	Ne	—	—	6	39.4	X	—	—	9
55.09	Eu	5	—	—	39.1	Se	—	—	9
54.87	Tb	5	—	—	38.7	L	—	1	—
54.38	Rh	50	5	—	38.5	Cd	—	10	—
53.52	Ce	6	5	—	38.33	Euros	4	—	—
53.48	Co	10	2	—	38.2	J	—	3	10
53.40	V	3	5	—	37.4	Cd II	3	—	—
53.21	Gd	5	1	—	36.80	Ti	3	10	—
52.94	Ny	5	1	—	36.51	H 2	—	—	5
52.05	Co I	10	2	—	35.92	Ru	10	—	—
51.097	Ti	6	3	—	35.15	Ny	6	1	—
51.2	L	—	1	—	34.84	Nb	4	2	—
50.72	Nb	7	3	—	34.69	Ru	9	—	—
50.47	Tl I	10R	10	—	34.20	Er	4	2	—
50.36	Gd	5	1	—	33.32	Ne	—	—	5
49.87	Mn	3	—	—	33.24	Gd	4	—	—
49.46	Ca	10	5	—	32.7	Sn	—	6	—
49.28	Sc I	4	1	—	32.0	Br	—	2	10
49.21	Ne	—	—	6	31.45	Co I	5	1	—
48.95	W	4	3	—	31.3	As	—	8	7
48.31	Cr I	10	5	—	30.9	Se	—	—	10
48.03	Er	4	—	—	30.78	Ne	—	—	10
47.20	Ny	3	—	—	30.7	O I	—	—	10
46.47	Nt?	4	—	—	30.53	Ce	5	2	—
46.46	Du?	4	—	—	29.83	Sr I	5	1	—
45.80	Cr I	10	6	—	29.75	Ag	4	—	—
45.64	S	—	—	8	29.74	Cr I	4	1	—
45.3	Br	—	—	4	29.72	Rh	15	2	—
45.2	J	—	3	10	29.6	O I	—	—	7
45.10	Pd	4	—	—	29.13	Cr I	3	1	—
44.7	P	—	4	7	29.0	O I	—	—	6
44.49	Er	5	1	—	28.6	L	—	1	—
44.15	Nb	10	5	—	28.536	Fe	4	2	—
43.92	Er	5	1	—	28.35	Cr I	10	8	—
43.38	Co	6	2	—	28.06	Er	4	—	—
43.26	Ne	—	—	9	28.044	Fe I	7	6	—
43.2	K I	4R	1	—	26.41	Ne	—	—	5
42.98	Gd? Sc I	6	1	—	25.26	Co	4	—	—

λ in I. A.	Element	Bogen	Funke	Geißler
5325.10	Th	4	2	—
25.1	L	—	1	—
24.69	Dy	4	—	—
24.2	As	—	—	5
24.188	Fe I	6	5	—
23.7	Ag	4	—	—
23.3	K I	4R	1	—
22.77	Pr	5	3	—
22.7	J	—	—	6
21.3	Cr	—	1	4
20.71	S	—	—	8
20.5	L	—	2	—
19.80	Nd	9	4	—
19.4	Ra	1	6	—
19.23	Tb	5	—	—
18.59	Nb	5	3	—
17.8	Cl	—	1	3
16.76	Gd	4	1	—
16.0	P	—	3	7
15.4	Se	—	—	5
14.76	Rh	9	1	—
14.0	X	—	—	8
12.63	Co	4	1	—
12.57	Pd	10	—	—
11.88	Dy	6	—	—
11.55	Hf	6	4	—
11.39	Zr	5	1	—
10.9	Zn I	4	—	—
10.2	Zn I	6	—	—
09.7	X	—	—	4
09.37	Ru	20	1	—
09.03	Dy	5	—	—
09.0	J	—	—	8
08.5	Zn I	8	—	—
07.28	Gd	4	1	—
07.12	Nt?	5	—	—
07.11	Ny	4	—	—
05.86	Du	4	—	—
05.8	A Bl	—	—	8
05.3	Se	—	—	9
04.85	Ru	7	1	—
04.1	Br	—	—	7
03.53	La	5	2	—
03.16	H 2	—	—	7
02.81	Ba	3	1	—
02.63	La	4	2	—
02.53	Ta	5	3	—
02.310	Fe I	5	2	—
02.31	Er	5	1	—
01.97	La	6	2	—

λ in I. A.	Element	Bogen	Funke	Geißler
5301.77	Ne	—	—	5
01.69	Gd	4	1	—
01.59	Dy	5	—	—
01.03	Co I	5	1	—
01.02	Pt	20	5	—
01.0	Se	—	—	5
00.74	Cr I	5	2	—
5299.7	J	—	—	6
99.0	O I	—	—	5
98.78	Os	5	—	—
98.43	Ti	6	2	—
98.28	Cr I	6	10	—
98.20	Ne	6	—	—
98.10	Pr	4	—	—
98.05	Hf	6	3	—
97.93	Cr I	4	2	—
97.7	Cd I	3	—	—
97.33	Cr I	5	2	—
97.248	Ti I	7	3	—
96.78	Zr	4	—	—
96.69	Cr I	5	6	—
96.1	P	—	4	8
95.783	Ti I	6	2	—
95.59	Pd	50	2	—
94.13	Pd	7	—	—
93.17	Nd	9	5	—
92.63	Pr	4	2	—
92.54	Cu	6	5	—
92.2	X	—	—	10
92.14	Rh	10	2	—
91.16	Ru	6		—
90.84	La	3	1	—
89.82	Y II	4	2	—
87.0	A Bl	—	—	3
85.73	Sc	4	—	—
85.25	Nb	6	2	—
85.122	Zr	6	1	—
84.08	Ru	10	1	—
83.9	Gd	4	1	—
83.629	Fe I	7	2	—
83.449	Ti I	7	3	—
83.29	Ra	1	6	—
82.91	Sm	4	—	—
82.377	Ti I	5	1	—
81.803	Fe I	5	2	—
81.7	L	—	1	—
81.05	Tb	4	—	—
80.63	Co I	5	1	—
80.38	U	4	1	—
80.30	Cr	3	5	—

λ in I. A.	Element	Bogen	Funke	Geißler	λ in I. A.	Element	Bogen	Funke	Geißler
		Intensität					Intensität		
5280.07	Ne	—	—	5	5263.5	Br	—	—	4
79.63	Mo	4	2	—	63.318	Fe I	5	1	—
79.31	Er	5	—	—	62.23	Ca	6	5	—
79.0	S I	—	—	6	62.11	Tb	5	—	—
78.6	S I	—	—	5	61.99	X	—	—	5
78.1	S I	—	—	3	61.70	Ca	6	5	—
77.45	Th	5	2	—	60.773	Mn	3	—	—
77.07	Ny	6	—	—	60.58	Dy	5	—	—
76.20	Nb	10	3	—	60.48	X	—	—	5
76.17	Co	4	2	—	60.39	Ca I	4	3	—
76.03	Cr I	5	2	—	59.70	Pr	5	3	—
76.03	Er	4	—	—	59.03	Mo	5	3	—
75.16	Cr I	4	5	—	58.33	Sc	4	1	—
75.1	O I	—	—	4	57.60	Co	5	1	—
74.23	Ce	5	3	—	57.06	Ru	8	—	—
74.0	Cs	—	4	—	57.01	Er	4	1	—
73.77	Ir	6	—	—	56.81	Sr	6	3	—
73.40	Nd	5	3	—	56.16	Pd	10	—	—
73.178	Fe I	3	1	—	55.93	Er	6	2	—
72.89	Er	4	—	—	55.825	Ti	5	2	—
72.7	Br	—	—	4	55.47	Nd	4	3	—
72.24	Dy	4	—	—	55.330	Mn	5	2	—
71.95	Eu	8	1	—	55.14	Cr	5	3	—
71.53	Nb	9	3	—	54.4	AR	—	—	2
71.38	Sm	4	1	—	54.0	In I	3	—	—
71.2	Se	—	—	8	53.7	Se	—	—	7
71.19	La	4	1	—	53.5	P	—	5	8
70.6	Bi	—	4	—	53.47	La	4	1	—
70.361	Fe I	8	4	—	53.1	Se	—	—	6
70.27	Ca I	10	10	—	52.9	AR	—	—	3
69.540	Fe I	10	8	—	52.104	Ti I	6	2	—
69.4	J	—	1	10	51.92	Sm	4	—	—
69.28	Rh	10	1	—	51.67	Nb	5	2	—
68.49	Co I	4	1	—	51.63	Ru	8	—	—
67.03	Ba I	4	2	—	51.2	Gd	4	—	—
66.564	Fe I	8	3	—	50.651	Fe I	3	1	—
66.49	Co I	6	1	—	50.6	L	—	1	—
66.40	Eu	5	1	—	49.54	Nd	7	4	—
66.29	Co	4	2	—	49.4	Cs	—	6	—
66.04	H 2	—	—	5	48.71	Tb	4	—	—
65.974	Ti I	5	3	—	48.6	In	—	10	—
65.73	Cr I	5R	3	—	47.91	Co I	5	—	—
65.55	Ca	8	8	—	47.65	Th	5	2	—
65.2	J	—	1	10	47.56	Cr I	5R	3	—
65.13	Os	5	—	—	46.10	Er	4	—	—
64.8	A Bl	—	—	1	45.6	J	—	2	10
64.4	Ra	1	6	—	45.2	Se	—	—	6
64.24	Ca I	6	5	—	44.10	Ny	3	—	—
64.15	Cr I	6R	5	—	42.496	Fe	3	1	—
63.85	Pr	4	2	—	42.37	Ru	7	—	—

λ in I. A.	Element	Bogen	Funke	Geißler	λ in I. A.	Element	Bogen	Funke	Geißler
5240.94	Mo I	6	3	—	5222.34	Ne	—	—	5
40.79	Y	3	2	—	22.23	Sr	5	1	—
40.50	Ny	2	—	—	21.6	AR	—	—	3
39.82	Sc	5	2	—	21.3	Cl	—	4	1
39.4	Sb	—	2	—	20.2	Ni I	5	—	—
38.92	Ir	10	—	—	20.10	Pr	5	3	—
38.582	Ti	5	2	—	20.07	Cu I	6	5	—
38.56	Sr	6	1	—	19.704	Ti I	6	2	—
38.3	Br	—	2	8	19.41	Gd	4	1	—
38.20	Mo I	7	3	—	19.05	Pr	5	2	—
37.6	Se	—	—	4	18.22	Er	5	2	—
37.40	Nb	5	2	—	18.21	Cu I	10	10	—
37.14	Rh	12	2	—	17.8	Cl	—	1	3
35.5	P	—	—	5	17.401	Fe I	4	1	—
35.2	Se	—	—	4	16.279	Fe I	5	1	—
35.17	Co	5	1	—	16.2	J	—	1	10
34.84	Pd	20	—	—	15.4	As	—	—	5
34.6	J	—	—	8	15.192	Fe I	4	1	—
34.28	La	6	1	—	15.12	Er	4	1	—
34.08	V	5	5	—	15.11	Eu	5	1	—
34.02	Ne	—	—	5	14.12	Cr	3	2	—
33.22	Th	4	1	—	13.37	Nt	4	—	—
32.949	Fe I	8	5	—	13.00	Sr	4	1	—
32.84	Nb	4	2	—	12.90	Er	4	1	—
32.8	Se	—	—	5	12.70	Co I	5	1	—
31.4	As	—	4	7	12.70	Rh	4	1	—
30.61	Rh	9	1	—	12.63	S	—	8	1
30.30	Au	4	5	—	11.85	La	4	1	—
30.21	Co I	6	1	—	11.58	Ny	3	—	—
29.31	Er	5	—	—	11.49	Rh	4	1	—
29.28	Sr	5	1	—	11.39	Zr	4	1	—
29	Ge	—	6	—	10.57	Ne	5	—	—
28.9	J	—	8	—	10.52	Sc	4	1	—
28.11	Tb	5	—	—	10.391	Ti I	8R	9	—
27.64	Pt	20	2	—	09.29	Bi	—	10	—
27.5	Se	—	2	9	09.04	Ag I	10R	10	—
27.191	Fe	8	4	—	08.90	Pd	10	—	—
27.0	Cs	—	8	—	08.87	Ne	—	—	5
26.873	Fe I	5	2	—	08.605	Fe I	4	1	—
26.544	Ti II	3	10	—	08.429	Cr I	10R	10	—
25.13	Sr	5	1	—	08.4	Kr	—	—	3
24.955	Ti I	7	2	—	06.73	O II	—	—	5
24.95	Cr	3	—	—	06.55	Pr	4	2	—
24.68	W	10	10	—	06.51	Er	4	—	—
24.56	Ti I	7	2	—	06.5	L	—	1	—
23.9	Se	—	—	5	06.039	Cr I	10R	10	—
23.54	Ru	7	—	—	05.9	Ra	1	6	—
23.98	Eu	5	1	—	05.71	Euros	10	—	—
23.1	As	—	—	6	05.71	Y II	10	10	—
22.64	Rh	8	1	—	05.3	As	—	1	6

λ in I. A.	Element	Intensität			λ in I. A.	Element	Intensität		
		Bogen	Funke	Geißler			Bogen	Funke	Geißler
5204.54	Cr I	9R	10	—	5188.3	AR	—	—	3
04.1	J	—	—	10	88.1	X	—	—	4
03.90	Ne	—	—	6	87.7	Se	—	—	5
03.8	P	—	—	5	87.44	Ce	6	2	—
02.63	Os	9	—	—	87.3	AR	—	—	3
02.340	Fe I	5	1	—	86.98	Nb	4	1	—
01.47	Pb	3	1	—	86.16	Tb	3	—	—
00.98	S	—	—	6	85.9	Ti II	—	5	—
00.60	Sm	4	—	—	85.1	J	—	—	8
00.41	Euros?	10	—	—	85.1	L	—	2	—
00.41	Y II	10	8	—	84.57	Cr	3	1	—
5199.84	Eu	5	—	—	84.19	Rh	9	1	—
98.9	J	—	—	8	83.9	Br	—	—	4
98.715	Fe I	4	1	—	83.602	Mg I	10R	10	—
97.77	Gd	4	1	—	83.41	La	9	5	—
97.66	Dy	8	—	—	83.2	L	—	1	—
97.228	Mn	3	—	—	83.0	Se	—	—	5
96.603	Mn	5	1	—	82.4	Br	—	3	7
96.45	Cr	3	4	—	82.2	As	—	—	7
96.43	Y	3	2	—	82.02	Zn I	5	1	—
96.38	H 2	—	—	5	81.984	Zn	5	1	—
96.08	De	2	—	—	81.93	Hf	6	3	—
95.84	Nb	4	2	—	80.30	Nb	5	2	—
95.475	Fe	4	1	—	79.5	N	—	3	1
95.30	Pr	4	1	—	79.4	L	—	2	—
95.00	Ru	10	1	—	79.4	Sb?	—	4	—
94.947	Fe I	5	1	—	78.1	J	—	—	8
94.85	V	4	8	—	77.30	La	5	1	—
93.65	V	4	5	—	76.93	Ir	8	—	—
93.23	Ne	—	—	6	76.55	Ni	6	1	—
93.13	Rh	30	3	—	76.4	A Bl	—	—	3
93.12	Ne	—	—	6	76.4	P	—	2	5
93.04	Nb	5	2	—	76.28	Gd	4	2	—
93.02	V	4	5	—	76.07	Co	6	—	—
92.970	Ti I	8R	10	—	76.00	O II	—	1	2
92.72	W	4	2	—	76.0	N	—	2	1
92.62	Nd	6	3	—	76.0	Se	—	2	9
92.353	Fe I	8	2	—	75.96	Rh	12	1	—
91.63	Ce	5	1	—	75.9	L	—	1	—
91.59	Zr	4	—	—	75.6	Ba	3	1	—
91.463	Fe I	7	2	—	74.15	Mo I	9	2	—
91.4	P	—	1	6	73.92	Pr	6	4	—
91.4	X	—	—	5	73.743	Ti I	7R	7	—
90.6	L	—	1	—	73.4	L	—	1	—
90.56	O II	—	—	3	73.3	N	—	—	1
89.19	Nb	5	2	—	73.15	Mo	9	2	—
88.91	Er	5	2	—	72.94	Mo I	9	1	—
88.84	Ca I	6	5	—	72.74	Er 2	3	—	—
88.692	Ti II	4	10	—	72.680	Mg I	10R	10	—
88.61	Ne	—	—	6	72.2	L	—	1	—

λ in I. A.	Element	Bogen	Funke	Geißler
5171.601	Fe I	7	2	—
71.6	Se	—	—	5
71.19	La	4	1	—
71.02	Ru	40	2	—
69.64	Dy	6	—	—
68.903	Fe I	3	1	—
68.66	Ni I	8	1	—
67.492	Fe I	8	4	—
67.33	Mg I	8R	10	—
66.81	Dy	4	—	—
66.70	Eu	5	1	—
66.288	Fe I	3	1	—
66.24	Cr	3	4	—
65.36	Dy	4	—	—
64.77	Er	5	2	—
64.4	Br	—	—	5
64.36	Nb	7	2	—
63.9	Al III	—	7	—
63.82	Pd	40	1	—
62.4	AR	—	—	4
62.30	Fe	5	1	—
61.2	J	—	10	10
61.1	As	—	7	7
60.33	Nb	6	3	—
60.1	L	—	1	—
60.08	Eu	6	1	—
60.02	O II	—	—	4
59.93	Ba	4	1	—
58.89	Ne	—	—	5
58.69	Rh	9	1	—
58.00	Zr	4	1	—
57.09	Rh	8	—	—
56.66	Ne	—	—	5
56.4	J	—	—	8
56.08	Sr I	5	1	—
55.84	Gd	6	1	—
55.76	Ni I	9	1	—
55.54	Rh	10	1	—
55.44	Zr	4	1	—
55.25	Dy	4	—	—
55.12	Ru	12	—	—
54.8	Cd I	5	2	—
54.42	Ne	—	—	5
53.5	Na I	3	3	—
53.6	Tl	—	10	—
53.24	Cu I	8	8	—
52.5	AR	—	—	3
52.188	Ti I	7	2	—
52.09	Rb	—	6	—
51.96	Ne	—	—	5

λ in I. A.	Element	Bogen	Funke	Geißler
5151.916	Fe I	3	1	—
51.64	Th	4	—	—
51.06	Ru	8	1	—
51	C	—	2	—
50.844	Fe I	4	1	—
80.8	Al III	—	6	—
50.8	L	—	2	—
50.1	Se	—	—	4
49.73	Os	7	—	—
49.7	J	—	—	6
49.37	Er 2	3	—	—
44.0	Na I	3	3	—
48.72	V	5	5	—
48.18	Th	4	2	—
47.478	Ti I	7	2	—
47.4	J	—	—	6
47.24	Ru	10	1	—
46.76	Co I	6	1	—
46.48	Ni I	10	2	—
46.1	O I	—	—	5
45.464	Ti I	7	3	—
45.42	La	4	1	—
45.4	A Bl	—	—	5
45.38	Mo I	4	2	—
45	C	—	2	—
44.93	Ne	—	—	8
44.50	Bi	—	6	—
43.6	L	—	1	—
43	C	—	1	—
42.934	Fe I	3	—	—
42.77	Ru	8	1	—
42.75	Ni I	10	1	—
42.541	Fe I	3	1	—
42.1	Se	—	1	8
41.8	A Bl	—	—	4
41.65	Ca	8	3	—
41.2	Sb	—	3	—
39.58	Dy	8	1	—
39.475	Fe I	8	3	—
39.265	Fe I	6	2	—
38.44	V	6	10	—
37.392	Fe	3	1	—
37.07	Ni I	8	1	—
36.55	Ru	25	—	—
36.47	Ta	3	3	—
36.1	L	—	1	—
35.20	Y	3	2	—
35.13	Pr	4	2	—
35.11	Lu	10	1	—
34.73	Nb	5	2	—

λ in I. A.	Element	Intensität Bogen	Funke	Geißler	λ in I. A.	Element	Intensität Bogen	Funke	Geißler
5134.3	Se	—	—	7	5110.79	Pd	15	3	—
34.28	La	6	1	—	10.415	Fe I	4	1	—
33.83	Er	5	2	—	10.40	Pr	6	2	—
33.68	Fe	5	2	—	09.6	Se	—	—	7
33.52	Eu	5	1	—	09.1	Se	—	—	7
33.45	Co	5	1	—	08.91	Gd	4	2	—
33	C	—	1	—	07.98	Dy	4	—	—
30.58	Nd	5	4	—	07.646	Fe I	4	1	—
30.5	O I	—	—	3	07.6	As	—	8	8
29.54	Pr	5	3	—	07.454	Fe I	3	1	—
29.38	Ni I	8	1	—	07.06	Ru	8	1	—
29.15	Ti II	2	9	—	06.23	La	6	1	—
29.09	Eu	5	1	—	05.547	Cu	7	6	—
28.54	V	8	9	—	05.5	As	—	8	8
27.41	Er	5	2	—	03.49	As	7	—	—
27.365	Fe I	3	1	—	03.46	Gd	5	1	—
26.19	Co I	5	1	—	03.10	Sm	4	1	—
25.20	Ni I	7	—	—	00.30	Sm	4	1	—
25.0	As	—	—	5	00.17	Nb	5	2	—
24.3	Bi	—	6	—	5099.97	Ni I	7	1	—
23.74	Nd	5	2	—	99.4	K I	3R	1	—
23.725	Fe I	4	1	—	99.36	Ni I	5	1	—
23.66	In	8	—	—	99.22	Sc	4	1	—
23.21	Y	5	4	—	98.706	Fe I	4	1	—
22.95	La	6	3	—	97.6	K I	2R	—	—
22.76	Co I	6	1	—	97.4	Ra	3	6	—
22.34	Ne	—	—	6	97.00	Fe	3	1	—
22.25	Ne	—	—	6	96.6	Cs	—	4	—
20.421	Ti	6	4	—	96.5	Se	—	1	8
20.29	Nb	5	2	—	95.29	Nb	10	3	—
20.01	Dy	5	—	—	95.0	Th	4	—	—
19.3	J	—	—	10	93.82	Ru	10	1	—
19.10	Y II	5	3	—	93.2	Se	—	—	7
17.937	Mn	3	—	—	92.24	Gd	5	2	—
17.7	Se	—	—	6	90.79	Fe	3	1	—
17.14	Ce	4	1	—	90.63	Rh	10	1	—
17.00	Pd	20	—	—	90.39	Dy	5	—	—
16.49	Ne	—	—	6	89.11	Tb	5	1	—
15.41	Ni I	9	2	—	87.42	Y II	10	10	—
14.54	La	6	3	—	87.0	Sc I	5	1	—
14.4	J	—	—	8	85.823	Cd I	10R	10	—
14.37	Pd	8	—	—	85.54	Sc I	5	1	—
14.33	Eu	5	1	—	85.50	Rh	4	—	—
13.8	Sb	—	2	—	84.84	H 2	—	—	5
13.66	Ne	—	—	5	84.5	Em	—	—	10
13.447	Ti I	6	2	—	84.3	K I	2R	1	—
12.18	H 2	—	—	5	84.07	Ni	6	1	—
12.5	K I	3R	1	—	83.71	Sc I	6	2	—
11.95	Cu	2	1	—	83.343	Fe I	4	1	—
10.79	Pr	6	3	—	81.62	Sc I	7	2	—

λ in I. A.	Element	Bogen	Funke	Geißler	λ in I. A.	Element	Bogen	Funke	Geißler
		Intensität					Intensität		
5081.12	Ni	9	3	—	5058.55	Th	4	1	—
81.05	Ra	2	6	—	58.01	Nb	5	2	—
80.7	X	—	—	7	57.32	Ru	6	2	—
80.53	Ni	8	3	—	56.02	Si II	—	2	10
80.38	Ne	—	—	6	55.33	Th	4	1	—
80.03	Mo	4	2	—	55.07	H 2	—	—	6
79.743	Fe I	3	1	—	54.7	Br	4	—	—
79.68	Ce	5	2	—	54.62	W	6	4	—
79.5	Bi	—	3	—	54.31	Tb	4	—	—
79.5	Tl	—	5	—	54.3	AR	—	—	2
79.228	Fe I	3	1	—	53.30	W	10	2	—
78.95	Nb	8	3	—	53.21	Dy	4	—	—
78.5	Tb	4	—	—	51.640	Fe I	4	1	—
78.23	Zr	5	1	—	50.87	Gd	4	1	—
78.1	Cl	—	2	4	49.827	Fe	5	2	—
77.61	Er	4	2	—	49.77	Th	7	3	—
76.73	Ny	4	—	—	49.0	AR	—	—	2
76.34	Ru	7	—	—	48.82	Ni I	5	1	—
76.28	Cu	3	2	—	47.73	He I	—	—	2
76.0	A Bl	—	—	1	46.58	Zr	5	1	—
75.32	Ce	5	1	—	46.06	Ir	8	—	—
74.34	De?	3	—	—	45.2	Te	—	4	—
74.32	Nt?	4	—	—	45.1	L	—	5	—
74.32	Ny?	4	—	—	45.0	N II	—	4	2
73.5	L, N II	—	1	—	45.0	Em	—	—	4d
72.97	Ru	7	—	—	44.27	Sm	4	1	—
71.74	W	5	10	—	44.04	Pt	10	1	—
71.20	Sm	4	1	—	44.02	Ce	4	1	—
70.23	Sc	4	1	—	43.8	Cs	—	6	—
70.18	Y	3	1	—	42.19	Ni I	5	—	—
69.47	Sm	4	1	—	42.07	Tb	4	—	—
69.16	W	7	1	—	42.06	Si II	—	1	9
68.775	Fe I	4	1	—	42.06	Er	5	2	—
68.6	Se	—	1	8	41.760	Fe I	3	1	—
68.6	In I	4	—	—	41.6	Ca I	5	2	—
67.97	Th	5	—	—	41.4	Ra	2	6	—
65.79	Tb	5	—	—	41.077	Fe I	3	1	—
65.5	J	—	—	6	40.79	Hf	6	6	—
65.20	Zr	4	—	—	40.7	P	—	—	5
65.019	Fe	3	—	—	39.960	Ti I	9	3	—
64.90	Zr	6	1	—	39.04	Nb	6	2	—
64.66	Ti I	10	5	—	38.407	Ti I	9	8	—
64.61	Au I	2	3	—	37.74	Ne	—	—	8
64.31	Rh	4	—	—	36.5	J	—	—	6
63.39	Pd	10	—	—	36.471	Ti I	9	8	—
62.0	A Bl	—	—	6	35.912	Ti I	7	9	—
61.8	L	—	1	—	35.36	Ni I	10	3	—
60.2	AR	—	—	3	34.3	Cu	2	1	—
59.89	Mo	5	3	—	33.55	Eu	5	1	—
59.49	Pt	15	3	—	33.53	Pt	5	1	—

λ in I. A.	Element	Bogen	Funke	Geißler	λ in I. A.	Element	Bogen	Funke	Geißler
5032.98	Dy	6	—	—	5013.31	Cr	3	2	—
32.58	S	—	—	8	13.2	Kr	—	—	3
32.3	L	—	1	—	13.16	Eu	6	1	—
31.84	Os	6	—	—	13.05	H 2	—	—	6
31.34	Ne	—	—	7	12.072	Fe I	4	2	—
31.3	Se	—	—	8	11.8	N	—	—	2
31.03	Sc	7	4	—	11.22	Ru	9	—	—
29.54	Eu	5	1	—	10.6	L	—	3	—
28.90	Er	5	1	—	10.6	N II	—	4	1
28.59	Th	5	2	—	09.58	S	—	—	6
27.85	Dy	4	—	—	09.3	A Bl	—	—	3
27.38	U	5	4	—	09.16	Ir	7	—	—
26.52	Nb	4	2	—	08.97	Er	4	2	—
25.7	L	—	2	—	07.4	L	—	4	—
25.6	N	—	3	1	07.3	N	—	4	2
25.6	Se	—	—	5	07.24	Er	5	1	—
25.582	Ti I	8	3	—	07.214	Ti I	9	10	—
24.850	Ti I	9	3	—	06.98	Y	3	2	—
22.91	Eu	6	1	—	06.847	Nebellinie			
22.9	L	—	1	—	06.17	W	8	10	—
22.870	Ti I	9	5	—	06.130	Fe I	5	2	—
22.85	Ce	4	1	—	05.724	Fe	4	1	—
22.25	Fe	4	1	—	05.45	Pb	4	2	—
22.18	Tb	4	—	—	05.33	Ne	—	—	5
22.12	Dy	4	—	—	05.2	L	—	6	—
20.1	O I	—	—	5	05.15	Ne	—	—	8
20.027	Ti I	8	5	—	05.1	N	—	6	3
19.4	Se	—	—	6	04.905	Mn	3	—	—
19.3	O I	—	—	4	04.38	Ir	6	—	—
18.8	O I	—	—	3	03.86	Dy	5	—	—
18.439	Fe II	2	4	—	02.73	Ir	10	—	—
18.30	Ni I	5	1	—	01.873	Fe	5	2	—
18.14	Hf	6	5	—	01.4	L	—	7	—
17.58	Ni I	7	2	—	01.34	N	—	7	5
17.24	Th	8	3	—	01.14	Lu	6	1	—
17.2	A Bl	—	—	5	01.011	Ti I	4	—	—
16.63	Cu	2	2	—	00.38	Er	4	1	—
16.4	L	—	2	—	00.34	Ni I	6	1	—
16.17	Ti I	8	5	—	4999.72	Ir	12	—	—
16.0	N	—	3	1	99.511	Ti I	10	10	—
15.90	Th	4	1	—	99.46	La	6	3	—
15.33	W	10	8	—	99.05	Gd	4	—	—
15.68	He I	—	—	10	97.97	Tb	5	—	—
15.03	Gd	6	2	—	95.86	Tb	6	—	—
15.00	Ir	10	—	—	94.92	Ne	—	—	5
14.95	Fe	4	1	—	94.74	Zr	4	1	—
14.95	Ru	8	—	—	94.4	L	—	4	—
14.25	Ti I	10	9	—	94.4	N	—	4	3
14.07	S	—	—	8	94.135	Fe I	3	1	—
13.9	L	—	1	—	94.13	Lu	10	3	—

λ in I. A.	Element	Bogen	Funke	Geißler	λ in I. A.	Element	Bogen	Funke	Geißler
4993.85	Tb	6	—	—	4973.2	Nb	4	2	—
92.9	Se	—	1	8	73.03	H 2	—	—	5
92.36	Er 3	4	1	—	72.6	Cs	—	5	—
92.0	Se	—	—	5	72.2	A Bl	—	—	3
91.97	S	—	—	5	71.95	Co I	4	—	—
91.3	L	—	1	—	71.93	Li I	7	4	—
91.07	Ti I	9	10	—	71.93	Pd	9	—	—
88.99	Nb	5	2	—	71.7	Ra	2	8	—
87.4	L	—	2	—	71.65	Sr I	3	—	—
87.3	N	—	3	1	71.50	Ce	4	2	—
87.16	Th	5	3	—	70.99	Tb	5	—	—
87.0	J	—	—	10	70.47	Ir	8	—	—
86.94	Tb	4	—	—	70.37	La	5	1	—
86.9	J	—	—	10	70.05	Th	4	1	—
86.83	La	6	2	—	69.6	P	—	1	7
85.761	Mn	3	—	—	69.14	Gd	4	—	—
85.559	Fe I	3	1	—	68.8	O I	—	—	6
85.4	As	—	5	9	68.3	J	—	—	6
85.266	Fe	3	1	—	67.92	Sr I	8	2	—
85.03	Wels	3	—	—	67.9	O I	—	—	6
84.122	Ni I	9	2	—	67.81	Nb	4	2	—
83.858	Fe	4	1	—	67.4	O I	—	—	4
83.2	Na I	6r	4r	—	67.21	Nh	5	1	—
83.27	Fe	3	1	—	66.9	Ny	3	—	—
82.61	W	7	5	—	66.59	Co I	4	—	—
82.52	Fe	4	1	—	66.099	Fe I	5	1	—
82.2	Tl	—	5	—	65.856	Mn	5	1	—
82.12	Y II	5	3	—	65.3	K I	1R	1	—
82.0	Ra	2	6	—	65.1	A Bl	—	—	4
81.85	Ir	7	—	—	64.8	L	—	1	—
81.73	Ti I	9	10	—	64.49	Tb	4	—	—
80.57	Tb	4	—	—	64.15	Th	5	1	—
80.35	Ru	9	—	—	63.68	Rh	10	2	—
80.17	Ni	9	2	—	62.55	Eu	5	1	—
80.16	Tb	5	—	—	62.4	Se	4	—	—
79.8	Br	—	—	4	62.28	Tb	4	—	—
79.15	Rh	9	1	—	62.25	Sr I	6R	2	—
79.12	Mo	5	2	—	60.21	Eu	5	1	—
79.0	Na I	5r	4	—	59.41	Zr	5	—	—
78.9	Em	—	—	10	59.3	Br	—	—	4
78.8	Kr	—	—	3	58.902	Nebellinie			
77.72	Rh	10	1	—	58.74	Gd	4	1	—
76.42	Er	4	1	—	58.25	Ru	10	—	—
76.18	Ru	9	—	—	57.604	Fe I	10	8	—
75.7	Se	—	—	8	57.6	J	—	—	6
75.352	Ti	4	3	—	57.41	Dy	10	2	—
74.98	Dy	4	—	—	57.308	Fe I	7	3	—
74.43	Er	4	—	—	57.12	Ne	—	—	5
74.31	Y	3	2	—	57.63	Ne	—	—	8
73.54	Ne	—	—	5	56.6	K I	1R	1	—

λ in I. A.	Element	Intensität			λ in I. A.	Element	Intensität		
		Bogen	Funke	Geißler			Bogen	Funke	Geißler
4955.78	O II	—	2	3	4928.93	Tb	5	—	—
55.38	Ne	—	—	5	28.7	Br	—	2	5
55	L	—	2	—	28.7	H 2	—	—	9
54.80	Cr	4	2	—	28.29	Co I	4	1	—
54.65	Th	4	3	—	25.65	V	5	3	—
54.3	P	—	2	5	25.41	Er	4	1	—
52.8	Cs	—	6	—	25.31	S	—	—	6
52.0	K I	1R	—	—	24.84	Nb	3	8	—
51.73	Er	8	3	—	24.776	Fe	3	1	—
50.60	Mo	4	2	—	24.60	L	—	2	—
50.2	Em	—	—	4	24.60	O II	—	1	6
49.75	La	5	1	—	24.09	S	—	—	5
49.3	A Bl	—	—	2	24.09	Tb	4	—	—
48.4	Sb	—	2	—	24.0	Zn II	10	30	—
47.97	Tb	5	—	—	23.92	Fe II	—	10	—
47.32	Ba	3	2	—	23.264	X	—	—	6
44.98	Ne	—	—	5	23.14	Dy	6	1	—
44.36	Er	4	1	—	22.26	Cr	4	3	—
43.4	P	—	2	7	22.19	Dy	4	1	—
43.1	J	—	—	6	21.926	He I	—	—	4
43.08	O	—	1	7	21.86	Y	3	2	—
43.0	L	—	2	—	21.79	La	8	5	—
42.9	K I	1R	1	—	21.59	Th	5	1	—
42.5	L	—	1	—	21.5	X	—	—	6
42.49	Cr	4	1	—	21.07	Ru	12	1	—
41.12	O	—	1	5	21.0	Se	—	—	6
41.0	L	—	1	—	20.97	La	8	5	—
40.72	Tb	4	—	—	20.66	Nd	9	3	—
39.691	Fe I	3	1	—	20.513	Fe I	10	8	—
39.18	Ir	6	—	—	19.87	Pd	8	—	—
39.03	Ne	—	—	5	19.80	Th	9	6	—
38.824	Fe I	5	1	—	19.7	X	—	—	4
38.6	J	—	—	6	19.01	Sm	4	1	—
38.57	Gd	4	1	—	19.001	Fe I	8	4	—
38.43	Ru	10	—	—	17.3	Se	—	—	4
38.09	Ir	15	—	—	16.9	J	—	—	10
37.28	Ni	5	—	—	16.41	Dy	4	—	—
36.47	Ti I	6	—	—	16.4	X	—	—	6
36.40	Ta	3	1	—	16.20	S	—	—	5
36.33	Cr	4	2	—	16.0	Hg I	10	1	—
35.84	Ni I	5	2	—	15.91	Tb	6	—	—
35.51	Ny	10	—	—	15.7	Em	—	—	4
34.8	L	—	1	—	15.3	As	—	—	7
34.27	H 2	—	—	6	13.621	Ti I	7	3	—
34.09	Ba II	10R	10R	—	12.60	Os	6	—	—
33.2	A Bl	—	—	4	12.6	Zn II	10	10	—
31.79	Er 3	3	—	—	12.50	Th	4	1	—
31.79	Tb	6	—	—	12.38	De	2	—	—
30.68	Gd	4	—	—	11.40	Eu	8	2	—
30.6	Br	—	1	5	10.41	Sm	4	1	—

λ in I. A.	Element	Intensität			λ in I. A.	Element	Intensität		
		Bogen	Funke	Geißler			Bogen	Funke	Geißler
4909.75	Zr	6	—	—	4890.12	Dy	8	1	—
08.04	Tb	4	—	—	90.1	X	—	—	5
07.19	Eu	8	2	—	89.31	Dy	6	2	—
06.88	O	—	1	5	89.2	A Bl	—	—	4
06.8	L	—	1	—	88.7	A Bl	—	—	4
06.10	Y	3	2	—	88.6	As	—	2	8
04.87	Lu	5	1	—	87.3	X	—	—	5
04.7	Cl	—	2	4	87.01	Cu	3	3	—
04.42	Ni	9	3	—	86.92	W	7	4	—
04.39	V	5	8	—	85.63	Rb	—	5	—
04.17	Co	5	—	—	85.42	Tb	4	—	—
03.71	Al III	—	4	—	85.088	Ti I	8	5	—
03.319	Fe I	5	2	—	85.08	Ne	—	—	5
03.26	Cr	3	1	—	84.91	Ne	—	—	8
03.1	Ra	3	5	—	83.98	Sm	4	1	—
03.04	Ru	15	3	—	83.70	Er	4	—	—
02.88	Ba I	4	1	—	83.7	J	—	—	8
00.85	Eu	5	1	—	83.69	Y II	10	10	—
00.64	V	3	5	—	83.6	Zr	4	1	—
00.11	Y II	10	10	—	83.5	X	—	—	6
00.09	Er	5	4	—	82.71	Co I	5	1	—
4899.96	Ba II	8	8	—	82.43	Ce	4	3	—
99.91	La	9	4	—	81.92	Gd	4	2	—
99.910	Ti I	6	3	—	81.57	V I	10R	10	—
99.52	Co I	7	1	—	81.14	Tb	6	2	—
99.27	U	4	2	—	80.57	V	5	3	—
99.24	Dy	4	—	—	79.9	A Bl	—	—	6
99.22	Os	7	—	—	79.89	Er	4	1	—
98.15	Er	4	2	—	79.8	Os	—	4	—
97.35	Tb	4	—	—	79.7	L	—	2	—
96.7	Cl	—	2	5	79.53	Pt	8	3	—
96.7	J	—	—	10	78.32	Er	4	1	—
95.59	Ru	12	1	—	78.220	Fe I	5	2	—
95.3	L	—	2	—	78.17	Ca I	10	8	—
95.3	N	—	3	1	77.65	Ba I	3	1	—
94.96	Th	4	—	—	77.3	Sb	—	2	—
94.30	Gd	4	2	—	76.5	X	—	—	7
93.98	Sm	4	1	—	76.31	Sr I	6	1	—
93.93	Ce	3	2	—	76.11	Tb	5	—	—
93.69	Dy	4	—	—	76.07	Sr I	6	1	—
93.44	Y	3	2	—	75.58	Tb	6	1	—
92.08	Ne	—	—	7	75.48	V I	10R	10	—
92.01	Sr I	6	2	—	75.42	Pd	20	2	—
91.504	Fe I	9	5	—	74.18	Ag	4	2	—
91.3	Em	4	—	—	73.45	Ni I	2	—	—
91.3	J	—	—	6	73.03	H 2	—	—	5
90.93	O II	—	—	4	72.89	Th	4	1	—
90.9	L	—	1	—	72.49	Er	4	1	—
90.766	Fe I	7	4	—	72.48	Sr I	6	2	—
90.75	Nb	4	2	—	72.149	Fe I	6	3	—

λ in I. A.	Element	Bogen	Funke	Geißler	λ in I. A.	Element	Bogen	Funke	Geißler
4872.09	Er	5	3	—	4856.021	Ti I	7	5	—
71.58	O II	—	—	4	55.418	Ni I	8	3	—
71.330	Fe I	8	4	—	55.07	Sr I	4	3	—
70.80	Cr	3	3	—	54.88	Y II	10	10	—
70.138	Ti I	7	3	—	54.7	P	—	1	5
70.0	Cs	—	6	—	54.40	Er	4	2	—
69.20	Sr	3	—	—	53.92	Pt	5	2	—
69.15	Ru	25	3	—	53.11	Er	4	1	—
68.74	Sr I	4	4	—	52.68	Y	5	4	—
68.261	Ti I	6	3	—	52.65	Ne	—	—	5
68.05	Dy	5	1	—	52.03	Euros	3	—	—
68.03	Mo	6	2	—	51.64	Er	4	2	—
67.88	Co I	8	8	—	51.62	Rh	20	3	—
67.62	Eu	5	1	—	51.50	V I	9	8	—
67.5	A Bl	—	—	4	51.36	Zr I	5	2	—
66.5	Te	—	4	—	51.29	Euros	3	—	—
66.28	Ni I	7	2	—	50.42	Th	4	2	—
65.9	A Bl	—	—	4	50.4	J	—	—	10
65.75	Rh	4	1	—	49.63	Eu	5	1	—
65.61	Os	10	1	—	49.32	H 2	—	—	5
65.50	Nd	5	—	—	48.83	Er	6	2	—
65.01	Gd	4	3	—	48.80	Br	—	1	6
64.95	O II	—	—	3	48.32	Sm	4	3	—
64.75	V I	10R	9	—	48.3	Nb	4	1	—
64.5	J	—	—	6	48.26	Cr	1	6	—
63.17	Th	9	8	—	48.15	Ag	3	—	—
62.5	X	—	—	8	48.09	Gd	4	1	—
62.3	J	—	—	10	47.77	A Bl	—	—	6
62.048	Mn	3	—	—	47.7	L	—	1	—
61.84	Cr	3	2	—	46.6	Kr	—	—	4
61.77	Gd	4	—	—	46.0	As	—	—	6
61.60	Er	5	1	—	45.72	Dy	4	—	—
61.327	H I	—	—	—	45.68	Y	6	5	—
61.03	O II	—	—	3	44.89	Tb	4	—	—
60.90	La	5	3	—	44.8	Se	—	1	10
60.3	L	—	1	—	44.54	Ru	9	1	—
59.83	Y	6	3	—	44.333	X	—	—	10
59.750	Fe I	2	2	—	44.20	Sm	4	3	—
59.01	Nd	5	5	—	44.00	Rh	15	3	—
58.6	Sn	—	4	—	43.87	Os	5	—	—
58.47	Er	5	3	—	43.029	W	8	5	—
58.31	Th	4	1	—	42.69	Tb	5	—	—
57.42	Er	5	—	—	42.40	Rh	8	1	—
56.82	O II	—	—	3	42.04	Er	4	1	—
56.8	L	—	1	—	41.79	Dy	4	1	—
56.71	Gd	4	—	—	41.71	Sm	4	2	—
56.49	O II	—	—	2	40.882	Ti	9	4	—
56.4	Em	—	—	4	40.5	Se	—	1	8
56.23	Dy	4	1	—	40.48	Dy	4	1	—
56.10	Ra	5	8	—	40.28	Co I	8	8	—

λ in I. A.	Element	Intensität			λ in I. A.	Element	Intensität		
		Bogen	Funke	Geißler			Bogen	Funke	Geißler
4839.86	Y	9	10	—	4820.417	Ti I	7	3	—
39.52	Lu	4	1	—	20.33	Er	6	4	—
38.99	Ru	8	—	—	19.64	Y	4	3	—
37.58	Tb	6	1	—	19.5	Se	—	—	6
37.45	De	2	—	—	19.48	U	4	2	—
37.31	Ne	—	—	4	19.4	Cl	—	10	9
35.22	Gd	4	1	—	19.26	Mo	10	4	—
35.1	J	—	—	6	18.79	Ne	—	—	5
34.74	Er	4	1	—	18.62	Th	4	4	—
33.79	Dy	4	1	—	18.0	X	—	—	4
33.36	Nb	5	2	—	17.64	Ne	—	—	6
33.00	Ru	10	—	—	17.52	Pd	30	2	—
32.78	Th	5	2	—	17.02	Pd	9	—	—
32.43	Dy	5	1	—	17.0	Em	—	—	7
32.43	V I	6	3	—	16.72	Br	—	8	8
32.07	Sr I	6	5	—	16.33	Nb	7	1	—
32.0	Kr	—	—	4	15.95	Os	6	1	—
31.64	V I	6	5	—	15.83	Sm	5	4	—
31.19	Ni I	5	3	—	15.62	Zr I	8	3	—
31.14	Er	8	3	—	15.50	Ru	15	3	—
30.8	Se	—	—	4	14	Ge	—	9	9
30.52	Mo	10	4	—	13.77	Tb	6	—	—
30.35	Eu	5	1	—	13.49	Co I	8	10	—
30.2	Cs	—	6	—	12.73	Ta	4	2	—
29.705	X	—	—	4	11.86	Sr I	6R	4	—
29.7	Kr	—	—	3	11.8	As	—	1	6
29.69	Dy	4	2	—	11.7	Kr	—	—	4
29.4	Em	—	—	4	11.61	Au I	3	3	—
29.36	Cr	5	3	—	11.33	Nd	5	5	—
29.035	Ni I	8	3	—	11.07	Mo	6	2	—
28.95	Dy	4	1	—	10.63	Ne	—	—	5
28.3	J	—	—	6	10.57	Nb	6	3	—
28.02	Zr	5	2	—	10.534	Zn I	10R	10	—
27.59	Ne	—	—	6	10.47	Rh	12	3	—
27.45	V I	8	5	—	10.3	L	—	2	—
27.34	Ne	—	—	8	10.2	N II	—	3	1
25.94	Ra I	10	10	—	10.07	Ne	—	—	5
25.47	Nd	8	8	—	10.0	Cl	—	10	9
25.2	Kr	—	—	3	09.47	Zr	5	2	—
25.00	Dy	5	1	—	09.00	La	6	3	—
24.28	Zr I	4	2	—	07.56	V I	10	8	—
24.13	Cr	1	10	—	07.44	Gd	5	1	—
24.06	La	7	4	—	07.019	X	—	—	6
23.523	Mn I	10	4	—	07.0	Kr	—	—	4
23.31	Y II	4	10	—	06.78	Tb	4	—	—
23.3	X	—	—	6	06.5	J	—	—	8
23.17	Ne	—	—	5	06.0	A Bl	—	—	8
22.11	Y	3	3	—	05.99	A Bl	—	—	8
21.93	Ne	—	—	6	05.9	L	—	2	—
21.69	Gd	6	2	—	05.89	Wels	3	—	—

λ in I.A.	Element	Intensität			λ in I.A.	Element	Intensität		
		Bogen	Funke	Geißler			Bogen	Funke	Geißler
4805.87	Zr I	5	2	—	4786.812	Fe	3	1	—
05.432	Ti I	5	2	—	86.80	Gd	6	1	—
04.87	Ru	8	—	—	86.78	Tb	8	1	—
04.81	Y	3	2	—	86.60	Ny	10	10	—
04.31	Y	3	2	—	86.58	Y II	4	5	—
04.04	La	5	3	—	86.542	Ni I	10	3	—
03.3	L	—	6	—	86.52	V I	6	8	—
03.2	N II	—	6	5	85.87	Sm	4	1	—
03.0	O I	—	—	4	85.48	Br	—	10	10
02.36	Br	4	—	—	85.45	Lu	5	3	—
02.1	As	—	1	6	84.92	Zr	5	2	—
01.86	Tb	5	1	—	84.62	Gd	5	2	—
01.04	Cr	7	3	—	84.32	Sr I	5	4	—
01.03	Gd	5	3	—	83.49	Gd	4	—	—
00.51	Hf	6	6	—	83.433	Mn I	10	4	—
4799.914	Cd I	10R	10	—	83.39	Pr	4	1	—
99.5	As	—	1	6	83.10	Sm	4	1	—
99.31	Y	4	2	—	82.87	Rb	—	7	—
98.65	Rh	4	1	—	81.92	Gd	5	1	—
97.74	H 2	—	—	5	81.90	Ny	8	—	—
97.6	Se	—	—	4	81.36	Gd	4	—	—
97.5	Bi	—	3	—	81.3	Cl	—	3	5
97	Em	—	—	2	81.2	L, N II	—	1	—
96.94	V I	7	10	—	81.04	Y	3	2	—
96.53	Mo	4	2	—	80.94	Ta	3	3	—
95.64	Ir	3	1	—	80.34	Ne	—	—	6
95.50	Er	8	3	—	80.33	Br	—	—	6
94.5	Cl	—	10	10	80.00	Co I	5	4	—
94.00	Os	15	3	—	79.8	L	—	2	—
93.7	L	—	2	—	79.8	N II	—	5	2
93.7	N II	—	—	3	79.41	Er	4	1	—
92.87	Co I	8	8	—	79.38	Sc I	4	2	—
92.62	Au	8	6	—	78.15	Ir	4	2	—
92.59	Eu	5	1	—	78.0	Se	—	—	5
92.53	Cr	4	3	—	77.80	Sm	4	2	—
92.0	P	—	—	5	76.48	V	6	8	—
91.59	Sm	4	2	—	76.43	Br	—	2	7
90.22	Ne	—	—	8	76.32	Co I	4	3	—
89.90	Tb	5	—	—	76.00	Rb	—	9	—
89.656	Fe	3	2	—	75.81	Dy	6	1	—
89.60	Ne	—	—	5	74.27	Th	5	2	—
89.35	Cr	5	3	—	74.2	L	—	1	—
88.93	Ne	—	—	10	74.2	N II	—	3	1
88.68	Zr I	6	2	—	73.93	Ce	4	3	—
88.20	Pd	20	2	—	73.83	Br	—	—	4
88.2	L	—	5	—	73.8	O I	—	—	5
88.2	N II	—	6	4	73.44	Mo	4	2	—
87.8	X	—	—	4	72.9	O I	—	—	4
87.1	As	—	1	6	72.818	Fe I	3	1	—
86.94	Dy	5	2	—	72.70	U	4	3	—

λ in I. A.	Element	Bogen	Funke	Geißler	λ in I. A.	Element	Bogen	Funke	Geißler
4772.313	Zr I	8	4	—	4756.52	Ni I	7	3	—
71.10	Co I	5	3	—	56.44	Ir	4	1	—
69.30	Ru	9	1	—	56.23	Ru	8	—	—
69.0	X	—	—	4	56.13	Cr	6	8	—
68.8	Em	—	—	7	55.55	Rh	4	1	—
68.6	Cl	—	2	4	55.33	Rb	—	5	—
68.2	J	—	1	6	54.98	Wels	3	—	—
67.23	Gd	6	2	—	54.44	Ne	—	—	5
67.1	Br	—	—	8	54.37	Co I	4	2	—
66.90	La	4	1	—	54.048	Mn I	10	8	—
66.65	V I	6	5	—	53.16	Sc I	4	2	—
66.424	Mn I	6	3	—	52.79	Y	4	2	—
66.07	Br	—	—	5	52.73	Ne	—	—	8
65.859	Mn I	5	2	—	52.50	Tb	10	8	—
65.7	Kr	—	—	6	52.41	Th	6	4	—
65.6	Se	—	—	5	52.15	Os	5	1	—
65.59	Wels	3	—	—	52.11	Cr	4	3	—
64.85	A Bl	—	—	4	52.0	Kr	—	—	3
64.6	L	—	1	—	52.0	Na I	4u	2	—
64.31	Cr	4	2	—	51.55	Er	6	2	—
63.6	Cs	—	5	—	51.34	O II	—	1	3
63.6	Se	—	2	8	51.2	L	—	1	—
63.4	J	—	1	10	50.41	Mo	4	3	—
63.09	Os	5	—	—	49.69	Co I	8	3	—
62.777	Zr	5	2	—	49.56	Ne	—	—	6
62.65	Er	6	3	—	49.38	Wels	3	—	—
62.45	Kr	—	—	5	48.72	La	6	5	—
62.375	Mn I	9	4	—	48.1	Na	3u	2	—
62.37	Tb	5	—	—	47.79	Tb	6	—	—
61.9	Se	—	—	5	45.807	Fe	3	1	—
61.527	Mn I	5	2	—	45.79	Dy	6	2	—
61.10	Th	5	3	—	45.79	Gd	4	—	—
61.02	Er	4	1	—	45.68	Sm	5	3	—
61.00	Y I	5	3	—	45.27	Er	4	—	—
60.73	Gd	5	1	—	45.10	Rh	15	3	—
60.28	Sm	5	2	—	43.88	Os	5	1	—
60.20	Mo	9	9	—	43.82	Sc I	7	4	—
59.67	Er	5	3	—	43.8	Ge	—	2	—
59.281	Ti I	8	6	—	43.64	Gd	6	3	—
58.72	Ne	—	—	5	43.08	La	8	10	—
58.67	Gd	6	2	—	42.80	Ti I	7	3	—
58.60	Cu	4	2	—	42.70	Br	—	3	8
58.50	Mo	4	2	—	42.36	Wels	4	—	—
58.131	Ti I	8	5	—	42.3	Se I	—	—	8
57.85	Ru	20	3	—	42.03	Nh	10	3	—
57.85	Rb	—	5	—	42	Ge	—	8	8
57.8	Sb	—	3	—	41.91	Sr I	5	3	—
57.56	W	5	2	—	41.71	O II	—	—	3
57.50	V I	5	4	—	41.534	Fe	3	1	—
56.79	U	5	2	—	41.41	Y	3	3	—

λ in I. A.	Element	Bogen	Funke	Geißler	λ in I. A.	Element	Bogen	Funke	Geißler
4741.13	Pd	5	1	—	4729.22	Sc I	5	3	—
41.03	Sc I	6	3	—	29.05	Er	5	2	—
41.0	Se	—	3	7	28.91	Dy	5	3	—
40.47	Th	6	4	—	28.83	Ir	4	2	—
40.27	La	8	5	—	28.53	Y	5	3	—
40.14	Ta	4	2	—	28.46	Gd	6	4	—
39.92	Tb	6	1	—	28.41	La	7	3	—
39.477	Zr I	10	5	—	28.2	Br	—	—	4
39.1	Se I	—	—	9	27.5	P	—	—	6
39.002	Mn I	5	2	—	27.462	Mn I	7	2	—
38.96	Kr	—	—	7	27.15	Cr	3	2	—
38.39	Os	5	—	—	27.14	Dy	5	4	—
38.1	Tl	—	10	—	26.85	A Bl	—	—	4
37.64	Sc I	5	3	—	26.45	Ba I	8	5	—
37.34	Cr	5	3	—	26.07	Ny	8	10	—
37.24	Ce	4	3	—	25.09	Ce	4	2	—
36.98	Er	4	2	—	24.54	Er	6	3	—
36.782	Fe I	6	3	—	24.42	Cr	3	2	—
36.72	Pr	4	2	—	24.42	La II	5	2	—
35.87	A Bl	—	—	5	24.35	Nd	5	5	—
35.73	Gd	4	—	—	23.78	Th	4	2	—
35.7	L	—	1	—	23.00	H 2	—	—	6
35.47	Br	—	—	5	22.72	Er	5	1	—
35.35	Sb	—	2	—	22.7	Bi	8	8	—
34.19	Tb	6	1	—	22.5	Bi I	10	8	—
34.154	X	—	—	8	22.27	Sr I	6	4	—
34.11	Sc I	5	3	—	22.2	Bi	10	5	—
34.1	Kr	—	—	4	22.163	Zn I	10R	10	—
33.91	Wels	3	—	—	21.7	Em	—	—	5
33.87	Nb	5	3	—	20.99	Rh	8	1	—
33.78	Bi	2	—	—	20.77	De	2	—	—
33.598	Fe I	3	1	—	19.91	La	6	4	—
32.50	Ru	12	—	—	19.76	Br	—	3	8
32.0	Cs	—	4	—	19.11	Zr	6	5	—
32.58	Gd	5	4	—	19.01	H 2	—	—	6
32.38	Y	3	3	—	18.70	Eu	5	1	—
32.33	Zr	6	8	—	18.45	Cr	7	6	—
31.84	Dy	10	3	—	18.4	L	—	2	—
31.61	Er	6	3	—	18.3	Se	—	—	4
31.60	U	5	3	—	17.92	Mo	4	3	—
31.45	Mo	10	10	—	17.69	V	5	3	—
31.34	Ru	10	—	—	17.61	Zr	5	2	—
31.172	Ti	5R	3	—	17.4	N	—	—	3
30.9	Se	—	—	10	16.66	Si III	—	5	—
30.72	Cr	4	3	—	16.43	La	5	3	—
30.7	As	—	—	8	16.22	Pd	5	1	—
30.5	J	—	1	8	16.2	S	—	—	5
30.48	Rb	—	5	—	16.08	Tb	6	—	—
30.2	Mg I	2	1	—	15.757	Ni I	8	3	—
29.9	Bi	—	3	—	15.58	Nd	5	4	—

λ in I. A.	Element	Bogen	Funke	Geißler	λ in I. A.	Element	Bogen	Funke	Geißler
4715.34	Ne	—	—	10	4702.40	Tb	8	2	—
14.419	Ni I	10	8	—	02.317	AR	—	—	4
14.01	Ce	4	3	—	02.30	Gd	4	2	—
13.48	Nb	5	3	—	02.20	Er	4	2	—
13.147	He I	—	—	3	02	Em	—	—	5
12.06	Ne	—	—	8	01.6	Al III	—	6	—
11.910	Zr	5	4	—	01.54	Ni	6	1	—
11.8	Sb	—	3	—	01.15	Mn I	4	—	—
10.57	V	5	3	—	00.45	Ba I	6	1	—
10.287	Fe	3	1	—	00.42	W	4	2	—
10.195	Ti I	6	3	—	4699.27	Ra	5	5	—
10.1	L	—	2	—	99.2	L	—	4	—
10.075	Zr I	10	5	—	99.21	O II	—	2	7
10.06	Ne	—	—	8	98.769	Ti I	8	3	—
10.04	O II	—	1	5	98.72	Dy	4	2	—
09.75	Gd	4	—	—	98.49	Cr	4	4	—
09.71	Nd	5	4	—	98.38	Co I	4	2	—
09.704	Mn I	7	2	—	98.0	X	—	—	5
09.6	N	—	—	2	97.6	L	—	1	—
09.49	Ru	35	5	—	97.5	Cu	3	1	—
08.86	Ne	—	—	10	97.40	Gd	4	2	—
08.26	Nb	7	4	—	97.17	Er	4	3	—
08.22	Mo	6	2	—	97.020	X	—	—	7
08.04	Cr	7	3	—	97.0	Kr	—	—	4
08.0	J	—	—	8	96.80	Y	3	3	—
07.92	Tb	5	—	—	96.3	S I	—	—	6
07.6	As	—	—	7	95.77	Pr	4	1	—
07.283	Fe I	5	2	—	95.5	S I	—	—	8
07.25	Mo	10	5	—	94.6	N	—	4	1
06.58	V	5	3	—	94.5	Kr	—	—	4
06.54	Nd	7	4	—	94.39	Wels	3	—	—
06.17	V	5	3	—	94.31	Gd	4	3	—
06.12	Nb	6	3	—	94.2	S I	—	—	10
05.3	Bi	—	3	—	93.74	W	5	2	—
05.4	L	—	4	—	93.30	Br	—	5	8
05.36	O II	—	2	8	93.3	Ta	3	4	—
05.1	L	—	1	—	93.20	Co I	7	3	—
04.959	Fe	3	—	—	93.10	Tb	6	1	—
04.9	Se	—	—	4	93.0	Sb	—	5	—
04.83	Br	—	10	10	92.49	La	6	5	—
04.60	Cu	4	2	—	92.05	Os	6	1	—
04.40	Sm	5	3	—	91.89	Ta	3	2	—
04.39	Ne	—	—	10	91.63	Ba	7R	4	—
04.06	Rh	10	2	—	91.417	Fe	4	2	—
03.80	Ni	5	1	—	91.339	Ti I	8	4	—
03.11	Gd	4	1	—	91.16	La	4	2	—
03.18	O II	—	—	3	90.20	Wels	3	—	—
03.1	L	—	1	—	90.10	Ru	4	2	—
03.07	Mg I	10	5	—	89.39	Cr	4	3	—
02.53	Ne	—	—	5	89.07	U	5	4	—

λ in I.A.	Element	Intensität			λ in I.A.	Element	Intensität		
		Bogen	Funke	Geißler			Bogen	Funke	Geißler
4688.63	Er	5	2	—	4676.92	Sm	6	4	—
88.62	Tb	5	1	—	76.90	Tb	5	—	—
88.452	Zr	8	4	—	76.5	J	—	—	8
87.803	Zr I	10	8	—	76.3	L	—	3	—
87.66	Ne	—	—	5	76.25	O II	—	2	8
87.20	Sm	4	3	—	75.8	P	—	—	5
86.92	V	5	3	—	75.61	Er	5	10	—
86.40	Gd	4	1	—	75.5	J	—	—	10
86.22	Ni I	5	3	—	75.38	Nb	10	8	—
85.90	Ge	5	10	—	75.27	Nt	5	—	—
85.81	He II	—	—	—	75.123	Ti	5	2	—
85.8	Se	—	—	5	75.02	Rh	20	5	—
85.2	Ca I	4	1	—	74.9	L, N II	—	1	—
84.61	Ce	4	3	—	74.84	Y I	8	5	—
84.26	De	2	—	—	74.78	Cu	5	3	—
84.1	Au	—	4	—	74.63	Ru	9	1	—
84.09	Pt	5	1	—	74.62	Wels	3	—	—
84.02	Ru	10	1	—	74.61	Sm	7	5	—
83.78	H 2	—	—	6	73.75	O II	—	—	3
83.7	Au	—	4	—	73.7	X	—	—	4
83.68	Wels	3	—	—	73.61	Ba I	7	2	—
83.6	X	—	—	5	73.171	Fe	3	1	—
83.43	Zr	5	2	—	73.1	Au	—	4	—
83.34	Gd	5	2	—	72.9	Be	—	1	—
82.36	Co I	6	3	—	72.58	Br	—	1	6
82.31	Y	5	10	—	72.5	As	—	—	7
82.20	Ra II	10	10	—	72.10	Nb	10	9	—
82.01	Dy	4	2	—	72.08	Pr	4	2	—
81.912	Ti I	9	6	—	71.81	La	4	5	—
81.9	In	—	10	—	71.69	Mn I	3	—	—
81.87	Ta	5	5	—	71.23	Kr	—	—	10
81.86	Tb	8	—	—	71.225	X	—	—	10
81.79	Ru	10	2	—	70.84	Gd	4	1	—
81.0	Em	—	—	10	70.76	Sm	4	2	—
80.52	W	8	5	—	70.50	V I	7	5	—
80.36	Ne	—	—	5	70.42	Sc	7	10	—
80.2	Kr	—	—	4	70.3	Cs	—	4	—
80.140	Zn I	10R	10	—	69.97	Ru	8	1	—
80.03	Gd	4	2	—	69.65	Sm	5	4	—
79.13	Ne	—	—	5	69.40	Tb	5	—	—
79.07	Er	6	5	—	69.37	Sm	5	4	—
78.9	P	—	—	6	69.34	Cr	3	2	—
78.855	Fe	5	2	—	69.179	Fe	3	1	—
78.70	Br	—	8	8	69.14	Ta	4	4	—
78.30	Sr I	4	1	—	69.0	Na I	4	3u	—
78.21	Ne	—	—	6	68.91	La	5	8	—
78.150	Cd I	10R	10	—	68.54	Ag I	8	3	—
77.9	Ag	4	1	—	68.146	Fe I	4	2	—
77.46	Pd	8	1	—	67.592	Ti I	10	5	—
77.36	Rh	4	1	—	67.461	Fe	4	2	—

λ in I. A.	Element	Intensität			λ in I. A.	Element	Intensität		
		Bogen	Funke	Geißler			Bogen	Funke	Geißler
4667.36	Ne	—	—	5	4653.0	H 2	—	—	5
67.2	Nb	6	3	—	52.165	Cr I	6R	5	—
67.2	N II	—	3	1	52.00	Br	—	1	6
66.54	Cr	4	3	—	52.0	X	—	—	6
66.5	J	—	—	10	51.30	Cr I	6	3	—
66.5	Se	—	—	4	51.17	Cu	8	7	—
65.44	Er	5	4	—	50.9	L	—	2	—
65	Na I	3u	3u	—	50.85	O II	—	2	6
64.81	Cr	4	3	—	50.05	De	3	—	—
63.86	Cr	3	2	—	50.020	Ti I	5	2	—
63.83	Nb	9	4	—	49.77	Nh	8	1	—
63.81	Os	8	2	—	49.2	L	—	2	—
63.8	J	—	—	6	49.15	O II	—	—	9
63.76	La	5	8	—	48.94	Nb	7	3	—
63.41	Co I	7	4	—	48.656	Ni I	10	3	—
63.05	Al II	—	10	—	48.56	Rb	—	8	—
62.79	Tb	6	1	—	48.4	Se	—	5	8
62.77	H 2	—	—	5	47.7	Sb	—	2	—
62.76	Mo I	5	2	—	47.61	Ru	15	3	—
62.51	La	6	4	—	47.438	Fe	4	2	—
62.352	Cd I	6	2	—	47.23	Tb	5	—	—
61.93	Mo I	5	—	—	46.69	Sm	4	3	—
61.90	Eu	10	10	—	46.60	U	4	4	—
61.7	L	—	5	—	46.5	Cs	—	5	—
61.65	O II	—	2	9	46.40	V I	7	3	—
61.33	Nh	5	3	—	46.33	De	3	—	—
61.09	Ne	—	—	5	46.172	Cr I	7R	10	—
59.87	W	6	5	—	45.57	Nd	4	4	—
58.9	Kr	—	—	5	45.41	Ne	—	—	6
58.88	Y	3	3	—	45.29	Tb	9	2	—
58.31	Y	6	3	—	45.196	Ti I	5	3	—
58.1	P	—	1	6	45.07	Ru	10	2	—
58.00	Lu	10	3	—	44.4	Em	—	—	9
57.95	Pt	9	3	—	43.69	Y I	8	5	—
57.88	A Bl	—	—	4	43.54	Br	—	—	4
57.4	J	—	—	6	43.470	Fe	3	—	—
56.68	Er	4	2	—	43.18	Rh	10	—	—
56.6	In	—	10	—	43.1	L	—	3	—
56.461	Ti I	8	3	—	43.1	N II	—	8	5
56.38	Ne	—	—	6	42.9	N	—	—	3
56.15	Ir	4	1	—	42.81	Mn	3	—	—
55.49	La	7	10	—	42.23	Sm	6	4	—
55.08	Nt	4	—	—	41.98	Tb	10	3	—
54.632	Fe I	3	2	—	41.8	L, N III	3	—	—
54.503	Fe I	4	—	—	41.83	O	—	3	9
54.5	L	—	1	—	41.26	Ra	6	4	—
54.5	N II	—	4	1	41.00	Tb	5	2	—
54.31	Ru	10	2	—	40.82	Pt	5	2	—
54.28	Ce	4	2	—	40.7	J	—	—	10
53.54	Gd	4	2	—	40.60	Er	4	3	—

λ in I. A.	Element	Bogen	Funke	Geißler	λ in I. A.	Element	Bogen	Funke	Geißler
4640.6	N III	—	4	10	4628.30	Ne	—	—	7
40.5	L	—	2	—	28.2	Se	—	—	4
39.947	Ti I	5	2	—	28.15	Ce	10	10	—
39.667	Ti I	5	2	—	27.96	H 2	—	—	6
39.60	Cr	3	2	—	27.6	As	—	—	6
39.369	Ti I	5	2	—	27.48	Mo	5	2	—
39.36	Rh	7	1	—	27.26	Eu	10	10	—
38.98	Gd	4	3	—	27.08	Ur	5	5	—
38.9	In	—	10	—	26.95	Wels	5	—	—
38.8	L	—	6	—	26.6	P	—	—	5
38.87	O II	—	2	6	26.54	Mn	5	2	—
38.019	Fe	4	1	—	26.45	Mo I	10	4	—
37.8	Se	—	3	7	26.408	Zr	6	3	—
37.516	Fe I	4	1	—	26.32	Wels	4	—	—
37.17	A Bl	—	—	3	26.187	Cr I	6R	5	—
37.05	Tb	5	—	—	25.7	Em	—	—	10
36.7	Se	—	—	6	25.3	H 2	—	—	5
36.63	Gd	4	2	—	25.056	Fe I	4	1	—
36.59	Tb	6	—	—	24.43	Wels	3	—	—
36.0	Li I	3	—	—	24.29	Kr	—	—	10
35.67	Ru	10	2	—	24.275	X	—	—	10
35.18	V I	6	3	—	24.10	Dy	5	1	—
34.9	J	—	1	8	24.02	Th	4	1	—
34.21	Nd	5	3	—	23.106	Ti I	7	4	—
34.11	Cr	1	8	—	23.1	Cs	—	4	—
34.1	N III	—	4	8	23.1	Sb	—	2	—
34.0	L	—	7	—	22.79	Br	—	3	8
34.0	H 2	—	—	9	22.47	Cr	4	3	—
33.983	Zr	9	3	—	22.45	Rb	—	5	—
33.88	Kr	—	—	5	22.0	J	—	1	6
32.918	Fe I	3	1	—	21.97	Wels	4	—	—
32.5	As	—	—	6	21.9	J	—	1	6
32.4	J	—	2	10	21.4	N II	—	6	4
32.08	Tb	5	—	—	21.39	L	—	6	—
31.88	H 2	—	—	9	21.35	Mo	7	2	—
31.82	Os	10	2	—	20.85	Hf	6	5	—
31.75	Th	4	3	—	19.98	Ba I	5	1	—
30.91	Er	6	4	—	19.90	Rh	9	2	—
30.53	L	—	7	—	19.86	La	5	6	—
30.5	N II	—	9	10	19.68	V I	8	9	—
30.128	Fe	3	—	—	19.54	Cr	4	2	—
30.12	Nb	10	10	—	19.51	Ta	4	2	—
29.9	As	—	—	7	19.50	Th	7	3	—
29.810	Zn I	8	—	—	19.4	As	—	—	7
29.38	Co I	8	4	—	19.297	Fe	4	1	—
29.344	Ti I	5	3	—	19.12	Kr	—	—	6
29.10	Nh	8	5	—	18.84	Cr	1	10	—
28.74	Pr	4	3	—	18.7	Se	—	3	9
28.445	AR	—	—	5	18.2	H 2	—	—	5
28.33	Ba I	5	1	—	17.276	Ti I	9	8	—

λ in I. A.	Element	Intensität			λ in I. A.	Element	Intensität		
		Bogen	Funke	Geißler			Bogen	Funke	Geißler
4617.1	As	—	—	6	4604.991	Ni I	9	3	—
16.77	Os	10	2	—	04.80	Y	4	2	—
16.37	Ir	6	2	—	04.6	Em	—	—	9
16.132	Cr I	6R	6	—	04.3	Se	—	5	9
16.13	Nb	8	3	—	04.17	Sm	4	2	—
16.1	Cs	—	4	—	04.10	Tb	5	1	—
15.93	Nt? Du?	4	—	—	03.8	Cs	10	10	—
15.91	Er	4	3	—	03.4	Te	—	4	—
15.9	Ag	3	—	—	03.028	X	—	—	10
15.71	Sm	6	4	—	03.2	Li I	9R	10	—
15.7	Cd I	5	—	—	02.946	Fe I	3	2	—
15.5	X	—	—	5	02.92	Gd	4	2	—
15.43	Sm	5	3	—	02.88	Th	5	1	—
15.30	Kr	—	—	5	02.568	Zr	6	3	—
14.6	Br	—	—	6	02.5	As	—	—	7
14.49	Gd	4	2	—	02.0	Li I	9R	10	—
14.40	Ne	—	—	5	02.0	P	—	5	8
14.2	Cd I	6	—	—	01.5	N II	—	—	5
13.9	N II	—	6	3	01.48	L	—	5	—
13.84	L	—	5	—	01.4	Br	—	—	5
13.39	La II	6	5	—	01.03	Gd	5	5	—
13.34	Cr I	7	3	—	01.0	Cl	—	—	4
13.30	W	5	2	—	00.75	Cr I	6R	4	—
13.214	Fe I	3	1	—	00.365	Ni I	8	1	—
12.27	Dy	8	4	—	00.2	V	2	8	—
11.80	Er	4	—	—	00.11	Cr	4	2	—
11.288	Fe	4	2	—	00.0	Se	—	—	5
11.28	Er	4	2	—	4599.97	W	5	2	—
11	Kr	—	—	3	99.9	J	—	—	6
09.93	W	5	2	—	99.75	Ba	6R	2	—
09.91	Ne	—	—	6	99.5	Sb	—	2	6
09.88	Mo I	10	10	—	99.17	Wels	3	—	—
09.7	Em	—	—	7	99.09	Ru	15	3	—
09.56	A Bl	—	—	6	98.87	Gd	4	2	—
09.42	O II	—	1	4	98.86	Hf	6	6	—
09.4	L	—	1	—	98.13	Er	4	1	—
08.2	K	—	4	—	97.90	Gd	4	5	—
08.14	Rh	10	2	—	97.14	Os	6	1	—
07.659	Fe I	4	1	—	96.97	Gd	4	4	—
07.5	Au	—	4	—	96.90	Co	6	3	—
07.342	Sr I	10R	6	—	96.73	Du	3	—	—
07.3	As	—	2	5	96.73	Er	4	—	—
07.17	L, N II	6	—	—	96.70	Ru	4	1	—
06.76	Nb	10	10	—	96.57	Y	5	2	—
4606.62	Er	5	3	—	96.19	O II	—	7	9
06.52	Wels	3	—	—	96.12	L	—	4	—
06.41	Ce	4	5	—	96.096	AR	—	—	5
06.15	V I	5	3	—	95.39	Cr	4	3	—
05.78	La	5	3	—	95.42	Th	4	1	—
05.37	Mn	3	—	—	95.31	Sm	5	5	—

λ in I. A.	Element	Bogen	Funke	Geißler	λ in I. A.	Element	Bogen	Funke	Geißler
4595.15	Mo I	7	2	—	4582.45	Ne	—	—	5
95.03	Os	7	1	—	82.37	De	6	—	—
94.62	Co	6	3	—	82.36	Nt	6	—	—
94.10	V I	10R	10	—	82.05	Ne	—	—	5
94.07	Eu	10	10	—	81.64	Nb	10	5	—
93.93	Ce	10	10	—	81.62	Co I	8	8	—
93.54	Sm	4	4	—	81.45	Ca I	8	6	—
93.2	Cs I	10R	3	—	80.7	As	—	—	6
92.8	Kr	—	—	3	80.402	V I	8	9	—
92.657	Fe I	4	2	—	80.13	Co	4	1	—
92.535	Ni I	9	4	—	80.06	Cr I	7	3	—
92.51	Ru	7	1	—	80.06	La	6	3	—
92.07	Cr	1	5	—	80.03	H 2	—	—	7
92.0	X	—	—	6	79.9	J	—	1	5
91.85	Sb	—	4	3	79.66	Ba	8R	8	—
91.8	Ba I	3	1	—	79.43	Nb	5	5	—
91.54	Tb	5	1	—	79.35	A Bl	—	—	6
91.41	Cr I	6	2	—	79.30	Nd	5	4	—
91.23	V	5	8	—	79.04	Os	5	1	—
91.10	Ru	6	—	—	78.86	Nd	5	3	—
91.0	J	—	—	5	78.73	V	6	4	—
90.98	O II	—	3	9	78.68	Tb	8	3	—
90.93	L	—	4	—	78.57	Ca I	8	5	—
90.82	De	2	—	—	78.0	Em	—	—	8
90.8	As	—	—	7	77.81	Dy	6	3	—
89.89	A Bl	—	—	6	77.70	Sm	7	5	—
89.8	P	—	6	8	77.42	Pt	5	1	—
89.7	Ba I	3	1	—	77.2	Kr	—	—	6
89.35	Dy	10	5	—	77.2	X	—	—	6
89.24	De	3	—	—	77.17	V I	8	8	—
88.73	W	7	3	—	76.6	J	—	—	6
88.22	Cr	1	10	—	76.49	Mo I	8	2	—
87.9	P	—	5	8	76.22	Ny	10	3	—
87.9	Au	—	4	—	75.86	Ne	—	—	10
87.67	Tb	5	—	—	75.85	La	8	5	—
87.00	Cu	10	10	—	75.77	Br	—	—	6
86.97	Gd	4	—	—	75.514	Zr	8	3	—
86.367	V I	8	9	—	75.06	Ne	—	—	6
85.91	Ca I	2	8	—	74.97	Nt	10	—	—
85.84	Ca I	6	—	—	74.86	La	8	5	—
85.82	Al II	—	6	—	74.74	Si III	—	1	7
85.6	Sn	—	10	—	74.4	J	—	1	10
85.5	X	—	—	10	74.32	Ta	5	3	—
84.84	Sm	4	4	—	74.0	As	—	—	6
84.45	Ru	30	8	—	73.88	Ba	6R	4	—
83.840	Fe II	2	6	—	73.79	Gd	4	2	—
82.9	Kr	—	—	4	73.58	Y	5	2	—
82.746	X	—	—	5	73.09	Nb	10	5	—
82.60	H 2	—	—	6	72.72	H 2	—	—	6
82.50	Gd	5	3	—	72.7	Cl	—	1	5

λ in I. A.	Element	Intensität Bogen	Funke	Geißler	λ in I. A.	Element	Intensität Bogen	Funke	Geißler
4572.69	Be I	8	1	—	4558.8	Au	—	3	—
72.28	Ce	10	10	—	58.72	Rh	5	1	—
72.1	Se	—	—	6	58.67	Cr	2	10	—
71.98	Ti II	6	10	—	58.46	La	7	4	—
71.79	Rb	—	10	—	58.11	Mo I	7	2	—
71.79	V	6	10	—	58.07	Gd	4	3	—
71.71	Cr	4	3	—	58.06	Br	—	—	4
71.29	Rh	6	2	—	58.0	P	—	—	·6
71.12	Mg I	5	2	—	57.9	J	—	1	6
70.66	W	7	3	—	57.16	Rh	4	—	—
70.02	Co	4	2	—	56.6	Kr	—	—	4
70.02	La	6	1	—	56.130	Fe	3	2	—
69.62	Cr	4	3	—	56.0	Ag	3	2	—
69.4	Se	—	—	4	55.494	Ti I	9	3	—
69.00	Rh	15	4	—	55.32	Y	3	1	—
68.82	Er	4	2	—	55.3	Cs I	10R	4	—
68.11	H 2	—	—	7	55.12	Zr	5	2	—
68.07	Ir	4	1	—	55.07	Cr	2	9	—
67.90	La	6	1	—	54.8	P	—	1	6
67.87	Si III	—	2	9	54.52	Ru	50R	10	—
67.35	De	2	—	—	54.5	Pt	5	3	—
66.85	Gd	4	—	—	54.44	Sm	4	3	—
66.38	Er	4	3	—	54.1	Se	—	—	5
66.21	Sm	7	5	—	54.037	Ba II	10R	10R	—
65.86	Ta	4	3	—	54.00	Zr	2	8	—
65.61	Co	7	7	—	53.06	V	5	5	—
65.53	Cr I	5	2	—	53.01	Zr I	6	2	—
65.2	P	—	1	6	52.63	Sm	6	4	—
65.19	Rh	7	2	—	52.65	Si III	—	3	10
64.7	N	—	2	1	52.5	L	—	1	—
64.66	Nt	4	—	—	52.5	N	—	—	4
64.6	V	1	10	—	52.46	Ti I	9	4	—
64.01	De?	3	—	—	52.42	Pt	10	10	—
64.00	Ny	4	—	—	52.41	S	—	—	5
63.9	Se	—	4	9	52.2	As	—	2	7
63.767	Ti II	4	10	—	52.12	Er	6	4	—
63.69	Tb	6	1	—	52.10	Ru	4	1	—
63.28	Er	6	3	—	51.94	Ta	4	2	—
63.21	Nd	6	5	—	51.85	W	5	2	—
63.13	Pr	5	3	—	51.65	Rh	10	3	—
62.35	Ce	10	10	—	51.28	Os	8	2	—
61.15	Bi	—	8	—	51.2	Se	—	—	5
60.88	Rh	8	2	—	50.94	Gd	4	2	—
60.72	V	7	9	—	50.40	Os	10	3	—
60.42	Sm	4	3	—	49.664	Co	7	5	—
60.27	Ce	5	5	—	49.65	V	7	8	—
60.05	Pt	4	2	—	49.63	Ti II	5	10	—
59.4	Se	—	—	7	49.50	La	6	1	—
59.37	Y	4	2	—	49.5	Au	—	3	—
59.29	La	4	3	—	49.475	Fe II	2	5	—

λ in I. A.	Element	Intensität			λ in I. A.	Element	Intensität		
		Bogen	Funke	Geißler			Bogen	Funke	Geißler
4549.0	As	—	2	9	4539.91	Os	6	1	—
48.772	Ti I	9	3	—	39.8	As	—	4	8
48.73	Rh	9	2	—	39.73	Ce	10	5	—
48.67	Os	7	2	—	39.7	Cu	4	5	—
48.58	Mn	3	—	—	38.9	Cs	—	6	—
48.48	Ir	4	2	—	38.75	Br	—	1	5
47.97	Gd	5	2	—	38.31	Ne	—	—	6
47.88	Pt	8	2	—	37.97	Sm	7	4	—
47.86	Ru	6	1	—	37.78	Gd	4	3	—
47.853	Fe	3	2	—	37.76	Ne	—	—	10
47.7	A Bl	—	—	2	37.68	Ne	—	—	6
47.30	Ru	7	2	—	37.25	Tb	5	2	—
46.94	Ni	4	4	—	36.81	Mo	7	3	—
46.83	Nb	10	4	—	36.31	Ne	—	—	5
46.49	W	6	2	—	36.053	Ti I	8R	4	—
46.0	P	—	—	5	35.921	Ti I	6R	—	—
45.96	Cr I	5R	6	—	35.92	Pr	5	3	—
45.67	Ir	4	2	—	35.742	Zr I	8	3	—
45.40	V	8	8	—	35.72	Cr	7	7	—
45.2	X	—	—	8	35.576	Ti I	8R	3	—
45.06	A Bl	—	—	6	34.781	Ti I	9R	4	—
44.83	Er	4	—	—	34.15	Pr	6	4	—
44.8	L	—	1	—	34.13	Tb	5	—	—
44.696	Ti I	9	3	—	34.00	Co I	6	4	—
44.62	Cr	4	6	—	33.97	Ti II	5	6	—
44.32	Y	3	2	—	33.48	De	2	—	—
44.3	J	—	1	6	33.249	Ti I	10R	5	—
44.27	Rh	7	2	—	33.17	Ra II	10	10	—
43.94	Sm	7	5	—	32.5	X	—	—	5
43.82	Co I	6	4	—	32.2	As	—	—	6
43.64	U	5	8	—	31.86	Ru	4	1	—
43.52	W	6	2	—	31.64	Nh	5	2	—
42.93	Br	—	2	8	31.35	Sr	4d	2	—
42.60	Nd	5	5	—	31.154	Fe I	5	2	—
42.44	Mn	3	1	—	31.11	Er	5	1	—
42.40	Wels	3	—	—	30.97	Co I	7	10	—
42.218	Zr	6	3	—	30.85	Ru	8	—	—
42.20	Er	4	—	—	30.84	Cu I	6	2	—
42.03	Sm	6	3	—	30.82	Ta	5	3	—
41.25	Nd	5	5	—	30.8	P	—	—	7
41.13	Pd	10	1	—	30.74	Cr	5	3	—
41.1	P	—	—	5	30.36	Rb	—	6	—
40.9	X	—	—	8	30.0	N	—	—	6
40.8	J	—	—	5	29.9	L	—	1	—
40.77	Rb	—	5	—	29.87	De	3	—	—
40.71	Cr	4	6	—	29.80	Br	—	—	5
40.38	Ne	—	—	8	29.67	Os	7	1	—
40.21	Er	4	1	—	29.4	N	—	2	7
40.2	P	—	—	5	29.176	Al III	—	6	—
40.04	Gd	1	10	—	28.73	Rh	20	5	—

λ in I.A.	Element	Bogen	Funke	Geißler	λ in I.A.	Element	Bogen	Funke	Geißler
4528.622	Fe I	7	6	—	4518.2	Se	—	2	8
28.47	Ce	10	5	—	18.030	Ti I	9	4	—
28.4	As	—	—	7	17.81	Ru	10	2	—
28.1	J	—	1	8	17.80	Wels	3	—	—
27.80	Y	6	3	—	17.74	Ne	—	—	5
27.74	Dy	5	2	—	17.58	Pr	6	2	—
27.35	Ce	10	5	—	17.13	Mo	5	2	—
27.316	Ti I	10	4	—	17.11	Co	6	3	—
27.25	Y	8	5	—	16.90	Ru	10	2	—
26.98	Ca I	6	5	—	16.20	Pd	10	1	—
26.91	Er	4	3	—	16.2	Se	—	2	8
26.7	Cs	—	7	—	15.9	As	—	—	7
26.48	Cr	5	5	—	15.15	Ny	3	8	—
26.36	Mo	4	1	—	15.11	Sm	4	3	—
26.11	La II	8	8	—	14.8	L	—	1	—
26.3	Cl	—	—	5	14.8	N	—	2	1
25.6	Br	—	—	8	15.52	Gd	4	5	—
25.28	La	6	8	—	14.51	Cr I	5	3	—
25.151	Fe	3	3	—	14.14	Pt	1	5	—
25.00	S	—	2	6	14.02	Y	3	1	—
24.95	Ba II	8	10	—	13.47	Br	—	1	5
24.86	Os	6	1	—	12.83	Al III	—	6	—
24.74	Sn	6	10	—	12.74	Ti I	10	4	—
24.680	X	—	—	6	12.6	J	—	1	8
24.6	Kr	—	—	4	12.15	Mo I	5	2	—
24.34	Mo I	7	2	—	11.92	Cr	4	6	—
24.22	V	5	6	—	11.83	Sm	5	5	—
23.92	Sm	9	5	—	11.52	Tb	6	—	—
23.6	N	—	2	2	11.31	In I	10R	10	—
23.40	Nb	8	3	—	11.3	Cd	4	—	—
23.4	Se	—	—	5	11.25	Pt	6	2	—
23.25	Ba	8	3	—	11.19	Ru	7	1	—
23.1	Kr	—	—	5	10.98	Ta	8	3	—
23.08	Ce	8	5	—	10.9	N	—	2	5
23.01	Pt	10	3	—	10.733	AR	—	—	8
22.82	Gd	4	2	—	10.54	Th	4	5	—
22.809	Ti I	9	4	—	10.15	Pr	10	10	—
22.78	Er	6	3	—	10.10	Ru	8	2	—
22.56	Eu	10	10	—	09.39	Cu	6	3	—
22.55	Nt	5	10	—	09.18	Ce	4R	3	—
22.37	La	8	10	—	09.1	As	—	—	6
22.325	A R	—	—	5	09.02	Gd	4	2	—
20.94	Ru	9	2	—	08.0	Em	—	—	6
20.90	Pt	10	4	—	07.7	As	—	—	6
19.72	Wels	4	—	—	07.62	L	—	3	—
19.64	Sm	8	5	—	07.6	N	—	4	2
19.62	Gd	5	3	—	07.11	Zr·	7	3	—
19.56	Nt	6	1	—	06.7	Sb	—	2	5
19.47	Er	5	2	—	06.24	Gd	6	2	—
18.54	Lu	10	5	—	05.96	Y	8	3	—

λ in I. A.	Element	Intensität			λ in I. A.	Element	Intensität		
		Bogen	Funke	Geißler			Bogen	Funke	Geißler
4505.94	Ba	8	5	—	4489.097	Ti I	6	3	—
05.4	K	—	4	—	88.97	Ba I	7	2	—
03.87	Mn	3	1	—	88.900	V	7	10	—
03.79	Rh	10	3	—	88.38	Ru	4	1	—
03.5	Em	—	—	3	88.32	Ti	3	6	—
03.27	Er	5	2	—	88.25	Au	4	5	—
03.25	Dy	5	2	—	88.2	N	—	2	1
03.03	Nb	5	3	—	88.16	Wels	5	—	—
02.95	A Bl	—	—	3	88.09	Ne	—	—	6
02.35	Kr	—	—	9	87.49	Y	5	3	—
02.221	Mn I	7	4	—	87.27	Y	4	3	—
01.97	V	5	5	—	87.05	Mo	5	1	—
01.82	Nd	7	5	—	86.89	Ce	6	4	—
01.5	AR	—	—	1	84.98	Mo	6	2	—
01.5	Cs	—	7	—	84.75	Os	3	1	—
01.28	Ti II	5	10	—	84.70	Pt	6	3	—
00.978	X	—	—	8	84.38	Wels	3	—	—
00.75	Er	8	6	—	84.233	Fe	3	2	—
4499.964	Zr	8	10	—	84.19	W	8	4	—
99.47	Sm	4	3	—	83.94	Co I	5	3	—
99.2	P	—	1	7	83.48	S	—	—	4
98.900	Mn I	7	4	—	83.32	Gd	4	5	—
98.75	Pt	20	15	—	83.19	Ne	—	—	5
98.26	Gd	4	3	—	82.700	Ti	4	2	—
98.15	Ru	15	4	—	82.42	Ny	3	—	—
98.10	H 2	—	—	6	82.261	Fe I	4	4	—
97.14	Gd	5	2	—	82.174	Fe	3	—	—
96.97	Zr	7	10	—	81.83	A Bl	—	—	5
96.90	Wels	3	—	—	81.28	Er	4	2	—
96.860	Cr I	6R	10	—	81.27	Ti I	8	3	—
96.43	Pr	10	10	—	81.26	Nt?	3	4	—
96.15	Ti I	8	3	—	81.1	Mg II	—	10d	—
96.06	V	5	5	—	80.8	X	—	—	7
94.6	Zr	—	10	—	80.54	Sr	3	—	—
94.570	Fe I	4	5	—	80.43	Ru	4	2	—
93.64	Ba I	5	2	—	80.38	Cu I	7	2	—
93.08	Tb	5	2	—	80.24	Er	4	1	—
92.66	Nb	1	5	—	79.8	Al II	—	5d	—
92.47	Rh	4	3	—	79.71	Ti I	4	2	—
91.75	Y	3	1	—	79.7	P	—	2	5
91.30	Mo	6	2	—	79.36	Ce	6	4	—
90.48	Br	—	—	5	78.79	Gd	4	5	—
90.45	H 2	—	—	6	78.66	Sm	5	5	—
90.09	Mn I	5	3	—	78.47	Ir	6	3	—
90.0	Cl	—	1	3	77.78	Br	—	—	10
89.97	Er	5	—	—	77.7	L	—	2	—
89.9	Kr	—	—	4	77.7	N	—	3	1
89.77	Wels	4	—	—	77.63	Nb	5	4	—
89.745	Fe I	3	1	—	77.44	Y	4	2	—
89.46	Pd	5	1	—	77.27	Pr	5	3	—

λ in I. A.	Element	Bogen	Funke	Geißler	λ in I. A.	Element	Bogen	Funke	Geißler
4476.97	Tb	5	1	—	4467.33	Sm	9	10	—
76.96	Y	5	2	—	67.14	Ba	3	1	—
76.13	Gd	5	3	—	67.14	Gd	5	2	—
76.06	Ag I	5	4	—	66.90	Co I	6	4	—
76.023	Fe	7	4	—	66.7	K	—	3	—
76.0	J	—	—	6	66.556	Fe	5	3	—
75.71	Y	4	2	—	66.55	Gd	4	4	—
75.65	Ne	—	—	5	66.4	As	—	1	7
75.56	Er	4	1	—	65.815	Ti I	6	3	—
75.5	As	—	—	6	65.4	L, O II	—	2	—
75.3	Cl	—	—	4	65.35	Cr	4	4	—
75.3	P	—	3	7	64.73	Gd	4	2	—
75.1	Se	—	—	4	64.681	Mn I	7	5	—
75.0	Kr	—	—	7	64.45	S	—	1	5
74.861	Ti	4	2	—	64.4	J	—	1	6
74.73	V	6	5	—	63.7	P	—	1	5
74.60	Mo	7	4	—	63.69	Kr	—	—	10
74.4	As	—	4	8	63.59	S	—	—	5
74.11	Gd	4	3	—	63.544	Ti	5	1	—
74.06	V	6	5	—	62.96	Nd	10	10	—
73.92	Ru	4	2	—	62.9	P	—	—	5
73.89	Y	3	1	—	62.462	Ni I	8	3	—
73.61	Pd	7	4	—	62.367	V	9	9	—
73.51	Er	5	4	—	62.2	X	—	—	10
73.5	J	—	2	6	62.033	Mn	9	8	—
73.01	Sm	5	4	—	61.657	Fe I	4	2	—
72.80	Mn I	7	3	—	61.1	As	—	—	8
72.64	Br	—	—	8	61.092	Mn	6	4	—
72.34	U	5	6	—	60.96	H 2	—	—	6
71.57	Co I	5	2	—	60.50	W	4	3	—
71.48	He I	—	—	6	60.40	Mn	3	—	—
71.30	Nb	5	3	—	60.31	V I	10R	10R	—
71.25	Ti I	6	2	—	60.20	Ce	10	10	—
71.23	Ce	10	5	—	60.17	Ne	—	—	5
70.484	Ni I	9	3	—	60.1	L	—	1	—
70.143	Mn I	7	4	—	60.0	N	—	2	1
69.71	V	8	8	—	60	Em	—	—	7
69.57	Co I	10	5	—	59.78	V I	8	6	—
69.52	Rb	—	5	—	59.3	Em	—	—	7
69.4	Cl	—	—	5	59.124	Fe I	5	3	—
69.4	L, O II	—	1	—	59.047	Ni I	9	8	—
69.387	Fe	4	3	—	58.6	As	—	2	7
69.25	Nd	4	3	—	58.54	Sm	8	6	—
68.67	Pr	9	8	—	58.53	Cr	4	3	—
68.6	Dy	5	2	—	58.265	Mn	6	5	—
68.50	Ti II	6	10	—	57.554	Mn	6	4	—
68.26	Mo	10	2	—	57.48	V I	5	3	—
67.88	O II	—	2	4	57.439	Ti I	9	5	—
67.8	L	—	2	—	57.36	Mo	7	3	—
67.6	Se	—	3	9	57.041	Mn	5	2	—

λ in I. A.	Element	Intensität Bogen	Funke	Geißler	λ in I. A.	Element	Intensität Bogen	Funke	Geißler
4456.7	As	—	—	6	4447.04	L	—	7	—
56.7	J	—	—	5	47.0	N	—	10	10
56.62	Ca I	4	5	—	46.8	J	—	—	8
55.880	Ca I	8R	8	—	46.63	Y	4	2	—
55.823	Mn	5	3	—	46.7	F	—	—	10
55.80	La	5	2	—	46.47	Gd	4	2	—
55.59	Wels	3	—	—	46.37	Nd	10	10	—
55.49	Dy	5	2	—	46.0	Se	—	—	8
55.33	Ti I	10	4	—	45.55	Pt	5	2	—
55.320	Mn	6	3	—	44.8	J	—	—	8
55.019	Mn	6	3	—	44.70	Ce	5	4	—
54.9	Se	—	—	6	44.50	Ru	4	1	—
54.80	Zr	5	5	—	44.26	Sm	5	4	—
54.780	Ca I	10R	10R	—	44.22	V I	8	8	—
54.66	Sm	10	6	—	43.808	Ti II	6	10	—
54.386	Fe	3	2	—	43.65	Y	4	2	—
53.91	Kr	—	—	10	43.3	L	—	1	—
53.71	Ti I	7	3	—	43.199	Fe	3	2	—
53.61	Dy	5	—	—	43.08	Mo I	5	1	—
53.32	Ti I	7	3	—	43.05	O II	—	1	5
53.2	Kr	—	—	4	42.99	Zr	6	10	—
53.012	Mn I	5	3	—	42.7	J	—	2	6
53.0	J	—	2	10	42.56	Pt	10	5	—
52.9	Se	—	—	4	42.346	Fe I	5	2	—
52.75	Sm	9	5	—	42.22	Mo	6	2	—
52.4	L	—	3	—	41.74	Br	—	—	8
52.4	P	—	—	6	41.686	V I	7	9	—
52.38	O II	—	2	6	41.37	Tb	5	1	—
52.17	La	6	1	—	40.45	Zr	4	5	—
52.04	V	10	10	—	40.351	Ti	5	2	—
51.99	Nd	5	3	—	40.13	Rb	—	5	—
51.64	Wels	3	—	—	39.77	Ru	6	4	—
51.59	Mn I	9	3	—	39.22	Ny	8	2	—
51.55	Nd	10	10	—	38.6	Cl	—	—	4
50.91	Ti I	7	3	—	38.23	Gd	5	8	—
50.74	Ce	6	4	—	38.04	Sr I	6	3	—
49.84	Pr	8	4	—	37.841	V I	7	8	—
49.74	Mo	7	3	—	37.33	Y	3	2	—
49.72	Dy	8	4	—	37.30	Pt	4	3	—
49.34	Ru	4	4	—	37.29	Au	4	3	—
49.33	Ce	9	4	—	36.91	W	5	3	—
49.2	Se	—	2	8	36.80	Kr	—	—	4
49.15	Ti I	8	5	—	36.357	Mn I	7	5	—
48.62	Er	4	2	—	36.32	Os	5	2	—
48.21	O II	—	—	6	36.22	Ra II	5	10	—
48.1	X	—	—	10	36.18	Gd	6	10	—
47.724	Fe I	5	2	—	36.14	V I	7	5	—
47.56	H 2	—	—	5	36.13	Tb	5	—	—
47.35	Os	5	2	—	36.1	Se	—	—	4
47.22	Nb	10	3	—	35.7	Cs	—	4	—

λ in I. A.	Element	Bogen	Funke	Geißler	λ in I. A.	Element	Bogen	Funke	Geißler
4435.682	Ca I	8R	8	—	4426.0	Ra	4	—	—
35.54	Eu	10	10	—	25.9	L	—	2	—
35.5	Em	—	—	5	25.8	Ra	1	4	—
35.0	Te	—	—	4	25.7	Cs	—	4	—
34.964	Ca I	10R	10R	—	25.444	Ca I	10R	10	—
34.96	Mo	10	4	—	25.42	Ne	—	—	5
34.34	Sm	10	8	—	25.4	Sb	—	2	—
34.3	J	—	1	10	25.13	Br	—	—	5
34.2	X	—	—	6	24.81	Ne	—	—	6
34.00	Ti	6	3	—	24.35	Sm	10	10	—
34.0	L	—	1	—	24.30	Cr	4	3	—
34.0	Mg II	2	2	—	23.9	AR	—	—	1
33.89	Sm	8	1	—	23.89	La	4	1	—
33.51	Mo	1	8	—	23.8	J	—	—	8
32.5	N	—	4	2	23.63	Mo	8	2	—
32.4	L	—	2	—	23.11	Tb	5	1	—
32.33	Rh	4	2	—	22.834	Ti	5	2	—
32.3	Sb	—	—	6	22.7	Kr	—	—	4
31.91	Ba	7	6	—	22.60	Y II	10	10	—
31.7	Kr	—	—	4	22.573	Fe	4	2	—
31.6	As	—	4	8	22.52	Ne	—	—	6
31.00	A Bl	—	—	4	22.44	Gd	6	3	—
30.7	Rb	—	10	—	21.6	Se	—	—	5
30.64	Gd	4	2	—	21.586	V I	8	6	—
30.621	Fe I	4	1	—	21.46	Ru	4	2	—
30.21	De	3	—	—	21.36	Co I	4	3	—
30.18	A Bl	—	—	4	21.27	Gd	3	8	—
30.1	L	—	1	—	21.23	Pr	4	3	—
29.90	La	10	10	—	21.14	Sm	9	5	—
29.80	V I	5	4	—	20.9	As	—	—	7
29.27	Ce	6	5	—	20.83	Ru	4	1	—
29.23	Pr	10	10	—	20.62	Nb	8	2	—
28.52	V I	5	4	—	20.6	Nh	4	4	—
28.46	Ru	5	3	—	20.6	P	—	4	5
28.44	Gd	6	3	—	20.54	Sm	7	6	—
28.2	J	—	—	5	20.46	Os	10	10	—
28.2	P	—	—	5	19.77	Mn	3	—	—
28.0	Mg II	2	2	—	19.63	Pr	4	3	—
27.56	La	7	8	—	19.62	Er	8	10	—
27.314	Fe	5	2	—	19.43	Nb	5	3	—
27.2	As	—	—	7	19.04	Gd	5	8	—
27.106	Ti I	8	4	—	18.78	Ce	7	5	—
26.77	Er	4	2	—	17.729	Ti II	6	2	—
26.70	Mo I	5	2	—	17.45	Y	3	1	—
26.29	Ir	6	4	—	17.35	Hf	5	6	—
26.2	Se	—	—	4	17.286	Ti	6	—	—
26.1	Rb	—	10	—	16.98	L	—	4	—
26.063	Ti	5	2	—	16.97	O	—	5	8
26.02	V I	6	4	—	16.8	J	—	—	6
26.00	A Bl	—	—	8	16.61	V	—	10	—

λ in I.A.	Element	Intensität			λ in I.A.	Element	Intensität		
		Bogen	Funke	Geißler			Bogen	Funke	Geißler
4416.479	V I	7	—	—	4405.3	Cs	—	7	—
15.73	Ta	3	3	—	04.754	Fe I	8	10	—
15.68	Cd	4	8	—	04.4	As	—	—	6
15.6	Cu	4	2	—	04.285	Ti	6	4	—
15.58	Sc II	10	10	—	03.8	Cs	—	4	—
15.38	Y	3	1	—	03.79	Ir	4	—	—
15.128	Fe I	8	10	—	03.62	Pr	4	3	—
14.91	L	—	5	—	03.4	Cl	—	—	5
14.89	O II	—	8	10	02.73	Os	4	—	—
14.87	Mn I	8	6	—	02.55	Ba	8	6	—
14.8	X	—	—	7	01.86	Gd	5	3	—
14.6	P	—	—	5	01.551	Ni I	10	8	—
14.3	P	—	—	6	01.4	Rb	—	10	—
14.16	Gd	4	3	—	01.30	Fe	3	—	—
13.77	Pr	5	4	—	01.2	L	—	1	—
13.69	Ba	3	1	—	01.1	N	—	3	1
13.5	As	—	—	7	01.00	A Bl	—	—	5
13.04	Cd I	5	2	—	01.0	Se	—	3	9
12.62	Sr	3	1	—	00.84	Nd	10	5	—
12.5	J	—	—	5	00.588	V I	9	10	—
12.25	H 2	—	—	5	00.42	Sc II	10	10	—
12.1	As	—	1	7	00.09	A Bl	—	—	4
11.87	Mn	3	1	—	4399.97	Kr	—	—	6
11.71	Mo	10	8	—	99.780	Ti II	4	6	—
11.5	Sb	—	3	6	99.73	Pr	4	3	—
11.15	Gd	4	2	—	99.5	Cs	—	4	—
11.03	Nd	8	5	—	99.48	Ir	6	10	—
10.49	Ni	5	1	—	99.2	Se	—	—	4
10.22	Nb	10	3	—	99.0	J	—	1	8
10.2	Cs	—	4	—	98.46	Ta	4	2	—
10.1	J	—	1	10	98.03	Y II	8	10	—
10.03	Ru	7	8	—	97.79	Ru	4	2	—
09.53	Tb	5	2	—	97.50	Gd	4	5	—
09.40	Dy	8	3	—	97.26	Os	3	1	—
09.34	Er	5	2	—	96.34	Br	—	—	4
08.83	Pr	10	10	—	96.07	Pr	5	5	—
08.516	V I	6R	10R	—	96.0	L	—	1	—
08.420	Fe I	4	1	—	95.95	O II	—	2	7
08.28	W	5	3	—	95.78	Pr	4	3	—
08.25	Gd	4	6	—	95.7	X	—	—	10
08.209	V I	6R	1	—	95.243	V I	10	10	—
07.65	V I	8R	4R	—	95.044	Ti II	7	10	—
07.64	Br	—	—	4	94.98	Dy	5	2	—
06.86	Ba	4	1	—	94.92	Br	—	—	4
06.8	X	—	—	5	94.87	Os	8	3	—
06.68	Gd	3	10	—	94.67	Y	3	1	—
06.65	V I	8R	5R	—	93.929	Ti	5	2	—
06.6	Se	—	—	7	93.83	Ny	3	—	—
06.59	Pd	5	1	—	93.60	U	5	2	—
05.84	Pr	8	5	—	93.2	X	—	—	10

λ in I. A.	Element	Intensität			λ in I. A.	Element	Intensität		
		Bogen	Funke	Geißler			Bogen	Funke	Geißler
4392.4	L	—	1	—	4380.30	Mo I	5	—	—
92.05	Gd	4	2	—	79.93	Rh	8	3	—
91.82	Pt	6	3	—	79.9	Cl	—	—	8
91.76	Cr I	5	2	—	79.77	Zr	8	10	—
91.66	Ce	8	8	—	79.64	A Bl	—	—	6
91.12	Th	5	10	—	79.6	L, O II	2	—	—
91.02	Ru	4	1	—	79.34	Y	4	1	—
90.956	Fe	3	1	—	79.240	V I	10R	10R	—
90.95	Gd	4	3	—	79.2	Ag	4	—	—
90.87	Sm	10	10	—	79.0	N	—	—	8
90.69	Nd	4	6	—	78.83	Ta	3	1	—
90.65	Mg II	2	2	—	78.40	O II	—	—	3
90.44	Ru	6	8	—	78.23	Sm	4	4	—
89.987	V I	10R	10	—	78.17	Cu	8R	8	—
89.91	Gd	4	2	—	78.09	La	7	4	—
89.8	Cl	—	—	8	77.90	Nb	10	4	—
88.37	Er	4	3	—	77.76	Mo	1	10	—
88.1	K	—	3	—	77.15	Rb	10	—	—
87.93	He I	—	—	3	77.1	Te	—	4	—
87.74	Y	4	2	—	76.2	J	—	—	6
87.63	Gd	4	3	—	76.12	Kr	—	—	10
87.6	Cl	—	—	5	75.934	Fe I	5	2	—
86.9	Pb	—	20	—	75.92	Ce	7	4	—
86.80	Ce	8	2	—	75.33	Dy	5	2	—
86.5	Kr	—	—	4	75.00	Nd	10	6	—
86.40	Er	4	2	—	74.95	Y	10	10	—
86.3	O	—	—	10	74.95	Er?	10	—	—
86.26	Ru	4	2	—	74.942	Mn	4	2	—
86	Pb	—	10	—	74.82	Rh	10R	10	—
85.68	Nd	10	8	—	74.80	Dy	5	2	—
85.65	Ru	5	5	—	74.51	Sc II	10	10	—
85.38	Ru	5	4	—	74.3	Se	—	—	5
85.3	P	—	2	6	74.27	Dy	5	2	—
85.18	La	5	4	—	74.17	Cr	5	4	—
84.98	Cr I	6R	7	—	73.83	Gd	4	2	—
84.85	W	4	2	—	73.61	Co	4	2	—
84.81	Sc II	3	5	—	73.16	Sm	4	3	—
84.73	V I	10R	10	—	73.04	Rh	5	2	—
84.72	Er	5	3	—	73.0	Cl	—	2	6
84.7	Mg II	2	2	—	73.0	Cs	—	6	—
84.4	Cs	—	5	—	72.21	Ru	8	10	—
83.549	Fe I	10	10	—	72.06	Tb	5	—	—
83.45	La	5	8	—	71.8	Rb	—	10	—
82.8	Se	—	6	10	71.7	Em	—	—	5
82.17	Ce	8	5	—	71.62	Pr	5	4	—
81.89	Th	5	10	—	71.6	Cl	—	—	5
81.66	Mo	10	8	—	71.4	L	—	1	—
81.5	Kr	—	—	3	71.36	A Bl	—	—	5
80.7	Rb	—	10	—	71.28	Cr I	6R	9	—
80.43	Sm	4	1	—	71.2	As	—	5	7

λ in I. A.	Element	Intensität			λ in I. A.	Element	Intensität		
		Bogen	Funke	Geißler			Bogen	Funke	Geißler
4370.950	Zr	5	10	—	4360.71	Sm	5	3	—
70.75	A Bl	—	—	5	59.93	Nt	8	5	—
70.65	Os	4	1	—	59.91	Er	4	2	—
70.5	Gd	4	1	—	59.79	Pr	5	4	—
70.3	Au	—	3	—	59.737	Zr	7	10	—
69.777	Fe	3	2	—	59.63	Cr I	6R	8	—
69.75	Gd	4	4	—	59.584	Ni I	5	2	—
69.7	Kr	—	—	4	59.56	Ba	3	1	—
69.5	Cl	—	—	6	58.72	Y II	7	10	—
69.44	Er	6	2	—	58.50	Dy	5	2	—
69.28	O II	—	1	4	58.343	Hg I	10	—	10
69.2	L	—	1	—	58.20	Nd	9	8	—
69.2	X	—	—	4	57.72	Y	5	2	—
69.06	Mo I	5	—	—	56.84	Tb	6	—	—
68.63	Nd	5	4	—	56.72	Nh	8	8	—
68.44	Nb	8	3	—	55.7	Te	—	4	—
68.33	Pr	9	8	—	55.65	U	5	4	—
68.30	O I	—	—	10	55.47	Kr	—	—	10
68.05	V I	5	3	—	55.4	Se	—	—	6
67.66	Ti	2	6	—	55.2	Ca I	6	2	—
67.31	Tb	5	—	—	54.62	Sc II	4	5	—
66.91	O II	—	3	7	54.57	S	—	—	5
66.9	As	—	3	5	54.39	La	8	10	—
66.87	L	—	5	—	54.13	Ru	6	—	—
66.45	Zr	5	3	—	53.20	Tb	6	—	—
66.36	Nd	6	3	—	52.91	De	3	—	—
66.3	Ra	4	—	—	52.9	As	—	—	8
66.03	Y	3	2	—	52.88	V I	8	6	—
65.67	Os	6	2	—	52.739	Fe I	4	2	—
65.58	Br	—	4	8	52.66	Y	2	1	—
64.78	W	4	2	—	52.33	Y	2	1	—
64.66	La	5	3	—	52.21	A Bl	—	—	4
64.65	Ce	6	5	—	52.2	Sb	—	10	6
64.45	Pt	4	2	—	52.11	Sm	6	4	—
63.78	AR	—	—	3	52.1	As	—	5	7
63.65	Mo	1	10	—	52.1	Mg I	6	3	—
63.3	Cl	—	—	8	52.0	Pr	2	8	—
63.3	Cs	—	9	—	51.83	Pr	5	—	—
63.27	Er 3	3	—	—	51.770	Cr I	7R	9	—
63.13	Cr	4	3	—	51.60	Nb	10	3	—
62.64	Kr	—	—	9	51.552	Fe	3	—	—
62.5	J	—	—	6	51.3	L	—	4	—
62.44	S	—	—	6	51.38	O II	—	7	5
62.05	Sm	5	5	—	51.36	Kr	—	—	3
62.04	A Bl	—	—	3	51.23	Nd	9	8	—
61.71	Sr I	6	3	—	51.055	Cr I	5R	4	—
61.6	L	—	1	—	50.73	Nh	10	5	—
61.50	S	—	—	5	50.48	Sm	7	4	—
61.20	Ru	6	5	—	50.40	Pr	4	4	—
60.90	Gd	4	3	—	50.38	Ba	8	5	—

λ in I. A.	Element	Bogen	Funke	Geißler	λ in I. A.	Element	Bogen	Funke	Geißler
		Intensität					Intensität		
4350.34	Mo I	6	2	—	4339.21	Hg I	6	1	—
49.9	Em	—	—	10	38.71	Nd	6	5	—
49.79	Ce	8	4	—	38.69	Pr	5	4	—
49.70	Ru	5	3	—	38.44	Tb	5	3	—
49.44	O	—	6	8	37.924	Ti II	5	10	—
49.40	L	—	5	—	37.76	Ce	9	4	—
48.79	Y	9	3	—	37.70	Sr I	4d	2	—
48.3	Rb	—	10	—	37.67	Eu	5	2	—
48.12	W	2	8	—	37.57	Cr I	6R	9	—
48.08	N	—	1	2	37.41	Mn	3	—	—
48.0	L	—	3	—	37.30	Y	3	—	—
48.0	A Bl	—	—	10	37.27	Ru	4	2	—
47.89	Zr	7	3	—	37.13	Nh	5	5	—
47.80	Sm	9	6	—	37.052	Fe I	5	2	—
47.50	Hg I	6	1	—	36.86	O II	—	2	6
47.47	Pr	5	5	—	36.8	L	—	4	—
47.44	L	—	2	—	36.71	Hf	5	6	—
47.43	O II	—	3	5	36.7	As	—	5	7
47.25	Gd	5	3	—	36.50	Tb	5	2	—
46.48	Ru	4	1	—	36.3	Cl	—	2	5
46.45	Gd	8	2	—	35.74	Pr	4	4	—
45.87	Sm	4	3	—	35.29	AR	—	—	6
45.7	Se	—	—	4	34.97	La	6	8	—
45.57	O II	—	3	7	34.3	Ra	5	—	—
45.54	L	—	4	—	34.17	Sm	8	6	—
45.168	AR	—	—	7	33.98	Pr	10	8	—
44.65	Y	3	—	—	33.80	La	10	10	—
44.510	Cr I	7R	8	—	33.561	AR	—	—	6
44.4	Pr	4	10	—	33.26	Zr	2	8	—
44.30	Gd	4	2	—	32.9	Ba I	4	1	—
44.30	Pr	6	—	—	32.830	V I	8	10	—
43.7	Cl	—	5	10	32.7	S	—	1	5
42.53	Tb	6	2	—	32.11	Tb	5	2	—
42.18	Gd	10	10	—	32.04	A Bl	—	—	3
42.08	Ru	6	4	—	31.9	L	—	1	—
42.1	J	—	1	8	31.64	Ni I	5	2	—
42.00	O II	—	—	4	31.5	Rb	—	10	—
41.67	U	5	4	—	31.42	Nb	10	3	—
41.25	Gd	6	5	—	31.36	Gd	4	1	—
41.13	Zr	6	3	—	31.17	A Bl	—	—	7
41.02	V I	9	10	—	31.16	Ru	4	1	—
40.67	Ra II	10	10	—	31.04	L	—	2	—
40.61	Tb	5	2	—	30.78	Y	3	1	—
40.6	Bi	—	4	—	30.64	Nh	5	5	—
40.466	H I	—	—	—	30.58	Gd	4	2	—
40.43	Pb	3	—	—	30.5	X	—	—	10
40.3	Se	—	—	5	30.2	Cs	—	4	—
39.72	Cr I	5R	4	—	30.031	V I	6	10	—
39.64	Co	5	3	—	29.42	Pr	4	3	—
39.45	Cr I	6R	5	—	29.1	Se	—	—	4

λ in I. A.	Element	Intensität			λ in I. A.	Element	Intensität		
		Bogen	Funke	Geißler			Bogen	Funke	Geißler
4329.03	Sm	8	6	—	4318.95	Sm	10	8	—
28.68	Os	7	2	—	18.85	Tb	6	3	—
28.6	Bi	—	3	—	18.65	Ti	9	3	—
28.5	L	—	1	—	18.645	Ca I	8R	8R	—
27.93	Nd	7	5	—	18.55	Kr	—	—	8
27.5	L, O II	—	1	—	18.44	Ru	4	3	—
27.11	Gd	8	4	—	18.40	Nt	4	—	—
27.04	Pt	6	3	—	18.0	Kr	—	—	5
26.83	Ru	4	2	—	17.31	Zr	5	6	—
26.75	Mo I	5	3	—	17.16	O	—	7	8
26.47	Tb	5	4	—	17.11	L	—	4	—
26.45	Sr I	3	1	—	16.96	Ny	2	5	—
26.37	Nb	10	3	—	16.4	Se	—	—	6
26.36	Ti I	6	2	—	16.31	Y	3	1	—
26.25	Os	4	1	—	16.05	Gd	5	3	—
26.14	Mo	9	4	—	15.7	As	—	—	7
25.82	Tb	5	10	—	15.50	Y	3	1	—
25.77	O II	—	1	3	15.13	Au	1	5	—
25.77	Nd	10	5	—	15.090	Fe	5	3	—
25.767	Fe I	9	10	—	14.807	Ti I	7	3	—
25.7	L	—	2	—	14.6	Sb	—	3	5
25.66	Gd	9	5	—	14.50	Nd	7	8	—
25.18	Ba	3	1	—	14.31	Ru	4	2	—
25.15	Ti	7	3	—	14.12	Sc II	10	10	—
25.10	Ru	4	2	—	13.25	Tb	6	1	—
25.00	Sc II	10	10	—	12.88	Ti II	5	8	—
24.0	As	—	—	7	12.55	Mn	4	2	—
23.54	Pr	4	3	—	11.66	Mo	—	5	—
23.4	Cl	—	—	6	11.50	Ir	5	4	—
23.31	Sm	6	4	—	11.39	Os	10	3	—
23.0	Ba I	4	1	—	11.32	Nb	8	4	—
23.0	Kr	—	—	4	11.06	Mo	—	5	—
22.8	Se	—	—	5	11.05	Ag	3	3	—
22.7	J	—	—	5	10.60	Ir	4	3	—
22.52	La	6	5	—	09.81	De	3	—	—
22.2	Se	—	—	5	09.80	V I	6	3	—
21.8	X	—	—	4	09.62	Y II	10	10	—
21.673	Ti	7	3	—	09.56	Lu	4	—	—
21.12	Gd	4	3	—	09.1	ABl	—	—	2
21.1	J	—	3	10	09.1	Se	—	—	5
20.88	Ru	5	4	—	09.01	Sm	6	4	—
20.80	Sc II	10	10	—	09.0	K	—	5	—
20.73	Ce	8	3	—	08.67	Tb	5	2	—
20.4	Se	—	3	9	08.66	Dy	5	4	—
19.95	Sr I	5	3	—	08.5	Bi I	5	2	—
19.88	Ru	5	3	—	08.2	Bi I	4	2	—
19.65	O II	—	3	8	08.1	Em	—	—	10
19.62	L	—	4	—	07.908	Fe I	8	10	—
19.58	Kr	—	—	10	07.89	Ti II	4	2	—
19.1	Sr I	3d	—	—	07.74	Ca I	8R	8R	—

λ in I. A.	Element	Intensität Bogen	Funke	Geißler	λ in I. A.	Element	Intensität Bogen	Funke	Geißler
4307.6	Cl	—	3	6	4298.675	Ti I	10	4	—
07.59	Ru	5	5	—	98.41	Gd	4	1	—
07.18	V I	5	4	—	98.4	Zn I	2	8	—
06.73	Ce	8	4	—	97.75	Pr	8	5	—
06.33	Gd	5	2	—	97.72	Ru	10	10	—
06.22	V I	5	3	—	97.69	V	6	4	—
05.97	Ny	4	1	—	97.4	Se	—	—	6
05.915	Ti I	10	8	—	97.3	As	—	—	6
05.80	Pr	10	10	—	97.15	Gd	4	4	—
05.71	Sc II	6	6	—	96.77	Rh	5	2	—
05.46	Sr II	5	—	—	96.75	Sm	5	3	—
05.0	K	—	3	—	96.74	Zr	2	5	—
05.0	Ra	—	3	7	96.68	Ce	9	8	—
04.9	Ba	7	—	—	96.4	J	—	—	5
04.47	Nd	5	5	—	96.4	X	—	—	5
04.1	Cl	—	1	4	96.12	V	6	8	—
03.82	O II	—	1	5	96.05	La	9	8	—
03.80	Er	4	2	—	96.02	Lu	5	1	—
03.7	L	—	1	—	95.93	Ru	5	4	—
03.61	Nd	10	10	—	95.90	Ni	5	1	—
02.88	Zr	6	2	—	95.76	Ti I	9	4	—
02.527	Ca I	10R	10R	—	95.02	Dy	6	5	—
02.30	Y	10	3	—	94.82	O II	—	—	3
02.2	Te	—	5	—	94.80	Ru	5	3	—
02.13	Bi	—	10	—	94.79	Zr	6	2	—
02.12	W	8	5	—	94.78	Sc II	5	5	—
02.1	As	—	—	8	94.62	W	6R	9	—
01.81	Zr	2	5	—	94.42	S	—	1	8
01.61	Er	5	3	—	94.130	Fe I	6	4	—
01.61	Ir	4	3	—	94.108	Ti II	6	10	—
01.5	Kr	—	—	3	93.99	Rb	—	10	—
01.10	Nb	10	5	—	93.95	Os	8	3	—
01.084	Ti I	10	3	—	93.89	Mo I	9	3	—
00.6	Cs	—	6	—	93.28	Ru	4	3	—
00.555	Ti I	10	2	—	93.24	Mo I	10	4	—
00.5	Kr	—	—	5	92.94	Kr	—	—	6
00.37	Y	3	1	—	92.9	Zn I	2	6	—
00.101	AR	—	—	8	92.21	Mo	9	4	—
00.058	Ti II	6	8	—	92.18	Sm	5	3	—
4299.642	Ti I	6	2	—	92.11	Mo I	8	4	—
99.63	Nb	8	4	—	92.0	J	—	—	6
99.4	As	—	3	6	91.83	V	7	8	—
99.29	Gd	4	—	—	91.7	Cl	—	2	5
99.244	Fe I	7	4	—	91.56	Ge	—	3	—
99.22	Ti	6	3	—	91.38	Br	—	2	6
99.1	F	—	—	8	91.17	Ba	4	2	—
98.987	Ca I	6	8R	—	91.14	Ti	9	2	—
98.94	Pr	6	4	—	91.06	Y	3	1	—
98.90	Er	5	2	—	90.94	Ti I	4	10	—
98.72	Eu	5	2	—	90.6	Se	—	—	5

λ in I.A.	Element	Intensität			λ in I.A.	Element	Intensität		
		Bogen	Funke	Geißler			Bogen	Funke	Geißler
4290.230	Ti II	4	10	—	4277.73	Ny	3	—	—
89.95	Ce	9	6	—	77.72	De?	3	—	—
89.725	Cr I	10R	10	—	77.52	Lu	4	1	—
89.362	Ca I	8R	8R	—	77.5	A Bl	—	—	8
89.083	Ti I	10	4	—	77.26	Mo I	10	6	—
88.72	Rh	10R	8	—	77.1	Cs	—	9	—
88.65	Mo I	7	5	—	76.96	V	6·	8	—
88.4	Cs	—	7	—	76.92	Mo	7	5	—
88.05	Pt	4	2	—	76.75	Tb	5	2	—
88.01	Ni	6	2	—	76.74	Dy	5	—	—
88.00	Rb	—	10	—	76.50	Er	6	3	—
87.87	U	4	3	—	76.5	Cl	—	—	4
87.417	Ti I	9	4	—	75.9	L	—	1	—
87.04	Ru	4	2	—	75.64	La	4	4	—
86.94	La	8	10	—	75.52	O II	—	—	4
86.55	Er	5	2	—	75.20	Tb	5	1	—
86.40	Ta	3	2	—	75.13	Cu	8R	8	—
86.01	Ti I	9	4	—	75.09	Nd	5	4	—
85.78	Co I	4	2	—	74.802	Cr I	10R	10	—
84.97	S	—	5	8	74.59	Ti I	10	4	—
84.50	Nd	6	8	—	74.19	Y	2	1	—
84.34	Ru	6	4	—	73.97	Kr	—	—	10
84.09	Mn I	3	2	—	73.42	Rh	4	3	—
84.06	V	7	10	—	73.37	Th	4	4	—
83.12	Ba I	8	8	—	73.3	Li I	5	2	—
83.103	Ca I	8R	8R	—	73.18	Rb	—	10	—
82.97	Kr	—	—	4	72.6	X	—	—	4
82.88	A Bl	—	—	4	72.4	Bi	—	3	—
82.714	Ti	6	3	—	72.27	Pr	9	5	—
82.51	Nd	10	8	—	72.168	AR	—	—	8
82.46	Pr	7	5	—	71.765	Fe I	8	10	—
82.407	Fe	6	3	—	71.56	V	6	8	—
82.20	Zr	7	10	—	71.164	Fe I	7	4	—
82.2	Se	—	—	7	70.70	Nb	5	2	—
82.04	Th	4	4	—	69.49	La	7	10	—
81.38	Ti I	5	2	—	69.39	W	6	5	—
81.097	Mn I	5	5	—	69.29	Mo	5	3	—
81.03	Lu	5	1	—	68.8	Kr	—	—	3
81.00	Sm	4	3	—	68.73	Gd	4	3	—
80.80	Sm	7	4	—	68.64	V	8	8	—
80.54	Gd	7	5	—	68.00	Ir	4	5	—
80.41	Cr	4	3	—	67.1	C II	8d	10d	—
80.3	Se	—	2	8	66.91	Y	3	—	—
80.27	La	5	2	—	66.62	Rb	—	5	—
80.20	Zr	6	6	—	66.4	L	—	2	—
79.70	Sm	7	4	—	66.4	A Bl	—	—	6
79.06	Ta	3	2	—	66.286	AR	—	—	8
79.03	Mo	2	10	—	65.919	Mn I	5	5	—
78.7	As	—	1	6	65.08	Sb	—	10	6
78.54	Tb	10	10	—	65.07	Sm	4	3	—

λ in I. A.	Element	Intensität			λ in I. A.	Element	Intensität		
		Bogen	Funke	Geißler			Bogen	Funke	Geißler
4265.0	Ra	4	—	—	4250.792	Fe I	8	6	—
64.68	Cs	—	10	—	50.68	Mo	1	10	—
64.4	Ba I	4	1	—	50.6	Kr	—	—	4
64.05	Nh	5	3	—	50.129	Fe	7	4	—
63.80	Pr	4	3	—	50.00	La	4	6	—
63.7	J	—	—	6	49.6	P	—	—	6
63.59	La	6	8	—	49.2	As	—	—	6
63.3	K	—	6	—	48.97	Cu	6	4	—
63.14	Cr	5	3	—	48.67	Ce	8	6	—
63.14	Ti	8	4	—	48.0	Se	—	4	7
62.68	Sm	6	4	—	47.74	Pr	9	8	—
62.10	Nb	8	3	—	47.436	Fe	5	2	—
62.09	Gd	9	10	—	47.37	Nd	10	8	—
60.85	Os	10	5	—	46.85	Sc II	10	10	—
60.81	Ge	—	10	—	46.74	Ru	4	3	—
60.484	Fe I	10	10	—	46.70	P	—	5	7
60.10	Gd	4	1	—	46.36	Ru	4	2	—
60.1	Sb	—	2	4	46.3	F	—	—	10
59.64	Bi	—	10	—	46.03	Mo	4	2	—
59.5	Cl	—	—	4	45.92	Dy	5	2	—
59.42	Cu	4	2	—	45.6	Cd	—	4	—
59.4	Kr	—	—	3	45.4	X	—	—	10
59.362	AR	—	—	9	45.2	Pb	—	10	—
59.3	Se	—	—	4	44.83	Ru	4	4	—
59.12	Ir	4	2	—	44.8	Mo	—	8	—
59.0	J	—	—	6	44.71	Sm	5	3	—
58.99	Ru	5	3	—	44.44	Rh	4	2	—
58.22	Tb	5	—	—	44.4	Rb	—	10	—
58.04	Zr	6	8	—	44.4	X	—	—	4
57.663	Mn I	5	4	—	44.37	U	5	3	—
56.40	Sm	9	5	—	44.37	W	6	5	—
56.33	Dy	8	3	—	43.06	Ru	6	4	—
56.05	Ti	5	—	—	43.1	As	—	—	7
55.79	Cc	8	3	—	42.63	Ba	4	2	—
54.8	Kr	—	—	3	42.5	Pb	—	10	—
54.42	Nh	10	8	—	42.15	Nt	10	8	—
54.342	Cr I	10R	10	—	42.11	Er	4	4	—
53.98	O II	—	1	8	41.82	Au	2	2	—
53.7	L	—	3	—	41.78	N	—	8	5
53.62	Gd	4	5	—	41.75	L	—	4	—
53.60	S	—	—	10	41.68	U	5	4	—
53.4	Cl	—	—	9	41.68	Zr	7	3	—
53.36	Gd	4	4	—	41.45	W	5	4	—
52.45	Nd	6	8	—	41.3	Cl	—	—	8
52.30	Co	5	2	—	41.20	Zr	6	3	—
51.92	Er	5	5	—	41.07	Ru	6	4	—
51.86	Mo	10R	2	—	41.03	Pr	10	10	—
51.75	Gd	8	10	—	40.44	Ca I	4	2	—
51.184	AR	—	—	5	40.336	Zr	7	3	—
51.18	Y	7	2	—	40.04	Pr	4	3	—

λ in I. A.	Element	Bogen	Funke	Geißler	λ in I. A.	Element	Bogen	Funke	Geißler
4239.91	Ce	8	5	—	4228.63	Ny	4	—	—
39.85	Nd	5	4	—	28.6	L	—	3	—
39.729	Mn I	5	5	—	28.4	N	—	3	7
39.6	Ba I	3	2	—	28.2	A Bl	—	—	7
39.31	Zr	8	4	—	28.2	As	—	2	7
38.82	Fe	4	2	—	27.76	Zr	8	4	—
38.77	Gd	5	4	—	27.7	N	—	—	4
38.39	La	10	10	—	27.439	Fe	7	4	—
38.2	X	—	—	10	26.98	A Bl	—	—	3
37.65	Sm	5	3	—	26.81	Al II	—	6	—
37.20	A Bl	—	—	4	26.728	Ca I	10R	10R	—
36.9	N	—	5	8	26.7	As	—	2	6
36.85	Br	—	—	6	26.6	Kr	—	—	3
36.8	L	—	3	—	26.56	Ge	7	10	20
36.73	Sm	8	5	—	26.45	Tb	8	—	—
36.7	Kr	—	—	3	26.4	Cl	—	—	7
36.68	Ru	4	1	—	26.4	Se	—	—	5
36.18	Pr	4	2	—	25.9	Kr	—	—	3
35.95	Fe I	8	4	—	25.87	Gd	7	—	—
35.71	Y II	8	5	—	25.6	K	—	4	—
35.5	J	—	—	6	25.5	J	—	—	5
35.36	Tb	5	1	—	25.463	Fe	4	1	—
35.29	Mn I	8	10	—	25.34	Pr	10	10	—
35.24	Nd	5	4	—	25.34	Sm	9	4	—
35.144	Mn I	8	—	—	25.14	Dy	6	3	—
34.57	Sm	6	3	—	25.10	Gd	5	3	—
34.53	V	6	3	—	24.24	Y	3	1	—
34.4	Cs	—	5	—	24.175	Fe	3	1	—
34.00	V	6	3	—	24.0	Ba	4	1	—
34.0	Cl	—	—	5	23.85	Br	—	3	8
33.612	Fe I	6	3	—	23.72	Er	4	2	—
33.47	Os	4	1	—	23.4	J	—	—	5
33.3	O	—	—	7	23.3	L	—	1	—
33.03	V	6	3	—	23.00	Pr	10	10	—
32.83	V	6	3	—	23.0	K	—	5	—
32.61	Mo	10	5	—	23.0	X	—	—	5
32.46	V	6	3	—	22.8	O	—	—	5
32.40	Nd	8	5	—	22.64	A Bl	—	—	4
32.32	Ru	4	1	—	22.62	Ce	10	5	—
32.2	Cs	—	6	—	22.224	Fe I	5	2	—
32.02	De	4	—	—	22.16	P	—	10	7
30.95	La	4	6	—	21.6	Se	—	—	4
30.32	Ru	6	3	—	21.12	Dy	8	3	—
30.19	Er	6	3	—	21.0	As	—	—	7
30.0	Se	—	2	6	21.0	J	—	3	10
29.97	Br	—	—	4	20.68	Ru	4	3	—
29.70	Sm	8	4	—	20.66	Sm	7	4	—
29.52	Nh	5	3	—	20.62	Y	6	1	—
29.31	Ru	4	2	—	20.5	Te	—	4	—
29.15	Nb	10	3	—	19.365	Fe	5	3	—

λ in I. A.	Element	Bogen	Funke	Geißler	λ in I. A.	Element	Bogen	Funke	Geißler
4219.1	Sb	—	3	6	4209.7	Cl	—	—	5
18.66	A Bl	—	—	3	09.35	Cr	4	3	—
18.63	Ny?	3	5	—	08.98	Zr	6	10	—
18.43	Er	4	3	—	08.85	Th	4	8	—
18.09	Dy	6	3	—	08.8	As	—	2	7
17.95	Nb	10	3	—	08.5	X	—	—	6
17.80	Y	4	—	—	08.0	Cl	—	—	4
17.55	La	6	10	—	06.72	Pr	10	10	—
17.27	Ru	6	4	—	06.7	L	—	2	—
17.15	Gd	5	5	—	06.54	Dy	5	2	—
17.1	O	—	—	4	06.5	N	—	2	6
16.9	Cd	—	6	—	06.15	Sm	5	4	—
16.7	Hg	6	—	—	06.02	Ru	5	4	—
16.188	Fe I	4	1	—	06.01	Nt	3R	1	—
15.91	Er	4	—	—	05.88	Ta	6	2	—
15.6	X	—	—	5	05.61	Nd	5	4	—
15.58	Rb I	7R	5R	—	05.32	Nb	10	3	—
15.515	Sr II	10R	10R	—	05.10	H 2	—	—	7
15.38	W	3	8	—	05.07	V	2	10	—
15.2	Se	—	2	6	05.03	Eu	10	10	—
15.13	Dy	6	3	—	04.84	Gd	4	3	—
15.12	Tb	5	1	—	04.70	Y	5	5	—
14.97	Gd	6	5	—	04.04	La	5	4	—
14.74	Nb	10	3	—	03.989	Fe	3	1	—
14.45	Ru	4	4	—	03.76	Nt? Du?	10	4	—
14.41	Tb	5	2	—	03.5	Em	—	—	10
14.0	X	—	—	5	03.03	Sm	10	6	—
13.86	Zr	5	3	—	02.48	Br	—	—	4
13.6	X	—	—	5	02.44	V	1	8	—
13.50	Tb	5	2	—	02.033	Fe I	7	6	—
13.3	Cs	—	6	—	01.81	Rb I	8R	7R	—
12.98	Pd	6R	10	—	01.73	Ni	5	—	—
12.7	Se	—	7	7	00.878	AR	—	—	9
12.25	H 2	—	—	5	00.0	N	—	—	5
12.08	Ru	10	8	—	4199.92	Nt	4	—	—
12.01	Ag I	8R	4R	—	99.91	Ru	10R	10	—
12.00	Gd	7	5	—	99.29	Y II	3	3	—
11.88	Zr	5	5	—	99.2	L	—	1	—
11.86	Os	8	3	—	99.1	N	—	1	4
11.86	Pr	4	3	—	99.099	Fe	6	5	—
11.74	Dy	10	5	—	99.09	Zr	6	3	—
11.73	Nb	5	3	—	98.88	Ru	4	3	—
11.65	U	5	2	—	98.72	Ce	5	6	—
11.30	Nd	5	5	—	98.52	Cr	3	2	—
11.14	Rh	10R	10	—	98.316	AR	—	—	8
11.1	L	—	2	—	98.313	Fe I	6	3	—
10.7	Ag	—	6	—	98.1	Se	—	—	5
10.355	Fe I	6	3	—	97.68	Gd	5	5	—
10.35	Sm	7	3	—	97.59	Ru	4	3	—
09.85	V I	6	8	—	97.44	As	—	3	7

λ in I. A.	Element	Intensität		
		Bogen	Funke	Geißler
4197.02	Er	4	—	—
96.55	La	10	10	—
96.51	Rh	7	4	—
95.9	N	—	1	3
95.7	N	—	—	3
95.7	Se	—	—	5
95.53	Ni	5	1	—
95.1	Sb	—	7	5
95.10	Nb	8	3	—
94.85	Dy	8	4	—
94.81	Er	10R	2	—
94.57	Mo	5	2	—
94.5	Se	—	—	6
93.5	Kr? X?	—	—	8
93.45	Br	—	1	6
93.10	Rb	—	9	—
93.1	X	—	—	8
92.45	Er	4	—	—
92.42	Pt	5	5	—
92.34	La	7	8	—
92.07	Nb	10	3	—
91.62	Pr	6	4	—
91.60	Dy	5	3	—
91.6	Cd	—	4	—
91.54	V I	5	3	—
91.439	Fe I	6	3	—
91.27	Cr	4	3	—
91.027	AR	—	—	8
90.91	Nb	10	4	—
90.72	Er	4	3	—
90.714	AR	—	—	5
90.71	Co I	7	4	—
90.19	As	—	2	7
89.99	Mn	4	4	—
89.90	Os	5	1	—
89.79	O II	—	8	10
89.85	V I	5	4	—
89.8	L	—	6	—
89.52	Pr	10	10	—
89.27	U	4	2	—
88.33	Mo	10	5	—
88.11	Sm	5	5	—
87.807	Fe I	6	4	—
87.61	Nt	10R	5	—
87.54	Zr	5	3	—
87.31	La	5	1	—
87.16	Tb	5	—	—
87.046	Fe I	6	4	—
86.80	Dy	8	4	—
86.60	Ce	10	10	—

λ in I. A.	Element	Intensität		
		Bogen	Funke	Geißler
4186.15	Tb	5	—	—
86.12	Ti I	6	3	—
86.0	K	—	10	—
85.82	Mo	8	4	—
85.5	L	—	4	—
85.45	O II	—	6	8
94.97	Er	4	—	—
84.896	Fe	4	2	—
84.28	Gd	9	10	—
84.24	Lu	10	10	—
83.77	Sm	6	3	—
83.68	Dy	6	3	—
83.44	V	2	10	—
81.884	AR	—	—	7
81.760	Fe	6	4	—
81.18	Ta	4	1	—
81.0	Se	—	6	9
80.84	Ny	10	5	—
80.0	X	—	—	10
79.81	Zr	3	7	—
79.7	N	—	1	5
79.62	Br	—	1	8
79.43	Pr	10	10	—
79.42	V	5	3	—
79.39	Er	4	1	—
79.30	A Bl	—	—	3
79.26	Cr	4	3	—
79.0	Ge	—	20	30
79.0	V	—	5	—
78.58	Nd	6	3	—
78.4	P	—	5	8
78.38	A Bl	—	—	3
78.04	Th	3	5	—
77.92	Ta	4	3	—
77.8	Ra	6	—	—
77.70	Cu	6	2	—
77.52	Y	10	10	—
77.34	Nd	9	10	—
77.07	H 2	—	—	6
76.60	Mn	4	4	—
76.33	Er	4	—	—
76.2	L	—	2	—
76.1	N	—	3	6
75.76	Br	—	—	5
75.642	Fe	4	2	—
75.62	Os	7	2	—
75.6	W	2	5	—
75.59	Nd	7	5	—
75.56	Gd	5	2	—
75.30	Pr	5	3	—

λ in I. A.	Element	Intensität			λ in I. A.	Element	Intensität		
		Bogen	Funke	Geißler			Bogen	Funke	Geißler
4175.3	Se	—	6	9	4161.81	Sr II	4	3	—
75.22	Ta	4	3	—	61.66	Ru	4	2	—
74.58	De	3	—	—	61.37	Tb	5	2	—
74.31	S	—	1	7	61.209	Zr	7	10	—
74.14	Y I	7	4	—	60.7	Co	1	7	—
73.56	Gd	4	2	—	59.86	Er 3	3	—	—
73.25	Nh	10	—	—	59.8	Se	—	—	5
73.24	Os	9	2	—	58.591	AR	—	—	9
72.55	Os	6	1	—	58.51	Wels	3	—	—
72.29	Pr	8	5	—	58.0	Cd	—	3	—
72.128	Fe	3	1	—	58.0	Cl	—	1	4
72.05	Ga	10R	10R	—	58.0	X	—	—	5
71.92	Ti	3	10	—	57.90	Wels	3	—	—
71.83	Pr	6	4	—	57.79	Fe	3	1	—
71.71	Gd	4	1	—	57.5	As	—	—	7
71.61	U	5	3	—	57.42	Mo	5	2	—
71.29	H 2	—	—	5	56.804	Fe	4	2	—
71.19	W	4	3	—	56.65	U	5	2	—
70.4	J	—	1	5	56.54	O II	—	1	3
70.14	Ny	3	4	—	56.23	Zr	6	10	—
70.11	Gd	4	2	—	56.16	Nd	10	10	—
69.85	Pd	6	4	—	56.14	A Bl	—	—	4
69.48	Sm	5	4	—	55.59	Mo	5	1	—
69.36	L	—	1	—	55.47	Nb	5	2	—
69.23	O II	—	2	4	55.30	Mo	5	2	—
69.0	Se	—	3	10	54.816	Fe	4	2	—
68.7	Zr	—	8	—	54.504	Fe	4	2	—
68.13	Nb	10	5	—	54.5	Kr	—	—	4
68.04	Pb	3R	10	—	54.36	Rh	7	3	—
67.99	Dy	10	4	—	53.94	U	4	2	—
67.6	Mg I	6	2	—	53.91	Fe	4	2	—
67.52	Y I	7	4	—	53.9	Se	—	—	5
67.51	Ru	5	4	—	53.87	Er 3	3	—	—
66.5	Em	—	—	10	53.83	Cr	5	3	—
66.36	Zr	4	3	—	53.5	L	—	3	—
66.04	Ba II	5	10	—	53.31	O II	—	4	6
65.61	Ce	9	10	—	53.11	S	—	—	8
65.6	Se	—	—	5	53.00	Nb	5	2	—
65.22	Sc	6	—	—	52.78	La	4	5	—
64.66	Nb	10	5	—	52.75	Nh	4	5	—
64.56	Pt	5	8	—	52.7	AR	—	—	3
64.19	Pr	10	10	—	52.63	Nb	10	5	—
64.180	AR	—	—	7	52.54	Nh	5	5	—
63.85	U	5	2	—	52.36	Sc	6	—	—
63.656	Ti	4	10	—	52.3	Se	—	4	7
63.64	Nb	10	10	—	52.23	Sm	10	4	—
63.63	Cr	4	4	—	51.97	La	8	10	—
63.03	Nh	5	5	—	51.3	Cs	—	4	—
62.8	S	—	3	10	51.15	Nb	5	3	—
62.6	Ta	—	4	—	51.11	Er	6	4	—

λ in I. A.	Element	Bogen	Funke	Geißler
4151.07	De?	4	—	—
50.98	Zr	5	6	—
50.138	Al III	6	—	—
50.0	AR	—	—	1
49.94	Ce	10R	10	—
49.897	Al III	—	3	—
49.84	Sm	5	3	—
49.58	Mo	5	—	—
49.205	Zr	10	10	—
49.2	K	—	5	—
49.07	Nt? Ny?	5	—	—
48.81	Mn	3	3	—
48.45	Pr	5	3	—
48.4	Li I	1	—	—
47.90	Ta	4	3	—
47.675	Fe I	4	1	—
47.0	Cl	—	—	4
46.79	Ru	5	3	—
46.06	Dy	6	2	—
45.90	L, O II	—	4	—
45.8	N	—	4	5
45.76	Ru	6	4	—
45.7	X	—	—	5
45.2	Se	—	—	5
45.12	Kr	—	—	6
45.12	S	—	2	10
44.99	Ce	6	8	—
44.46	Tb	6	10	—
44.17	Ru	7	5	—
43.873	Fe I	7	5	—
43.76	He I	—	—	2
43.7	L	—	1	—
43.56	Mo	9	5	—
43.420	Fe	5	3	—
43.14	Pr	10	10	—
43.11	Dy	5	3	—
42.87	Y I	8R	8	—
42.24	S	—	2	8
42.2	L	—	1	—
41.9	Cd I	—	4	—
41.75	La II	10	10	—
41.49	Dy	6	2	—
41.26	Pr	10	6	—
41.08	Mn	3	3	—
40.78	Er 3	3	—	—
40.63	Sb	—	3	5
40.28	Sc	5	—	—
40.22	Br	—	1	6
39.74	Nb	10	4	—
39.1	Kr	—	—	4

λ in I. A.	Element	Bogen	Funke	Geißler
4139.36	Nt	4	1	—
38.0	Kr	—	—	4
37.64	Ce	9	10	—
37.46	W	4	4	—
37.13	Nb	10	4	—
37.10	Gd	6	8	—
37.003	Fe	3	1	—
36.3	J	—	1	6
36.3	Se	—	—	6
36.20	Ta	4	2	—
36.13	Rb	—	7	—
35.80	Os	10	5	—
35.65	Br	—	—	5
35.33	Nd	9	7	—
35.29	Rh	10R	10	—
35.13	Ny	4	8	—
35.04	Mn	4	3	—
34.7	K	—	5	—
34.684	Fe	5	2	—
34.6	Kr	—	—	3
34.47	V I	9	10	—
34.15	Gd	4	1	—
34.0	Sb	—	3	5
33.82	Ce	10	10	—
33.70	L	—	2	—
33.6	N	—	2	4
33.37	Nd	6	5	—
33.2	J	—	—	6
32.905	Fe I	3	2	—
32.88	L	—	2	—
32.82	O II	—	1	6
32.7	Se	—	2	7
32.5	Cl	—	10	8
32.44	Ba	5	3	—
32.4	Li I	2R	—	—
32.29	Gd	5	5	—
32.062	Fe I	7	4	—
32.00	V I	10R	10	—
31.78	A Bl	—	—	6
31.3	Kr	—	—	4
31.12	Mn	4	4	—
31.10	Wels	3	—	—
30.88	Si II	—	6	10
30.8	Cl	—	—	4
30.78	Pr	6	3	—
30.68	Ba II	8R	10R	—
30.39	Gd	10	10	—
29.97	Nb	10	3	—
29.72	Eu	10	10	—
29.5	L	—	1	—

λ in I. A.	Element	Intensität Bogen	Funke	Geißler	λ in I. A.	Element	Intensität Bogen	Funke	Geißler
4129.45	Nb	8	3	—	4119.27	Nb	2	5	—
29.42	Ta	5	2	—	19.2	N	—	—	4
29.36	Cr	4	—	—	18.78	Co I	8R	10	—
29.2	Se	—	5	7	18.69	Pt	10	10	—
29.15	Pr	5	3	—	18.57	Sm	7	5	—
28.96	Os	6	1	—	18.550	Fe	6	3	—
28.90	Rh	10R	10	—	18.49	Pr	10	10	—
28.7	J	—	2	10	18.3	Zn II	—	5	—
28.6	A Bl	—	—	3	18.15	Ce	7	6	—
28.32	Y I	8R	8	—	16.77	Nd	5	4	—
28.074	V I	10	10	—	16.75	Th	2	6	—
28.05	Si II	—	5	10	16.70	V I	10R	7	—
27.615	Fe	4	1	—	16.479	V I	8	7	—
27.54	Ti	5	3	—	16.34	Rh	4	2	—
27.5	P	—	—	5	16.104	Si IV	—	—	8
27.15	Nh	10	5	—	16.1	X	—	—	7
27.0	Cd	—	4	—	15.80	Ir	4	5	—
26.7	Se	—	3	7	15.180	V I	10	2	—
26.52	Cr	3	3	—	14.9	K	—	3	—
24.93	Y	5	5	—	14.7	Em	—	—	6
24.73	Lu	10	5	—	14.453	Fe	4	1	—
24.65	Dy	5	3	—	14.4	Se	—	—	5
24.61	Os	4	1	—	14.0	L	—	1	—
24.1	L	—	2	—	13.87	Pr	5	3	—
23.95	Sm	4	4	—	13.51	V	5	3	—
23.9	N	—	—	3	12.82	A Bl	—	—	3
23.89	Nd	5	4	—	12.76	Ru	10	8	—
23.85	Nb	10	4	—	12.2	Zn	—	4	—
23.55	V I	6	3	—	12.09	L	—	2	—
23.25	Cu	2	2	—	12.04	O II	—	2	4
23.23	La	9	10	—	12.03	Os	10	4	—
23.10	Er	6	—	—	11.94	Pr	4	2	—
22.78	Mo	1	6	—	11.788	V I	10R	2	—
21.85	Bi I	6	5	—	11.52	S	—	—	5
21.71	Rh	5R	8	—	11.45	Gd	4	4	—
21.52	Bi I	6	4	—	11.35	Dy	8	4	—
21.5	L	—	2	—	11.1	As	—	—	6
21.327	Co I	10R	10R	—	10.90	Mn	6	4	—
20.81	He I	—	—	3	10.84	L, O II	—	2	—
20.55	O II	—	3	2	10.81	Y	3	1	—
20.5	L	—	2	—	10.54	Co I	7	10	—
20.30	O II	—	—	3	10.48	Nd	6	3	—
20.20	Nh	5	3	—	10.01	Br	—	—	4
20.12	Mo	9	3	—	09.88	Er 3	3	—	—
19.89	Ce	5	8	—	09.810	Fe	4	2	—
19.70	Rh	6	4	—	09.78	V I	10	10	—
19.7	As	—	—	6	09.7	X	—	—	5
19.36	Gd	4	—	—	09.64	De	3	—	—
19.3	L	—	5	—	09.58	Cr	4	1	—
19.22	O	—	8	8	09.47	Nd	9	8	—

λ in I. A.	Element	Intensität			λ in I. A.	Element	Intensität		
		Bogen	Funke	Geißler			Bogen	Funke	Geißler
4109.2	Kr	—	—	6	4098.58	Ca I	4	2	—
09.2	P	—	—	5	98.186	Fe	3	1	—
09.09	Mo	5	2	—	97.9	Se	—	—	7
09.09	Nd	8	6	—	97.81	Ru	6	3	—
09.1	F	—	—	8	97.54	Rh	8	4	—
09.0	X	—	—	6	97.3	N	—	3	5
08.8	Se	—	3	8	97.2	L, O II	—	3	—
08.60	Nh	10	5	—	96.82	Mo	5	2	—
08.45	Th	3	5	—	96.74	Pr	4	4	—
08.07	Hg I	5	—	—	95.976	Fe	3	1	—
07.85	Ru	4	2	—	95.486	V I	7	5	—
07.50	Rh	4	2	—	95.3	Se	—	—	7
07.494	Fe	5	2	—	94.98	Ca I	2	2	—
07.48	Mo	8	3	—	94.80	Th	4	5	—
07.38	Sm	6	4	—	94.8	Cd	—	4	—
06.89	Ce	5R	3	—	94.66	Er	4	2	—
05.166	V I	10	4	—	94.44	Tb	5	5	—
05.09	Mo	5	2	—	94.18	Nt	10R	5	—
05.00	L	—	2	—	93.18	Hf	6	6	—
05.00	O II	—	5	7	93.00	L	—	2	—
04.89	La	5	1	—	92.94	O II	—	3	5
04.8	Cl	—	—	4	92.80	Gd	4	—	—
04.78	Sb	—	2	4	92.7	Ca I	2	2	—
04.74	O II	—	—	5	92.692	V I	10	3	—
04.3	Rb	—	8	—	92.40	Co I	8R	8	—
03.95	A Bl	—	—	9	92.29	Sm	5	4	—
03.89	Tb	5	2	—	92.27	Pt	4	2	—
03.84	Nh	10	10	—	91.83	Os	9	2	—
03.4	F	—	—	10	91.77	Dy	5	2	—
03.4	N	—	3	4	90.58	V I	8	10	—
03.3	L	—	2	—	90.514	Zr	6	4	—
03.01	O II	—	—	5	90.28	U	6	4	—
02.70	W	5	6	—	89.70	De	4	—	—
02.5	Br	—	—	4	89.28	O II	—	5	4
02.38	Y I	9R	8	—	89.1	L	—	1	—
02.17	V I	7	5	—	88.86	Si IV	—	—	10
02.16	Mo	7	3	—	88.50	Rh	4	2	—
01.76	In I	8R	10	—	88.36	Kr	—	—	8
01.76	Ru	4	3	—	87.9	As	—	—	6
01.736	H I	—	—	—	87.80	Rh	4	2	—
01.3	As	—	—	6	87.75	H 2	—	—	4
00.97	Nb	10	6	—	87.71	Gd	4	4	—
00.75	Pr	10	10	—	87.66	Er	10	1	—
00.59	Er	4	4	—	87.36	Pd	10	6	—
4099.796	V I	10	2	—	87.22	Dy	5	2	—
99.55	La	7	10	—	86.71	La	10	10	—
98.91	Gd	5	4	—	86.54	Th	4	5	—
98.9	X	—	—	4	86.32	Co I	8	9	—
98.7	Kr	—	—	7	85.9	Ag	—	3	—
98.64	Gd	8	6	—	85.59	Gd	8	8	—

λ in I. A.	Element	Bogen	Funke	Geißler	λ in I. A.	Element	Bogen	Funke	Geißler
4085.44	Ru	5	3	—	4076.70	A Bl	—	—	6
85.38	Eu	5	2	—	76.638	Fe	5	2	—
85.314	Fe	3	1	—	76.13	Co I	4	—	—
85.20	L, O II	—	2	—	76.05	Cr	3	4	—
85.05	Th	3	7	—	75.87	O II	—	10	10
84.502	Fe	4	1	—	75.93	L	—	6	—
84.39	Mo	8	3	—	75.87	Sm	4	3	—
84.14	Au	2	2	—	75.53	Br	—	—	4
84.0	As	—	—	6	75.29	Nd	7	2	—
83.93	Rb	—	6	—	74.792	Fe	3	1	—
83.71	Y I	6	3	—	74.68	Os	5	2	—
83.638	Mn I	6	6	—	74.37	W	7	6	—
83.35	Pr	5	4	—	73.80	Gd	8	8	—
83.24	Ce	10	5	—	73.49	Ce	9	4	—
83.2	Se	—	3	8	73.23	Gd	4	4	—
82.947	Mn I	6	6	—	73.15	Dy	5	5	—
82.80	Rh	10	5	—	72.705	Zr	8	4	—
82.46	Ti I	5	3	—	72.5	X	—	—	4
82.44	Sc I	10	3	—	72.43	A Bl	—	—	4
82.41	A Bl	—	—	4	72.25	L	—	5	—
82.4	As	—	—	6	72.16	O II	—	10	8
82.4	Kr	—	—	4	72.02	A Bl	—	—	7
81.92	Pr	7	5	—	71.743	Fe I	7	8	—
81.47	Mo	8	4	—	70.86	Os	4	—	—
81.22	Y	3	1	—	70.7	J	—	—	6
81.210	Zr	9	5	—	70.36	Gd	9	5	—
81.3	Er	7	4	—	70.2	Se	—	—	7
81.03	Pr	7	4	—	69.92	Ir	4	8	—
80.7	A Bl	—	—	3	69.92	Mo	9	8	—
80.63	Ru	10R	10	—	69.90	L	—	5	—
80.0	P	—	2	7	69.90	O II	—	10	9
79.81	Pr	7	5	—	69.8	Kr	—	—	4
79.73	Nb	10	6	—	69.65	H 2	—	—	6
79.61	A Bl	—	—	4	69.26	Nd	5	4	—
79.43	Mn I	6	5	—	69.23	Th	3	7	—
79.25	Mn I	6	5	—	68.91	Ta	5	5	—
79.22	Bi	—	10	—	68.8	Cs	—	6	—
78.9	L, O II	—	2	—	68.55	Co I	6	4	—
78.8	X	—	—	10	68.38	Ru	4	3	—
78.73	Gd	5	3	—	68.0	Cs	—	6	—
78.478	Ti I	6	4	—	67.986	Fe	5	1	—
78.364	Fe	3	1	—	67.91	Ta	6	2	—
77.98	Dy	10	10	—	67.63	Ru	4	2	—
77.8	Hg I	7	—	—	67.4	Kr	—	—	5
77.714	Sr II	10R	10R	—	67.39	La	6	8	—
77.59	Rh	4	2	—	67.277	Fe	3	1	—
77.38	Y I	2	5	—	66.983	Fe	4	1	—
77.35	La	10	10	—	66.8	H 2	—	—	4
77.0	A Bl	—	—	2	66.71	Os	10	3	—
76.74	Ru	6	3	—	66.39	Co I	7R	5	—

λ in I. A.	Element	Intensität			λ in I. A.	Element	Intensität		
		Bogen	Funke	Geißler			Bogen	Funke	Geißler
4066.22	Tb	5	3	—	4056.6	Cu	2R	—	—
65.4	As	—	2	7	56.54	Pr	9	8	—
65.1	V	—	6	—	56.00	Mo	6	2	—
65.08	Au I	6	8	—	55.88	Er 3	5	1	—
65.05	Kr	—	—	8	55.554	Mn I	8	8	—
64.60	Sm	5	4	—	55.47	Er	5	5	—
64.54	Zr	7	4	—	55.25	Ag I	8R	3	—
64.47	Ru	4	2	—	55.13	Dy	5	3	—
63.94	V	5	3	—	55.032	Zr	6	3	—
63.87	Wels	4	—	—	54.87	Pr	9	6	—
63.600	Fe I	8R	10	—	54.7	Te	—	4	—
63.58	Sm	4	4	—	54.55	Sc I	8	3	—
63.55	Mn	2	6	—	54.50	AR	—	—	3
63.46	Gd	10	5	—	54.46	Lu	5	2	—
63.4	Cu I	6	1	—	54.06	Ru	4	3	—
63.2	L	—	1	—	54.06	Tb	5	—	—
62.83	Pr	10	8	—	53.92	Nh	10	8	—
62.75	Cu I	10	7	—	53.830	Ti II	3	5	—
62.61	Gd	4	6	—	53.32	Gd	5	5	—
62.6	As	—	—	7	52.96	A Bl	—	—	4
62.448	Fe	4	2	—	52.93	Co	4	3	—
62.49	H 2	—	—	6	52.87	Tb	5	2	—
62.15	Pb	3R	10	—	52.84	Au	—	6	—
62.09	Mo	6	4	—	52.20	Ru	4	2	—
62.0	Se	—	—	6	51.86	Tb	5	2	—
61.9	Te	—	6	—	51.41	Ru	5	3	—
62.59	Tb	6	2	—	51.36	V	6	4	—
62.40	Ta	5	3	—	51.16	Pr	5	6	—
62.09	Nd	10	10	—	51.15	Nd	6	4	—
60.33	La	5	1	—	50.58	Dy	5	5	—
59.95	Nd	5	3	—	50.5	Kr	—	—	5
59.83	Er	4	4	—	50.32	Zr	5	8	—
59.8	Se	—	—	5	50.09	La	6	10	—
59.3	P	—	6	6	50.06	U	5	3	—
58.97	Nb	10	10	—	50.0	X	—	—	6
58.936	Mn I	2	6	—	49.90	Gd	8	6	—
58.9	Kr	—	—	4	49.8	J	—	—	5
58.79	Cr	4	3	—	49.48	Er	4	2	—
58.60	Co I	6	3	—	49.44	Gd	6	4	—
58.24	Gd	4	3	—	48.78	Cr	4	3	—
58.2	Se	—	—	5	48.760	Mn I	4	8	—
58.19	Co I	6	3	—	48.67	Zr	7	10	—
57.87	Zn	6	—	—	48.34	Er	5	3	—
57.830	Pb	5R	10R	—	47.82	Sc I	7	2	—
57.8	L	—	2	—	47.65	Y I	7	4	—
57.5	Cd	—	5	—	47.22	K I	10R	10R	—
57.4	X	—	—	5	47.12	Wels	3	—	—
57.19	Co I	4	2	—	47.2	Cs	—	4	—
57.07	V	5	3	—	46.97	Er	5	1	—
57.01	Kr	—	—	8	46.77	Hg I	7	10	—

λ in I. A.	Element	Intensität			λ in I. A.	Element	Intensität		
		Bogen	Funke	Geißler			Bogen	Funke	Geißler
4046.7	Se	—	3	10	4037.02	As	—	10	1
46.56	Hg	10	10	—	36.42	Br	—	—	4
46.5	P	—	6	3	36.0	J	—	—	5
46.00	Dy	10	4	—	35.89	Zr	5	3	—
45.96	Tb	5	1	—	35.730	Mn I	5R	8	—
45.88	AR	—	—	4	35.62	V	4	10	—
45.818	Fe I	8R	10	—	35.56	Co	6	3	—
45.73	Zr	3	8	—	35.45	A Bl	—	—	3
45.61	Zr	6	—	—	35.0	N	—	—	5
45.44	Nh	10	10	—	34.9	L	—	2	—
45.40	Co I	8R	5	—	34.489	Mn I	8R	10R	—
45.20	Mn	4	5	—	33.85	A Bl	—	—	3
45.2	Em	—	—	4	33.85	Pr	7	4	—
45.03	Gd	5	1	—	33.77	Ir	4	4	—
44.84	Pr	7	4	—	33.63	Mn	3R	3	—
44.6	Kr	—	—	6	33.55	Sb I	5	4	4
44.57	Zr	5	3	—	33.51	Gd	4	1	—
44.5	P	—	6	7	33.17	Nb	8	2	—
44.419	AR	—	—	8	33.074	Mn I	8R	10R	—
44.38	Hf	8	5	—	33.07	Tb	8	8	—
44.16	K I	10R	10R	—	33.01	Ga	10R	10R	—
43.5	N	—	—	3	32.96	A Bl	—	—	3
43.47	Cu	—	3	—	32.55	Nb	10	3	—
43.04	Er	4	2	—	32.5	As	—	—	6
42.92	La	8	10	—	32.39	Sr I	4	2	—
42.91	Sm	4	3	—	32.21	Ru	4	2	—
42.89	A Bl	—	—	6	32.2	Cl	—	—	5
42.78	U	5	1	—	32.0	J	—	—	5
41.93	Os	5	2	—	31.80	Mn	4	—	—
41.366	Mn I	8R	10	—	31.80	Nd	7	10	—
41.3	L	—	4	—	31.76	Pr	7	4	—
41.3	N	—	5	6	31.70	La II	7	10	—
40.95	Au	2	2	—	31.0	As	—	—	6
40.80	Nd	6	4	—	30.86	Gd	4	1	—
40.80	Nh	8	3	—	30.760	Mn I	6R	10R	—
40.76	Ce	9	8	—	30.514	Ti	6	2	—
40.07	Ir	4	3	—	30.504	Fe	3	1	—
39.83	Y I	5	3	—	30.39	Sr I	5	4	—
39.8	Cs	—	9	—	30.0	Se	—	4	7
39.66	Gd	5	2	—	29.67	Zr	5	4	—
39.53	Nb	6	2	—	29.56	Rb	—	5	—
39.35	Pr	5	3	—	28.85	S	—	—	6
39.22	Ru	4	3	—	28.348	Ti II	3	5	—
39.08	Cr	4	3	—	28.16	Gd	4	1	—
38.83	A Bl	—	—	4	27.201	Zr	5	3	—
38.46	Pd	4	3	—	27.10	Cr	4	2	—
38.3	Se	—	—	5	27.029	Co I	4	3	—
37.89	Gd	7	5	—	26.95	Ta	4	2	—
37.8	Kr	—	—	4	26.548	Ti	5	2	—
37.34	Gd	9	6	—	26.44	Mn	4	—	—

λ in I. A.	Element	Intensität			λ in I. A.	Element	Intensität		
		Bogen	Funke	Geißler			Bogen	Funke	Geißler
4026.190	He I	—	—	5	4013.81	Gd	4	3	—
26.17	Cr	4	2	—	13.50	Ru	4	1	—
26.0	N	—	3	5	12.85	Tb	7	5	—
25.87	La	6	4	—	12.57	Er	4	2	—
25.7	L	—	1	—	12.48	Cr	4	3	—
25.1	F	—	—	10	12.40	Ce	10	10	—
25.02	Cr	4	1	—	12.28	Nd	9	10	—
25.0	J	—	—	5	10.36	Ra	6	—	—
24.912	Zr	5	3	—	10.05	Wels	3	—	—
24.7	F	—	—	5	09.717	Fe	5	2	—
24.578	Ti I	7	3	—	09.662	Ti	7	4	—
24.04	Br	—	—	5	09.14	Er	4	3	—
23.85	Ru	4	3	—	08.934	Ti I	7	4	—
23.72	Sc I	10	8	—	08.78	Br	—	—	6
23.5	A Bl	—	—	3	08.76	W	10	10	—
23.40	Co	4	3	—	08.73	Pr	10	8	—
23.37	V	3	10	—	08.22	Er 2	3	—	—
23.24	Sm	4	3	—	08.1	Kr	—	—	3
23.15	Rh	5	3	—	08.1	Se	—	2	8
23.14	Gd	4	2	—	07.96	Er	10	4	—
23.03	Nd	6	5	—	07.30	Br	—	—	5
22.70	Cu I	10	8	—	07.277	Fe	3	1	—
22.33	Gd	4	3	—	06.60	Ru	4	2	—
22.17	Ru	5	2	—	06.5	Cs	—	6	—
21.871	Fe	5	2	—	06.29	Rb	—	10	—
21.76	Nd	7	3	—	06.2	As	—	3	6
21.34	Nd	6	4	—	05.94	Nt	4	—	—
20.898	Co I	7R	5	—	05.71	V	2	10	—
20.88	Nd	4	4	—	05.64	Ru	4	2	—
20.52	Er	5	3	—	05.6	Kr	—	—	6
20.47	Tb	5	3	—	05.57	Tb	8	10	—
20.42	Sc I	10	8	—	05.248	Fe I	7	6	—
20.05	Ir	5	8	—	05.16	Os	5	—	—
19.64	Pb	3R	10	—	04.73	Pr	5	4	—
19.14	Th	5	10	—	04.03	Os	4	1	—
18.6	Se	—	—	6	03.79	Wels	3	—	—
18.35	Y	4	10	—	03.50	Os	5	1	—
18.27	Os	4	1	—	03.2	Se	—	—	5
18.105	Mn I	8	8	—	02.6	Kr	—	—	3
17.8	Em	—	—	7	02.59	Tb	5	5	—
17.156	Fe	3	1	—	02.0	Se	—	2	7
16.52	W	5	2	—	01.7	Cs	—	4	—
16.1	Au	—	5	—	01.45	Cr	4	2	—
15.63	Er	5	3	—	01.22	Gd	4	3	—
14.536	Fe	4	2	—	01.2	K	—	5	—
14.52	Sc	4	8	—	00.50	Dy	8	10	—
14.0	L	—	1	—	00.45	Nh	5	5	—
14.0	Se	—	—	6	00.44	Tb	5	—	—
13.95	Co I	5	4	—	00.19	Pr	5	3	—
13.83	A Bl	—	—	7	3999.60	Br	—	—	4

λ in I. A.	Element	Bogen	Funke	Geißler	λ in I. A.	Element	Bogen	Funke	Geißler
3999.25	Ce	10	6	—	3991.67	Cr	5	4	—
99.15	Er	4	2	—	91.55	Co	4	—	—
98.97	Zr	9	10	—	91.14	Cr	6R	4	—
98.73	V	8	4	—	91.13	Zr	9	10	—
98.643	Ti I	10	6	—	90.89	De	4	—	—
98.28	Nh	5	3	—	90.57	V	10	6	—
98.059	Fe	5	2	—	90.31	Co I	4	—	—
98.0	Kr	—	5	—	90.13	Nd	9	6	—
97.905	Co I	7R	10	—	90.03	H 2	—	—	4
97.9	Kr	—	—	5	90.01	Sm	5	3	—
97.397	Fe	6	3	—	89.99	Cr	4	3	—
97.2	P	—	—	5	89.764	Ti I	10	6	—
97.13	V	3	8	—	89.70	Pr	10	5	—
97.10	Br	—	—	4	88.52	La II	10	10	—
97.06	Pr	6	4	—	88.2	Cd	—	4	—
96.72	Pr	5	4	—	88.01	Ny	10	10	—
96.61	Sc I	10	2	—	87.80	Ru	5	3	—
96.57	Pt	3	2	—	87.8	Kr	—	—	4
93.34	Gd	5	5	—	87.64	Er	5	1	—
96.16	Rh	7	4	—	87.24	Gd	4	3	—
96.15	Ta	4	2	—	87.12	Co I	5	3	—
95.99	Ru	5	2	—	86.66	Sm	4	2	—
95.86	Al II	—	5	—	86.53	Br	—	1	8
95.75	La	10	5	—	86.25	Mo	2	6	—
95.66	Ba I	4	3	—	86.24	Nd	6	4	—
95.62	Rh	6	2	—	86.178	Fe	3	1	—
95.312	Co I	8R	10	—	86.00	S	—	—	5
95.1	L	—	10	—	86.04	Sb	—	2	3
95.0	N II	—	10	10	85.94	U	5	2	—
95.0	K	—	3	—	85.7	Li I	3	1	—
94.81	Pr	10	5	—	85.24	Mn	4	3	—
94.8	Kr	—	—	6	84.86	Ru	8	4	—
94.70	Nd	8	5	—	84.41	Rh	7	3	—
94.54	Co I	4	—	—	84.35	Cr	5	3	—
94.20	Gd	5	3	—	83.963	Fe	5	2	—
93.83	Ce	9	4	—	83.96	Hg	5	10	—
93.71	Nh	5	2	—	83.92	Cr	7R	5	—
93.7	Se	—	—	5	83.9	J	—	—	6
93.55	S	—	—	5	83.77	S	—	—	6
93.40	Ba I	8R	6	—	83.67	Dy	5	4	—
92.85	Cr	5	3	—	83.15	Sm	4	3	—
92.80	V	7	6	—	82.76	L	—	4	—
92.7	X	—	—	5	82.73	O II	—	2	5
92.36	Br	—	—	4	82.60	Y	10	10	—
92.14	Ir	6	6	—	82.486	Ti	6	3	—
92.03	A Bl	—	—	4	82.35	Nd	6	3	—
91.9	H 2	—	—	4	82.06	Pr	9	6	—
91.84	Co	2	8	—	81.90	Tb	10	10	—
91.76	Nd	7	5	—	81.9	Dy	5	5	—
91.69	Co I	4	—	—	81.8	Cd I	2	—	—

λ in I. A.	Element	Bogen	Funke	Geißler	λ in I. A.	Element	Bogen	Funke	Geißler
3981.776	Fe	3	1	—	3971.77	Gd	4	3	—
81.77	Ti I	10	3	—	71.7	Em	—	—	7
81.6	Ag I	4	1	—	71.37	Sm	5	3	—
81.58	Zr	6	3	—	71.327	Fe	4	1	—
81.25	Cr	4	1	—	71.15	Pr	6	4	—
81.20	Er	3	4	—	70.81	W	4	2	—
80.43	Br	—	—	10	70.53	Sm	4	3	—
80.01	Br	—	—	5	70.13	H I	—	—	—
79.87	Cr	4	1	—	70.10	Ta	3	1	—
79.53	Co I	6	4	—	70.04	Sr I	4	1	—
79.49	Nd	6	4	—	69.75	Cr	7R	8	—
79.44	Ru	5	3	—	69.68	Os	5	1	—
79.40	A Bl	—	—	5	69.46	Er	5	2	—
79.33	Gd	4	1	—	69.29	Gd	4	—	—
71.20	Sm	5	3	—	69.262	Fe I	7	5	—
78.65	Co I	5	3	—	69.26	Sr I	4	1	—
78.57	Dy	6	10	—	69.12	Co	5	6	—
78.45	Ru	5	3	—	69.06	Er	4	2	—
78.3	P	—	6	8	68.7	Te	—	4	—
78.21	Rb	—	7	—	68.65	Br	—	—	5
78.0	Cs	—	5	—	68.475	Ca II	10R	10R	—
77.745	Fe	5	2	—	68.42	Dy	10	10	—
77.3	Cd	—	5	—	68.4	L	—	1	—
77.24	Os	10	3	—	68.37	A Bl	—	—	4
76.86	Tb	10	10	—	68.32	Gd	4	—	—
76.84	Nd	6	4	—	67.68	Y	3	1	—
76.68	Cr	7R	8	—	67.6	X? Kr?	—	—	10
76.6	Cd	—	5	—	67.425	Fe	4	2	—
76.33	Ir	5	10	—	66.7	K	—	3	—
75.33	Co	5	2	—	66.65	Zr	5	3	—
75.32	Rh	7	4	—	66.63	Fe	5	2	—
74.731	Co I	5R	4	—	66.56	Pr	6	3	—
74.72	Er	5	5	—	66.36	Pt	8	6	—
74.52	A Bl	—	—	4	66.23	Nb	10	3	—
74.2	Cs	—	6	—	66.068	Fe I	5	2	—
73.7	Ca I	6	3	—	65.91	Ru	5	3	—
73.67	Nd	7	4	—	65.7	J	—	—	5
73.64	V	3	10	—	65.26	Pr	7	3	—
73.61	Er	4	2	—	65.2	Cs	—	6	—
73.56	Ni I	6	2	—	65.09	Wels	3	—	—
73.49	Zr	6	3	—	64.9	Kr	—	—	4
73.30	L	—	6	—	64.82	Pr	9	4	—
73.27	O II	—	8	9	64.73	Sb	—	2	4
73.28	Nd	7	6	—	64.725	He I	—	—	4
73.26	Er	4	—	—	64.54	Rh	4	2	—
73.14	Co I	6	4	—	64.52	Er	4	2	—
72.53	Co	6	5	—	64.274	Ti I	7	3	—
72.5	K	—	3	—	64.26	Pr	6	3	—
72.15	Pr	8	3	—	63.70	Cr	7R	8	—
71.95	Eu	10	10	—	63.63	Os	10	3	—

λ in I. A.	Element	Intensität			λ in I. A.	Element	Intensität		
		Bogen	Funke	Geißler			Bogen	Funke	Geißler
3963.12	Nd	7	6	—	3951.96	V	3	10	—
62.859	Ti I	7	3	—	51.8	Se	—	—	5
62.44	Pr	5	3	—	51.59	Y	4	3	—
62.20	Nd	6	3	—	51.5	P	—	—	5
61.84	Ga	—	5	—	51.168	Fe	4	2	—
61.537	Al I	10R	8R	—	51.15	Nd	9	8	—
61.49	Mo	3	10	—	51.0	X? Kr?	—	—	10
61.00	Co	4	3	—	50.60	Br	—	1	7
60.7	Sb	—	2	4	50.6	X	—	—	8
60.45	A Bl	—	—	3	50.35	Y	10	10	—
59.6	Cs	—	5	—	50.21	Ru	4	3	—
59.51	Gd	7	6	—	49.957	Fe	4	2	—
58.86	Rh	10R	10	—	49.43	Pr	8	4	—
58.65	Pd	5R	10	—	49.27	Nt	5	1	—
58.40	A Bl	—	—	3	49.10	La	10	10	—
58.35	Tb	5	3	—	48.91	Ca I	4	1	—
58.3	Cd	—	5	—	48.8	Se	—	—	7
58.22	Zr	8	10	—	48.780	Fe	4	2	—
58.212	Ti I	10	5	—	48.679	Ti I	10	4	—
58.16	Rh	4	2	—	48.6	As	—	3	6
58.08	Nt	6	3	—	48.39	Pt	4	2	—
58.00	Nd	6	5	—	48.109	Fe	3	1	—
57.935	Co I	6R	4	—	47.774	Ti	8	3	—
57.78	Dy	5	3	—	47.63	Pr	9	4	—
57.7	Kr	—	—	4	47.6	O I	—	—	4
57.69	Gd	5	5	—	47.5	O I	—	—	7
57.6	P	—	1	6	47.55	A R	—	—	4
57.3	Em	—	—	5	47.45	L	—	2	—
57.07	Ca I	6	2	—	47.3	O I	—	—	10
56.682	Fe	6	3	—	46.89	Tb	6	4	—
56.461	Fe	4	2	—	46.26	Ir	4	3	—
56.343	Ti I	10	4	—	46.10	A Bl	—	—	4
56.29	Ce	9	3	—	45.58	Ru	6	4	—
55.9	L	—	4	—	45.53	Gd	5	2	—
55.9	N II	—	6	6	45.32	Co I	7	5	—
55.9	Cs	—	4	—	45.1	L	—	2	—
55.35	Br	—	—	8	45.05	O II	—	3	5
55.2	K	—	4	—	44.69	Dy	10	10	—
55.09	Y	3	1	—	44.67	Tb	5	—	—
54.7	Kr	—	—	5	44.30	A Bl	—	—	5
54.4	L	—	2	—	44.025	Al I	10R	8R	—
54.37	O II	—	4	7	43.94	Ga	—	5	—
53.51	Pr	9	5	—	43.65	Nb	5	2	—
53.36	Gd	4	1	—	43.03	Mo	5	3	—
52.92	Co I	7	6	—	42.75	Ce	10	5	—
52.69	Ru	5	2	—	42.72	Rh	8	5	—
52.607	Fe	4	1	—	42.445	Fe	3	1	—
52.58	Ce	9R	8	—	41.736	Co I	5R	4	—
52.329	Co I	5	3	—	41.53	Nd	7	8	—
52.01	Gd	4	3	—	41.50	Cr I	5R	3	—

λ in I. A.	Element	Bogen	Funke	Geißler	λ in I. A.	Element	Bogen	Funke	Geißler
3941.50	Mo	1	10	—	3931.1	J	—	10	10
41.4	Se	—	—	5	30.65	Y	4	3	—
40.89	Co I	6	4	—	30.51	Eu	10	10	—
40.883	Fe I	4	1	—	30.302	Fe I	7R	4	—
40.80	Sr I	4	1	—	29.99	Os	4	1	—
40.57	Rb	—	10	—	29.878	Ti I	6	3	—
40.45	Nh	5	2	—	29.57	Br	—	—	6
40.2	L	—	2	—	29.53	Zr	8	5	—
40.1	J	—	—	10	29.27	Pr	5	3	—
40.0	N	—	3	5	29.21	La	8	10	—
39.70	Br	—	2	5	29.2	As	—	—	6
39.54	Tb	10	10	—	28.65	Cr I	6R	3	—
38.85	Nd	5	5	—	28.61	A Bl	—	—	8
38.65	Br	—	—	5	28.58	S	—	—	8
38.65	Er	8	4	—	28.29	Sm	5	4	—
38.59	Os	6	2	—	27.924	Fe I	6	4	—
38.1	J	—	1	5	27.56	Au?	3R	1	—
37.88	Ba I	5	3	—	27.09	Nd	6	3	—
37.47	Nb	10	2	—	26.49	Rb	—	4	—
37.2	J	—	—	6	26.46	Mn	3	4	—
37.02	Er	4	3	—	25.947	Fe	3	1	—
36.20	La	5	3	—	25.91	Ru	7	4	—
35.974	Co I	6R	10	—	25.76	A Bl	—	—	4
35.9	Se	—	—	6	25.6	Cs	—	6	—
35.83	Pr	6	3	—	25.47	Pr	6	5	—
35.83	Rh	6	4	—	25.45	Tb	10	10	—
35.817	Fe	4	1	—	25.33	Pt	4	2	—
35.72	Ba I	7	6	—	24.531	Ti I	6	3	—
35.3	Se	—	—	6	24.09	Br	—	2	8
35.24	Tb	7	2	—	23.5	Se	—	—	5
35.16	Br	—	—	6	23.48	Ru	8	5	—
34.85	Ir	4	4	—	23.36	Br	—	—	6
34.81	Gd	6	3	—	23.28	Gd	4	3	—
34.23	Rh	10R	6	—	22.98	Pt	8	10	—
34.02	V	4	2	—	22.916	Fe I	6R	4	—
33.670	Ca II	10R	10R	—	22.76	Co I	5	3	—
33.6	Ag	—	5	—	22.5	As	—	10	3
33.6	L	—	1	—	22.5	X	—	—	10
33.42	Sc I	4	—	—	22.43	V	5	3	—
33.3	Se	—	—	6	22.41	Sm	4	4	—
32.632	Fe	3	1	—	22.19	Rh	5	3	—
32.6	Kr	—	—	4	21.89	Er	4	2	—
32.56	A Bl	—	—	5	21.79	Co	5	3	—
32.30	Er	5	4	—	21.79	Zr	5	3	—
32.04	U	5	3	—	21.54	La II	7	10	—
31.79	Ru	7	3	—	21.03	Cr I	5R	3	—
31.7	Se	—	—	6	20.96	Nd	7	4	—
31.55	Dy	5	3	—	20.92	Ru	5	2	—
31.20	A Bl	—	—	3	20.77	C II	—	8d	—
31.1	As	—	2	7	20.7	Se	—	—	5

λ in I. A.	Element	Intensität			λ in I. A.	Element	Intensität		
		Bogen	Funke	Geißler			Bogen	Funke	Geißler
3920.68	Br	—	—	6	3912.1	L	—	3	—
20.4	Kr	—	—	8	11.95	O II	—	3	10
20.261	Fe I	6	4	—	11.89	Sc I	10	6	—
20.22	Nb	6	1	—	11.56	A Bl	—	—	3
19.6	Br	—	—	6	11.28	Ny	3	1	—
19.52	Tb	5	3	—	11.16	Nd	7	7	—
19.28	O II	—	5	5	09.94	Co I	7	4	—
19.17	Cr I	7R	5	—	09.92	Ba I	6	6	—
19.10	L	—	3	—	09.88	V	8R	3	—
19.06	C II	—	6	—	09.39	Au	2	2	—
19.0	N	—	7	10	09.1	L	—	1	—
18.85	Pr	7	5	—	09.07	Ru	6	3	—
18.646	Fe	4	1	—	08.76	Cr I	6R	3	—
18.51	Ta	3	2	—	08.43	Pr	10	8	—
18.4	Te	—	4	—	08.05	Pr	7	4	—
18.38	Er	5	1	—	07.937	Fe	3	1	—
18.32	Mn	3	3	—	07.9	X	—	—	7
18.07	Hf	6	6	—	07.84	Nd	6	3	—
17.7	Se	—	—	5	07.70	A Bl	—	—	3
17.6	Kr	—	—	6	07.6	L	—	1	—
17.186	Fe I	5	2	—	07.54	Sc I	10	6	—
17.126	Co	6	4	—	07.45	O II	—	1	4
16.8	Cl	—	1	4	07.2	Sn	—	4	—
16.736	Fe	3	2	—	07.10	Eu	10	10	—
16.6	Se	—	—	5	06.90	Nd	7	4	—
16.57	Gd	9	8	—	06.9	Cs	—	4	—
16.50	Nt	7	2	—	06.484	Fe I	5	3	—
16.40	V	2	8	—	06.44	Hg I	5	—	—
16.25	Cr I	4R	2	—	06.34	Er	10	10	—
16.03	La	7	10	—	06.296	Co I	7	3	—
16.0	Au	—	4	—	06.2	Kr	—	8	—
15.93	Zr	5	10	—	05.90	Nd	7	4	—
15.43	Tb	5	1	—	05.78	Nh	5	3	—
15.38	Ir	4	6	—	05.55	Nh	8	4	—
15.2	J	—	—	5	05.52	Si I	10	5	10
15.0	Li I	2R	1	—	05.46	Er	4	2	—
14.94	Sc	10	—	—	04.9	Se	—	—	7
14.85	Ru	4	2	—	04.8	P	—	—	6
14.78	A Bl	—	—	5	04.79	Ti	8	5	—
14.71	Nb	10	3	—	04.59	Y	3	1	—
14.34	Ti	6	—	—	03.97	Er 3	4	3	—
14.31	V	2	8	—	03.903	Fe	3	1	—
14.3	P	—	—	6	03.42	Sm	4	3	—
14.26	Br	—	1	10	02.96	Mo I	10R	10	—
13.9	Se	—	—	5	02.949	Fe I	7	5	—
13.50	Rh	4	2	—	02.78	Er	5	5	—
13.47	Ti II	5	10	—	02.46	Pr	5	3	—
12.90	Pr	6	3	—	02.42	Gd	4.	4	—
12.6	J	—	—	5	02.258	V I	8	2	—
12.3	Kr	—	—	5	01.87	Nd	6	5	—

λ in I. A.	Element	Intensität			λ in I. A.	Element	Intensität		
		Bogen	Funke	Geißler			Bogen	Funke	Geißler
3901.77	Mo I	6	2	—	3892.4	Se	—	—	5
01.70	Os	5	1	—	92.36	A Bl	—	—	4
01.6	Se	—	—	8	92.22	Ru	5	3	—
01.35	Tb	5	2	—	92.06	Nd	6	4	—
01.24	Ru	4	2	—	91.932	Fe	4	1	—
00.83	Nt	6	2	—	91.99	A Bl	—	—	6
00.83	Ny?	4	2	—	91.78	Ba II	8R	8R	—
00.73	Pt	4	4	—	91.64	Br	—	1	8
00.68	Al II	—	10	—	91.38	Zr I	7	3	—
00.544	Ti II	5	10	—	91.37	A Bl	—	—	4
00.39	Os	4	1	—	91.02	Nh	10	10	—
00.25	Nd	6	6	—	90.96	Nd	7	4	—
3899.711	Fe I	6	4	—	90.59	Er	4	—	—
99.19	Tb	8	8	—	90.59	Nd	6	4	—
98.73	Pt	4	2	—	90.36	U	5	3	—
98.54	Dy	6	10	—	90.317	Zr	8	4	—
98.27	V	5	2	—	90.19	V	6	2	—
98.01	Fe I	4	2	—	89.95	Nd	6	2	—
97.90	Al	4	8	—	89.83	Er	4	2	—
97.895	Fe	4	2	—	89.32	Ba	5	2	—
97.89	Au	2	10	—	89.32	Pr	5	4	—
97.8	K	—	5	—	89.03	H I	—	—	—
97.4	J	—	5	10	88.96	Nh	10	10	—
97.3	Se	—	—	6	88.64	He I	—	—	10
97.0	Cs	—	7	—	88.6	Cs I	4	1	—
96.97	Sm	5	3	—	88.519	Fe I	7	4	—
96.72	Nh	5	4	—	88.22	Bi	2	1	—
96.58	Tb	5	3	—	88.09	Er	4	2	—
96.26	Er	6	6	—	87.94	Bi	2	1	—
95.78	Gd	4	3	—	87.87	Nd	6	2	—
95.73	Mg	—	4	—	87.34	Er	5	1	—
95.660	Fe I	5	3	—	87.32	Ny	3	2	—
95.57	Ir	—	8	—	87.053	Fe I	6	3	—
95.248	Ti	6	2	—	86.80	Cr I	5R	3	—
95.0	P	—	—	6	86.34	La II	7	10	—
95.0	X	—	—	6	86.286	Fe I	7R	5	—
94.98	Co I	5R	5	—	85.513	Fe	3	1	—
94.72	Gd	6	4	—	85.43	Nb	5	3	—
94.7	Kr	—	—	5	85.41	Zr	6	3	—
94.65	Nd	6	3	—	85.30	Sm	5	4	—
94.64	AR	—	—	3	85.28	Co I	5	2	—
94.21	Pd	6R	10	—	85.22	Cr I	5R	3	—
94.085	Co I	9R	10	—	85.2	P	—	3	7
94.06	Nb	5	2	—	85.17	Pr	5	3	—
94.05	Cr I	4R	3	—	84.61	Co I	5	3	—
93.396	Fe	4	2	—	83.4	Se	—	—	5
93.3	L	—	2	—	83.30	Cr I	6R	3	—
92.86	V	6	2	—	83.15	O II	—	—	3
92.72	Er	6	2	—	82.88	Ti	9	3	—
92.65	Ba	5	—	—	82.32	Ti	5	4	—

λ in I. A.	Element	Bogen	Funke	Geißler
3882.3	L	—	2	—
82.19	O II	—	3	7
82.146	Ti	5	—	—
81.91	Co	6R	6	—
81.877	Co I	5R	—	—
81.39	W	4	4	—
80.67	Er	5	3	—
80.6	Se	—	—	6
80.5	X	—	—	6
80.29	A Bl	—	—	3
78.73	V	1	10	—
78.66	Fe	4	—	—
78.576	Fe I	6R	5	—
78.37	Ce	9	2	—
78.022	Fe I	6	4	—
77.8	X	—	—	8
77.33	Rh	4	3	—
77.3	Se	—	4	8
77.22	Pr	10	10	—
76.84	Co I	8R	5	—
76.80	Os	7	3	—
76.65	Lu	10	10	—
77.6	Cs I	2	—	—
77.08	V	7	2	—
77	C	4	4	—
75.89	V	7	2	—
75.85	Nd	6	2	—
75.82	O II	—	—	4
75.8	J	—	—	5
75.7	Ca I	3	—	—
75.4	Kr	—	—	7
75.26	Ti	6	2	—
75.25	A Bl	—	—	5
75.081	V I	8R	2	—
75.04	Ce	6R	2	—
74.7	Au	—	3	—
74.19	Tb	10	10	—
73.96	Co I	7R	10	—
73.765	Fe	4	2	—
73.117	Co I	7R	10	—
72.82	Ny	3	—	—
72.505	Fe I	6	4	—
72.14	A Bl	—	—	4
71.63	La	8	10	—
71.4	Cl	—	—	4
71.23	Br	—	—	6
70.00	Rh	5	5	—
70.0	N	—	—	4
69.08	Mo I	6	2	—
68.8	Cl	—	1	6

λ in I. A.	Element	Bogen	Funke	Geißler
3868.55	A Bl	—	—	7
67.97	W	5	5	—
67.81	Ru	5	3	—
67.4	Em	—	—	3
67.221	Fe	3	2	—
66.44	Ti	5	2	—
66.1	AR	—	—	1
65.92	U	5	2	—
65.527	Fe I	6	4	—
65.5	Pr	2	5	—
65.45	Os	4	1	—
65.45	Sr I	3	—	—
64.861	V I	6	3	—
64.6	L	—	1	—
64.45	O II	—	1	5
64.2	Bi	—	6	—
64.12	Mo I	10R	10	—
63.880	Zr I	8	3	—
63.8	Kr	—	—	5
63.37	Nd	10	8	—
62.67	Ru	6	3	—
62.59	Si II	—	4	10
61.75	Cu I	3	1	—
61.68	Nh	—	10	—
61.4	Li	—	2	—
61.17	Co I	6R	10	—
61.1	Cl	—	5	10
61.0	X	—	—	4
60.48	Cu	4	2	—
60.4	Kr	—	—	5
59.913	Fe I	7R	6	—
59.57	U	5	3	—
59.215	Fe	5	2	—
58.7	L	—	1	—
58.33	Ni I	10	8	—
58.30	Co	6	3	—
57.63	Cr	5	2	—
57.53	Ru	5	3	—
57.3	Se	—	—	6
57.21	Br	—	—	6
57.18	O II	—	—	4
57.09	Os	10	—	—
56.8	N	—	1	4
56.79	Co	5	2	—
50.50	Rh	10R	10	—
56.373	Fe I	6R	5	—
56.16	O II	—	—	5
56.02	Si II	—	5	10
55.852	V I	9R	3	—
55.57	Gd	4	3	—

λ in I. A.	Element	Intensität			λ in I. A.	Element	Intensität		
		Bogen	Funke	Geißler			Bogen	Funke	Geißler
3855.29	Cr	5	2	—	3843.86	Nh	3	5	—
55.369	V I	5	3	—	43.69	Co	5	2	—
54.3	X	—	—	4	43.260	Fe	5	2	—
54.23	Cr	4	2	—	43.2	Cl	—	2	5
54.07	Nh	4	1 d	—	43.02	Zr II	3	8	—
54.0	Pb	—	10	—	42.9	As	—	4	7
53.66	Si II	—	5	3	42.8	L, O II	—	1	—
53.8	Cl	—	—	4	42.8	N	—	1	3
53.60	Au	1	4	—	42.50	Tb	5	5	—
53.3	Se	—	—	6	42.06	Co I	6R	10	—
53.16	Ce	8	2	—	41.9	Se	—	—	6
52.80	Pr	7	4	—	41.9	X	—	—	5
52.576	Fe I	3	2	—	41.81	Er	4	2	—
52.50	Gd	10	8	—	41.52	A Bl	—	—	8
52.1	Cd	—	4	—	41.5	X	—	—	7
51.90	Co	5	2	—	41.46	Co I	5	3	—
51.73	Nd	8	5	—	41.30	Cr	5	3	—
51.59	Pr	6	4	—	41.15	Lu	7	2	—
51.57	W	2	6	—	41.09	Mn I	4	6	—
51.5	Cl	—	3	8	41.052	Fe I	6R	5	—
51.4	Rb	—	6	—	41.00	Pr	5	3	—
51.2	L, O II	—	1	—	40.8	Ag I	2	1	—
51.00	Gd	7	5	—	40.755	V I	6	2	—
51.0	Cl	—	—	10	40.70	La	5.	5	—
50.83	Pr	4	4	—	40.6	Zn II	—	15	—
50.821	Fe I	5	2	—	40.440	Fe I	6R	4	—
50.69	Gd	7	4	—	40.29	Os	10	1	—
50.6	L, O II	—	1	—	40.26	Tb	5	—	—
50.56	A Bl	—	—	9	39.77	Mn	4	5	—
50.41	Ru	4	3	—	39.67	Ru	5	3	—
50.2	Sb	—	2	5	39.259	Fe	5	2	—
49.970	Fe I	6	4	—	39.1	L	—	2	—
49.96	Os	10	—	—	39.0	N	—	—	3
49.6	Se	—	2	8	38.29	Mg I	10R	10R	—
49.26	Zr	6	3	—	38.29	S	—	8	8
49.00	La	6	10	—	38.20	Nt	6	4	—
48.76	Tb	10	10	—	38.1	Li	1	—	—
48.51	Nd	5	4	—	37.73	S	—	4	8
48.24	Nd	5	4	—	36.77	Zr	5	10	—
48.04	L, O II	—	1	—	36.52	Gd	4	2	—
47.99	Nt	10	10	—	36.51	Mn	4	1	—
47.32	V	4	10	—	36.49	Dy	6	4	—
47.0	F	—	—	8	36.335	Fe	3	1	—
46.67	Nh	1	5	—	36.2	Se	—	—	7
45.7	Cl	—	—	8	36.03	Os	10	2	—
45.478	Co I	10R	10	—	35.97	Zr I	7	2	—
45.4	Cl	—	—	8	35.4	H I	—	—	—
45.37	A Bl	—	—	3	35.24	Er	4	—	—
45.1	L	—	1	—	35.1	In	—	4	—
43.99	Mn	6	4	—	34.71	Br	—	—	6

λ in I. A.	Element	Bogen	Funke	Geißler
3834.65	AR	—	—	5
34.36	Mn I	6R	8	—
34.226	Fe I	7R	6	—
33.87	Rh	10R	10	—
33.865	Mn	6	4	—
33.76	Mo I	7	3	—
33.76	Ta	2	5	—
33.4	Cl	—	2	8
33.313	Fe	4	1	—
33.10	O II	—	—	3
32.90	Y	6	10	—
32.32	Pd	10	10	—
32.31	Mg I	10R	10R	—
31.85	Nb	3	5	—
31.79	Ru	5	3	—
31.69	Ni I	6	2	—
31.45	U	4	3	—
30.71	Pr	7	4	—
30.7	L	—	1	—
30.54	Er	6	6	—
30.45	O II	—	—	4
30.43	A Bl	—	—	3
30.04	Cr	4	2	—
29.67	Mn	3	3	—
29.51	Er	5	—	—
29.36	Mg I	8R	10R	—
28.87	Mo I	6	3	—
28.560	V I	6	4	—
28.47	Rh	10R	10	—
28.19	Er	4	2	—
27.826	Fe I	6R	8	—
27.80	A Bl	—	—	4
27.7	Cl	—	2	5
27.6	Se	—	—	7
27.4	P	—	3	7
26.80	Er	5	—	—
26.71	Rb	—	4	—
26.70	Mo I	6	2	—
25.885	Fe I	8R	8	—
25.7	Au	—	5	—
25.1	O	—	—	6
25.05	Cu I	3	—	—
24.445	Fe I	6R	5	—
23.897	Mn I	4	4	—
23.6	O	—	—	7
23.512	Mn I	4R	6	—
22.889	V I	4	2	—
22.35	Rh	10R	10	—
22.02	V I	4	3	—
22.0	Au	—	4	—

λ in I. A.	Element	Bogen	Funke	Geißler
3821.68	O II	—	—	4
21.5	J	—	3	8
21.182	Fe	6	3	—
20.88	Cu	3	—	—
20.80	Er	5	—	—
20.430	Fe I	8R	10	—
20.3	Cl	—	1	5
19.64	Eu	10R	10	—
19.604	He I	4	—	—
19.58	Cr	4	2	—
19.17	Nb	6	—	—
18.92	Nb	—	8	—
18.7	Se	—	—	6
18.68	Pt	5	3	—
18.36	Y	4	10	—
18.27	Pr	7	3	—
18.241	V I	8	3	—
17.59	Zr	3	6	—
17.29	Ru	4	3	—
16.88	Co	5	2	—
16.78	Dy	5	4	—
16.63	Gd	4	3	—
16.47	Co	6	3	—
16.46	Rh	6	10	—
16.32	Co	5	3	—
16.2	Bi	—	3	—
16.2	Ny	2	4	—
16.17	Nb	6	—	—
15.843	Fe I	7R	10	—
15.63	Br	—	—	4
15.51	V	3	10	—
15.44	Cr	4	2	—
15.02	Rh	5	8	—
14.44	Ra II	10	10	—
13.99	Gd	9	6	—
13.496	V I	8	3	—
13.24	Nh	8	4	—
12.967	Fe I	6	4	—
12.46	Co	5	2	—
12.1	Se	—	—	6
11.0	X	—	—	4
10.73	Nh	10	0	—
10.48	Nb	10	3	—
09.599	Mn I	6	6	—
09.50	A Bl	—	—	4
09.5	Cl	—	1	4
09.29	Ce	8	3	—
08.523	V I	5	3	—
08.2	J	—	5	10
08.11	Co I	5	3	—

λ in I. A.	Element	Intensität			λ in I. A.	Element	Intensität		
		Bogen	Funke	Geißler			Bogen	Funke	Geißler
3808.10	Er	4	—	—	3798.514	Fe I	6	4	—
07.541	Fe	4	2	—	98.26	Mo I	10R	10R	—
07.3	Sr I	3	—	—	98.20	Pd	6R	8	—
07.15	Ni I	8	8	—	98.11	Nb	10	4	—
06.86	Mn I	6	8	—	97.9	H I	—	—	—
06.85	Tb	5	5	—	97.76	Sm	4	3	—
06.72	Ga	—	5	—	97.71	Cr	4	2	—
06.56	Si III	—	3	8	97.518	Fe	5	3	—
06.76	Rh	7	8	—	97.08	Er	6	3	—
06.701	Fe	6	3	—	96.9	Kr	—	—	4
06.25	Dy	6	10	—	96.82	Rb	—	7	—
05.92	Rh	6	10	—	96.74	Nh	10	10	—
05.9	Zn II	—	10	—	96.48	Zr	3	8	—
05.346	Fe	6	3	—	96.43	Gd	9	10	—
05.2	Cu	3	1	—	96.11	Si III	—	2	7
05.2	Cl	—	2	6	95.98	Er	4	—	—
05.1	Cs	—	6	—	95.76	Er	5	4	—
04.80	Cr	5	3	—	95.76	Ny	3	5	—
04.80	Pr	6	4	—	95.38	A Bl	—	—	5
04.74	Nb	8	4	—	95.005	Fe I	6	5	—
04.6	Kr	—	—	4	94.96	V	8	3	—
04.0	Au	—	5	—	94.76	La	8	10	—
04.0	L	—	1	—	94.75	Ba	4	—	—
03.93	Nb	8	4	—	94.7	Li I	2	—	—
03.48	V I	6	3	—	94.69	S	—	1	5
03.23	A Bl	—	—	4	94.41	Nb	5	2	—
03.14	O II	—	—	6	94.342	Fe	3	1	—
03.12	Er	4	—	—	94.00	Br	—	3	4
02.98	Nb	10	4	—	93.90	Os	10	3	—
02.0	P	—	2	6	93.60	Ni I	6	1	—
01.93	Rb	—	5	—	93.6	Se	—	—	7
01.53	Ce	10	8	—	93.42	Rh	10R	10	—
01.34	Gd	4	4	—	93.21	Rh	5R	10	—
01.17	Nb	—	6	—	92.92	Er	5	—	—
01.1	P	—	2	6	92.9	Bi	—	8	—
01.03	Sn	9R	9R	—	92.7	Kr	—	—	4
00.9	Se	—	8	10	91.83	Er	4	3	—
00.6	Kr	—	—	2	91.7	X	—	—	5
00.4	Cu	2	1	—	91.41	Si III	—	1	6
00.31	Pr	5	4	—	91.4	O III	—	5	—
00.10	Ir	6	10	—	91.24	Nb	10	4	—
3799.9	J	—	—	5	91.15	Gd	4	4	—
99.550	Fe I	6	5	—	90.82	La	8	10	—
99.47	A Bl	—	—	3	90.50	Ru	10R	10	—
99.34	Ru	10R	10	—	90.32	V I	7	2	—
99.31	Rh	10R	10	—	90.22	Mn	3	4	—
99.20	Pd	5R	8	—	90.14	Nb	10	3	—
98.91	V	6	3	—	90.12	Os	9	3	—
98.89	Ru	10R	10	—	90.095	Fe I	4	2	—
98.8	Cl	—	2	5	89.7	Se	—	—	5

λ in I. A.	Element	Intensität			λ in I. A.	Element	Intensität		
		Bogen	Funke	Geißler			Bogen	Funke	Geißler
3788.69	Y II	9	10	—	3776.99	Os	5	2	5
88.48	Rh	8	6	—	76.55	Y	6	10	—
88.46	Dy	4	4	—	76.50	Tb	8	8	—
87.883	Fe I	6R	4	—	76.3	X	—	—	7
87.88	Er	6	3	—	75.73	Tl I	10R	10R	—
87.31	Er	4	1	—	75.64	Er	4	4	—
87.22	Tb	4	—	—	75.57	Ni I	8	5	—
87.21	As	—	3	6	75.49	Nd	6	4	—
87.15	V	2	8	—	75.4	AR	—	—	1
87.08	Nb	10	3	—	74.33	Y II	10	10	—
86.84	Er	5	4	—	74.2	Cl	—	—	4
86.679	Fe I	3	2	—	74.2	O III	—	5	—
86.63	Ce	8	3	—	73.4	Kr	—	—	3
86.6	Se	—	—	7	72.5	X	—	—	5
86.40	A Bl	—	—	4	71.94	Mo	5	2	—
86.37	Mo	2	6	—	71.8	Cu	3	1	—
86.3	Pb	—	3	—	71.654	Ti I	5	3	—
86.20	Dy	6	5	—	71.3	Kr	4	—	—
86.04	Ru	10R	10	—	71.08	Er	4	2	—
85.950	Fe	5	2	—	70.97	V II	3	10	—
85.4	Cs	—	5	—	70.9	L	—	1	—
85.37	Er 3	4	—	—	70.70	Gd	4	6	—
84.25	Nd	6	4	—	70.7	H I	—	—	—
84.25	Ta	3	2	—	70.61	A Bl	—	—	3
83.53	Ni I	8	5	—	70.52	Mo I	6	—	—
83.2	Kr	—	—	10	70.4	AR	—	—	3
83.1	K	—	3	—	70.09	Ny	7	3	—
82.8	As	—	—	6	70.09	Nt?	4	—	—
82.56	Ny	2	5	—	69.98	Rh	6	5	—
82.5	Se	—	—	5	68.73	Er	5	2	—
82.35	Y	—	5	—	68.40	Gd	10	10	—
82.33	Gd	3	10	—	68.24	Cr	4	2	—
82.20	Os	10	4	—	68.21	Er	4	—	—
82.19	Mo	1	6	—	67.5	Cl	—	—	4
81.60	Mo I	5	2	—	67.35	Ru	5	3	—
81.39	Nb	2	5	—	67.3	K	—	3	—
81.2	Cl	—	—	5	67.195	Fe I	6R	5	—
81.13	AR	—	—	3	66.82	Zr II	3	10	—
81.05	Er	4	3	—	66.26	Er	10	3	—
81.03	Nb	5	1	—	66.14	A Bl	—	—	3
81.0	X	—	—	10	65.8	X	—	—	4
80.89	A Bl	—	—	7	65.543	Fe	6	3	—
80.54	Zr	7	3	—	65.32	A Bl	—	—	6
80.40	Nd	5	3	—	65.14	Tb	6	8	—
79.4	Kr	—	—	4	65.08	Rh	10R	10	—
79.0	J	—	—	5	64.38	Zr	6	3	—
78.68	V I	6	2	—	64.12	Ce	8	3	—
78.13	Rh	6	5	—	63.791	Fe I	6R	6	—
78.11	Kr	—	—	10	63.59	A Bl	—	—	4
77.60	O II	—	—	4	63.2	Se	—	—	7

λ in I. A.	Element	Bogen	Funke	Geißler	λ in I. A.	Element	Bogen	Funke	Geißler
3762.88	Th	3	4	—	3750.88	V II	4	4	—
62.63	O II	—	—	5	50.7	X	—	—	4
62.35	Pr	4	I	—	50.52	Er	5	3	—
62.3	X	—	—	4	50.2	H I	—	—	—
61.91	Nt	8	7	—	50.0	Cl	—	—	5
61.50	Ru	4	2	—	49.93	Co	6	4	—
61.33	Nt	8	7	—	49.6	Se	—	—	5
61.327	Ti II	8	10	—	49.51	L	—	6	—
60.534	Fe	3	I	—	49.49	O II	—	5	9
60.053	Fe	5	2	—	49.488	Fe I	8R	10	—
60.02	Ru	6	2	—	49.00	Cr	4R	3	—
59.86	O III	—	—	5	48.96	Fe	3	I	—
59.8	L	—	2	—	48.264	Fe I	6R	4	—
59.57	Nb	10	3	—	48.22	Rh	9	10	—
59.5	Cu	3	I	—	48.19	Nh	10	10	—
59.298	Ti II	9	10	—	48.114	Ti	3	6	—
59.07	La	8	10	—	47.89	S	—	I	5
58.29	Gd	5	4	—	47.81	Dy	4	8	—
58.236	Fe I	7R	8	—	47.55	Y	6	10	—
57.691	Ti II	4	6	—	47.21	Ir	4	6	—
57.44	Tb	4	—	—	46.45	Os	4	I	—
57.37	Dy	4	8	—	46.0	Zr	—	10	—
57.26	Nh	10	10	—	45.902	Fe I	6	4	—
56.941	Fe	3	I	—	45.80	V	3	10	—
56.05	Er 2	3	—	—	45.7	X	—	—	5
55.93	Ru	5	3	—	45.60	Sm	5	3	—
55.50	Mo	I	5	—	45.564	Fe I	7R	5	—
55.450	Co	6R	4	—	45.50	Co I	6R	10	—
55.24	Tb	6	8	—	45.04	Er	4	2	—
54.6	J	—	—	5	44.8	Kr	—	—	9
54.5	L, O III	—	I	—	44.4	Kr	—	—	9
54.3	Se	—	—	7	44.2	P	—	I	5
54.28	Rh	5	5	—	44.17	Rh	6	5	—
54.21	Ne	—	—	5	44.04	Ny	3	3	—
54.2	Kr	—	—	5	44.02	Er	4	I	—
54.12	Rh	5	3	—	43.9	Nt	3R	3	—
53.72	Nh	10	5	—	43.88	Cr	4R	3	—
53.634	Ti I	5	3	—	43.86	Sm	5	3	—
53.614	Fe I	5	2	—	43.7	AR	—	—	I
53.54	Ru	4	2	—	43.56	Cr	4R	3	—
53.51	A Bl	—	—	3	43.470	Fe	4	6	—
53.4	Em	—	—	10	43.45	Gd	—	10	—
52.866	Ti I	10	5	—	42.9	Se	—	—	8
52.7	Os	10	7	—	42.78	Ru	5	3	—
52.58	Th	4	6	—	42.65	Er	5	4	—
51.82	Nt	5	2	—	42.62	Er 2	4	—	—
51.7	Hg	4	4	—	42.41	Nb	10	3	—
51.63	Co	5	3	—	42.31	Mo	5	6	—
51.59	Zr	6	10	—	42.28	Ru	10R	3	—
51.4	Cs	—	4	—	41.9	J	—	3	8

λ in I. A.	Element	Intensität Bogen	Funke	Geißler	λ in I. A.	Element	Intensität Bogen	Funke	Geißler
3741.69	Kr	—	—	10	3731.27	Sm	4	4	—
41.646	Ti II	3	10	—	31.27	Zr	5	10	—
41.28	Sm	4	3	—	30.87	Gd	5	5	—
41.25	Cu	3	1	—	30.48	Co	7	5	—
41.21	Th	5	6	—	30.43	Ru	9R	8	—
41.065	Ti I	10	2	—	30.390	Fe	3	1	—
40.80	Nb	10	5	—	29.812	Ti I	8R	4	—
40.51	Br	—	—	4	29.56	Er	5	5	—
39.96	Zn	4	1	—	29.33	A Bl	—	—	9
39.950	Pb	5R	4R	—	29.3	L	—	1	—
39.92	O II	—	—	6	29.06	Cd I	4	—	—
39.82	Nb	10	3	—	28.66	Rb	—	8	—
39.7	Em	—	—	7	28.46	Sm	4	4	—
39.46	Ru	4	2	—	28.2	Se	—	—	6
39.19	Pr	4	3	—	28.02	Ru	10R	8	—
39.16	Sm	8	5	—	27.70	Zr	2	8	—
38.7	Se	—	10	10	27.622	Fe I	6R	5	—
38.61	Y	3	1	—	27.46	V	—	10	—
38.309	Fe	4	2	—	27.35	V II	5	—	—
38.18	Er	4	4	—	27.33	O II	—	4	8
37.92	A Bl	—	—	5	27.34	L	—	5	—
37.28	Rh	5	4	—	27.3	Ne	—	—	5
37.135	Fe I	7R	6	—	26.93	Ru	10R	8	—
36.905	Ca II	8	10R	—	26.925	Fe	3	1	—
36.812	Ni I	6	3	—	26.24	Nb	10	3	—
35.97	Sm	4	3	—	26.10	Ru	4	3	—
35.93	Co	6	4	—	25.49	Gd	4	3	—
35.8	Kr	—	—	5	25.16	Ti I	5	3	—
35.59	Nd	7	5	—	25.07	Nt	5	3	—
35.59	Er	4	—	—	24.97	Eu	10	10	—
35.328	Fe	3	1	—	24.91	Er 2	4	—	—
35.28	Rh	6	5	—	24.91	Sm	6	—	—
34.867	Fe I	9R	10	—	24.9	J	—	3	8
34.75	Ir	2	6	—	24.77	Y	3	1	—
34.67	Ny	3	—	—	24.58	Ti	5	3	—
34.5	H I	—	—	—	24.53	A Bl	—	—	3
34.40	Pr	4	3	—	24.42	Dy	5	5	—
34.3	Cs	—	4	—	24.380	Fe	6	2	—
34.14	Co	5	3	—	24.20	Ny	3	5	—
34.13	Nt? Du?	5	—	—	22.77	Sb I	6	4	—
34.1	Ny	—	4	—	22.565	Fe I	6R	4	—
33.50	Co	6	6	—	22.48	Ni I	6	1	—
33.320	Fe I	6R	3	—	22.26	Ny	2	6	—
33.08	Gd	5	3	—	21.9	H I	—	—	—
32.75	V	5	10	—	21.84	Th	4	3	—
32.399	Fe	6	1	—	21.64	Ti II	5	5	—
32.398	Co	8	7	—	21.3	Kr	—	—	7
32.38	Gd	5	2	—	20.8	X	—	—	4
31.95	Mn	3	3	—	20.76	Cu	2	—	—
31.35	Ir	3	8	—	20.46	A Bl	—	—	3

λ in I. A.	Element	Intensität			λ in I. A.	Element	Intensität		
		Bogen	Funke	Geißler			Bogen	Funke	Geißler
3720.13	Os	10	2	—	3709.6	J	—	—	5
19.938	Fe I	8R	10	—	09.32	Sb	—	—	6
19.50	Os	10	2	—	09.27	Zr	6	10	—
19.48	Gd	9	10	—	09.250	Fe I	6	4	—
19.32	Du	4	—	—	09.2	L	—	1	—
19.32	Ru	4	2	—	09.16	Os	5	1	—
19.30	Hf	6	6	—	08.83	Co	6	4	—
19	Li	2	—	—	07.922	Fe	5	4	—
18.94	Mn	3	3	—	07.92	W	5	4	—
18.91	Pd	4R	10	—	07.825	Fe I	3	—	—
18.89	Sm	4	3	—	07.64	Nt	4	1	—
18.7	Li	3	—	—	07.3	L, O III	—	1	—
18.6	Kr	—	—	8	07.050	Fe	3	1	—
18.35	Y	3	1	—	06.8	Au	—	4	—
18.25	A Bl	—	—	5	06.52	Pt	4	2	—
18.0	Kr	—	—	10	06.22	Ti	2	8	—
17.91	Nt	10R	4	—	06.1	P	—	6	7
17.71	S	—	5	8	06.03	Ca II	6	8	—
17.6	P	—	5	5	05.9	Sr I	3	1	—
17.40	Ti I	5	2	—	05.81	La II	4	5	—
17.17	A Bl	—	—	3	05.568	Fe I	6R	4	—
17.05	Nb	8	10	—	05.04	V I	7	1	—
17.0	P	—	5	5	05.003	He I	—	—	3
16.449	Fe	6	—	—	04.84	Du	4	—	—
16.38	Gd	5	4	—	04.83	Nt	5	2	—
16.36	Ce	8	3	—	04.70	V I	7	2	—
16.06	W	1	6	—	04.464	Fe	5	2	—
15.52	La	5	4	—	04.06	Co I	4R	7	—
15.47	V	6	10	—	03.93	Tb	8	8	—
14.87	La II	4	3	—	03.87	H I	—	—	—
14.83	Rh	4	1	—	03.566	V I	10	3	—
14.77	Zr	5	6	—	03.25	Os	4	1	—
13.55	La	5	6	—	02.9	L, O III	—	1	—
13.3	Ne	—	—	9	02.85	Tb	6	10	—
13.103	Al III	—	3	—	02.55	Mo	2	8	—
13.05	Nb	10	3	—	02.34	Nh	5	3	—
13.02	Rh	4R	5	—	02.25	Co	7	6	—
12.95	Cr	2	6	—	02.086	Al III	—	2	—
12.75	O II	—	2	7	01.61	Dy	4	4	—
12.73	Gd	6	10	—	01.40	Du	6	—	—
12.7	L	—	3	—	01.37	Nt	9	9	—
12.39	Er	4	3	—	01.22	Ne	—	—	5
12.01	H I	—	—	—	01.09	Fe	6	2	—
11.75	Tb	10	4	—	00.92	Rh	10R	10	—
11.6	Se	—	6	10	00.56	Ny	4	—	—
11.5	J	—	2	6	00.5	Cu	3	1	—
11	Na	—	3	—	00.34	V	1	8	—
10.30	De	3	—	—	00.25	Co	7	6	—
10.30	Y II	10	10	—	3699.91	Pt	4	2	—
09.92	Ce	8	3	—	99.75	Gd	4	5	—

λ in I. A.	Element	Bogen	Funke	Geißler	λ in I. A.	Element	Bogen	Funke	Geißler
3699.62	Rb	—	10	—	3690.57	Ny	3	5	—
99.5	Cs	—	5	—	90.37	Pd	6R	10	—
99.45	De	3	—	—	90.27	V I	8	4	—
99.33	Wels	3	—	—	89.460	Fe	6	2	—
98.60	Rh	6	5	—	89.05	Os	5	1	—
98.59	Ny	2	8	—	88.5	Ba I	3	3	—
98.26	Rh	4	3	—	88.42	Eu	10	10	—
98.17	Zr	6	10	—	88.32	Mo	1	10	—
98.17	Dy	4	10	—	88.3	J	—	3	8
97.84	Nb	10	3	—	88.070	V I	8	3	—
97.74	Gd	5	5	—	87.95	Nb	2	8	—
97.58	Nt	4	—	—	87.76	Gd	5	5	—
97.46	Zr II	5	3	—	87.48	V	7	3	—
97.2	H I	—	—	—	87.459	Fe I	6R	4	—
96.58	Ru	4	2	—	87.41	Pt	4	2	—
96.5	AR	—	—	1	87.20	Pr	5	2	—
96.24	Er	4	3	—	87.05	Pr	4	3	—
95.867	V I	8	3	—	86.81	H I	—	—	—
95.53	Bi	—	8	—	86.6	J	—	3	8
95.52	Rh	7	8	—	86.34	Gd	4	4	—
95.33	V	6	4	—	86.2	Se	—	—	7
95.055	Fe	3	2	—	86.14	Kr	—	—	6
94.96	Mo	6	2	—	86.000	Fe	5	2	—
94.75	Dy	6	10	—	85.73	Ne	—	—	5
94.75	Nt	5	2	—	85.190	Ti II	10R	10	—
94.75	Tb	5	1	—	85.16	Nh	3	8	—
94.4	Ne	—	—	9	84.6	Cu	3	1	—
94.24	Nh	5	10	—	84.48	Co	5	3	—
94.20	Er	4	—	—	84.34	Lu	4	—	—
94.20	Ny	10R	10	—	84.14	Gd	4	2	—
94.00	Fe	6	2	—	84.112	Fe	5	2	—
93.99	Sm	4	4	—	83.5	Sb	—	4	2
93.69	Mn	4	3	—	83.472	Pb	3R	10	—
93.5	Br	—	—	3	83.11	V I	6	3	—
93.48	Co	5	4	—	83.058	Fe I	4	2	—
93.11	Co	5	4	—	83.054	Co	8	8	—
92.67	Ny	3	3	—	82.98	Pt	4	2	—
92.65	Er	—	10	—	82.80	H I	—	—	—
92.65	Mo	2	9	—	82.3	Ag I	3	1	—
92.65	Nh	5	8	—	82.23	Fe	6	3	—
92.53	Y	6	2	—	82.24	Hf	6	6	—
92.4	O I	—	—	7	82.23	Ne	—	—	5
92.35	Rh	10R	10	—	81.5	K	—	4	—
92.22	V I	8	4	—	81.04	Rh	7	4	—
91.89	AR	—	—	3	80.67	Mo	5	2	—
91.59	H I	—	—	—	80.4	Kr	—	—	7
91.15	Tb	5	5	—	80.10	V	7	6	—
90.729	Co	4	3	—	80.1	AR	—	—	4
90.72	Rh	10R	10	—	80.0	Hg I	3	—	—
90.6	Kr	—	—	5	79.916	Fe I	5	3	—

λ in I. A.	Element	Intensität			λ in I. A.	Element	Intensität		
		Bogen	Funke	Geißler			Bogen	Funke	Geißler
3679.71	Th	3	5	—	3670.07	U	4	3	—
79.42	Ce	6	2	—	69.70	De	5	—	—
79.4	Kr	—	—	4	69.70	Ny?	4	5	—
79.35	H I	—	—	—	69.55	Ru	5	3	—
78.90	Zr	3	6	—	69.524	Fe	6	2	—
78.89	Nt	5	3	—	69.42	H I	—	—	—
78.33	AR	—	—	5	69.42	V	1	8	—
78.31	Ru	4	2	—	69.155	Fe	3	1	—
78.18	Nt	5	2	—	69.1	X	—	—	5
77.95	De	3	—	—	69.00	Er	4	3	—
77.630	Fe	6	2	—	69.00	Du?	4	—	—
76.6	P	—	4	6	69.0	Kr	—	—	9
76.6	X	—	—	7	68.98	S	—	1	6
76.56	Dy	3	10	—	68.97	Ti I	6	2	—
76.555	Co	8	6	—	68.84	Pr	5	4	—
76.35	Tb	8	10	—	68.6	Kr	—	—	2
76.34	H I	—	—	—	68.48	Y	3	10	—
76.313	Fe	4	1	—	68.45	Zr	5	4	—
75.72	Rb	—	5	—	68.08	Nt	6	3	—
75.70	V I	6	2	—	67.96	Nh	5	3	—
75.2	AR	—	—	1	67.72	H I	—	—	—
75.05	Ny?	4	10	—	67.72	V	8	3	—
75.00	Ir	4	4	—	67.27	Fe	4	1	—
74.77	Nh	4	8	—	66.92	Rh	5	2	—
74.77	Rh	5	2	—	66.8	X	—	—	5
74.71	Zr II	6	10	—	66.77	Rb	—	5	—
74.156	Ni I	6	3	—	66.23	Rh	8	4	—
74.07	Gd	4	1	—	66.09	H I	—	—	—
74.05	Pt	5	2	—	65.79	Nt	5	3	—
73.8	H I	—	—	—	65.3	Kr	—	—	3
73.51	Nd	5	2	—	65.19	Nd	5	2	—
73.40	V	6	3	—	64.70	Nb	8	2	—
73.14	Dy	5	2	—	64.7	Em	—	—	8
72.79	Nt	4	—	—	64.64	Gd	7	10	—
72.34	Nd	5	3	—	64.63	Ir	4	3	—
72.30	Dy	5	5	—	64.60	Y	10	10	—
72.00	Pt	8	3	—	64.6	H I	—	—	—
71.68	Ti I	5	3	—	64.45	Du	4	—	—
71.50	Pb	3R	10	—	64.3	Ne	—	—	7
71.34	H I	—	—	—	64.2	P	—	3	6
71.26	Zr	4	10	—	64.2	Rb	—	10	—
71.24	Gd	10	8	—	64.10	Ni I	5	3	—
71.21	V	6	2	—	63.86	Rb	—	5	—
70.90	Os	7	2	—	63.64	Zr	7	4	—
70.82	Sm	6	5	—	63.58	V	6	4	—
70.69	AR	—	—	3	63.40	H I	—	—	—
70.424	Ni I	5	2	—	63.37	Ru	6	3	—
70.4	Li	1	—	—	63.27	Gd	4	4	—
70.3	Se	—	—	5	63.27	Hg I	10R	10R	—
70.08	Fe	3	1	—	63.12	Tb	5	3	—

λ in I. A.	Element	Intensität			λ in I. A.	Element	Intensität		
		Bogen	Funke	Geißler			Bogen	Funke	Geißler
3663.09	Pt	4	1	—	3654.40	Ru	4	2	—
62.88	Hg I	6	—	—	53.96	Kr	—	—	10
62.78	Rb	—	7	—	53.93	Cr	5	2	—
62.54	Ba	4	1	—	53.62	Nt	5	3	—
62.28	Nh	10	5	—	53.497	Ti I	10R	4	—
62.24	Ti	4	10	—	53.4	P	—	3	6
62.21	H I	—	—	—	53.20	Ir	1	6	—
62.16	Co	6	5	—	53.10	Nd	6	2	—
61.96	S	—	1	5	53.0	Se	—	—	6
61.9	J	—	1	6	52.54	Co I	4R	3	—
61.87	Rh	5	3	—	51.90	Os	7	1	—
61.72	Ir	5	3	—	51.83	Sc II	10	10	—
61.4	Cs	—	6	—	51.471	Fe	6	3	—
61.36	Sm	4	4	—	51.7	Sb	—	2	—
61.35	Ru	8R	10	—	51.18	Nb	3	5	—
61.16	H I	—	—	—	51.14	Mo	1	8	—
60.50	A Bl	—	—	3	51.06	Al II	—	6	—
60.36	Nb	5	2	—	50.94	A Bl	—	—	3
60.32	H I	—	—	—	50.42	Tb	7	8	—
59.77	Ti	4	10	—	50.38	Du	4	—	—
59.60	Nb	3	6	—	50.37	Er	4	4	—
59.520	Fe	5	1	—	50.281	Fe	4	1	—
59.51	Th	3	6	—	50.2	X	—	—	4
59.5	AR	—	—	2	50.17	La	5	4	—
59.36	Mo	6	3	—	50.15	Hg I	10R	10R	—
58.87	Tb	8	8	—	50.1	Cl	—	1	4
58.65	H I	—	—	—	50.1	Kr	—	—	2
58.10	Ti I	6	3	—	50.029	Fe	3	1	—
58.04	H I	—	—	—	49.60	Ra II	10	10	—
57.99	Rh	10R	10	—	49.6	X	—	—	4
57.68	W	2	6	—	49.509	Fe I	6	3	—
57.25	H I	—	—	—	49.34	Co	7	2	—
56.9	Se	—	—	5	49.306	Fe	3	—	—
56.90	Os	6	1	—	49.1	Au	—	3	—
56.65	H I	—	—	—	48.76	Dy	5	4	—
56.26	Cr	5	2	—	48.6	Kr	—	—	5
56.15	Gd	7	8	—	47.846	Fe I	6R	6	—
56.1	A Bl	—	—	3	47.77	Lu	5	2	—
55.84	Ce	10	3	—	47.75	Tb	5	—	—
55.76	Sm	4	3	—	47.71	Nt	4	2	—
55.467	Fe	4	1	—	47.66	Co I	4R	2	—
55.35	A Bl	—	—	4	47.429	Fe I	3	1	—
55.00	Al II	—	8	—	46.79	Er	4	1	—
54.9	Se	—	—	5	46.53	W	3	6	—
54.89	Rh	7	3	—	46.32	Rb	—	5	—
54.88	Tb	5	4	—	46.30	Pr	5	3	—
54.83	Hg I	6R	10	—	46.19	Gd	10	10	—
54.64	Gd	7	8	—	45.92	Du	5	—	—
54.6	X	—	—	5	45.824	Fe	4	2	—
54.49	Os	4	1	—	45.66	Pr	5	4	—

λ in I. A.	Element	Intensität			λ in I. A.	Element	Intensität		
		Bogen	Funke	Geißler			Bogen	Funke	Geißler
3645.60	W	2	6	—	3637.76	Ny	5	5	—
45.41	La	6	8	—	37.5	Kr	—	—	4
45.40	Dy	8	10	—	37.5	Se	—	10	10
45.38	Tb	5	3	—	37.46	Ru	4	2	—
45.33	Sm	4	3	—	37.08	A Bl	—	—	3
45.32	Sc II	10	10	—	36.9	Ba	3	—	—
45.2	Cu	3	1	—	36.59	Cr	5R	3	—
44.76	Ca I	5	—	—	36.26	Lu	10	3	—
44.39	Ca I	10	4	—	36.22	Ir	6	3	—
44.31	Hf	6	6	—	35.9	Cu	3	2	—
43.98	Dy	5	3	—	35.467	Ti I	9R	3	—
43.64	Nt?	5	4	—	35.45	Mo	6	1	—
43.18	Co	5	2	—	35.15	Mo	2	10	—
43.16	Pt	6	6	—	35.1	Au	—	3	—
43.1	AR	—	—	2	34.94	Ru	10R	3	—
42.81	Sc II	10	10	—	34.72	Co	6	2	—
42.680	Ti I	10R	3	—	34.68	Pd	10R	10	—
42.05	Ta	10	2	—	34.54	Ny	3	1	—
41.84	Cr	5	3	—	34.4	AR	—	—	4
41.66	Tb	7	4	—	34.336	Fe	5	1	—
41.53	La	4	2	—	34.27	Sm	4	4	—
41.41	W	3	10	—	34.26	Dy	5	3	—
41.335	Ti II	4	10	—	33.84	Fe	4	—	—
41.3	Cs	—	4	—	33.660	Ne	—	—	5
41.3	Kr	—	—	4	33.57	Er	4	5	—
41.25	Er	4	4	—	33.53	Du?	4	—	—
41.0	X	—	—	4	33.48	Zr	3	6	—
40.64	Ru	4	2	—	33.25	Au	—	4	—
40.40	Ba	3	—	—	33.13	Y	10	10	—
40.392	Fe	6	3	—	32.84	Co	7	2	—
40.34	Os	6	2	—	32.6	AR	—	—	4
40.24	Dy	5	3	—	32.557	Fe	3	1	—
39.86	A Bl	—	—	4	32.2	X	—	—	4
39.86	Rb	—	5	—	32.042	Fe	6	2	—
39.81	Cr	6R	5	—	31.99	S	—	1	8
39.6	L	—	4	—	31.9	Kr	—	—	10
39.6	Sb	—	3	—	31.5	Se	—	—	7
39.584	Pb	6R	10R	—	31.465	Fe I	6R	6	—
39.52	Rh	7	3	—	31.36	Co I	6	3	—
39.45	De	3	—	—	31.14	Sm	4	3	—
39.44	Co	10	2	—	31.10	Fe	5	1	—
39.27	Y	3	1	—	31	Na	—	5	—
38.80	Pt	7	3	—	30.99	Pr	5	3	—
38.68	Er	6	1	—	30.96	Ca I	4	3	—
38.45	Tb	7	5	—	30.75	Sc II	10	10	—
38.30	Nh	4	5	—	30.73	Ca I	6	4	—
38.299	Fe	6	2	—	30.65	Ba	8	2	—
37.862	Fe	4	1	—	30.353	Fe	3	1	—
37.86	A Bl	—	—	4	30.20	Dy	5	5	—
37.83	Sb I	7	6	4	30.01	Zr	5	5	—

λ in I. A.	Element	Intensität			λ in I. A.	Element	Intensität		
		Bogen	Funke	Geißler			Bogen	Funke	Geißler
3629.73	Mn I	4	1	—	3618.4	K	—	3	—
29.41	Dy	5	5	—	18.390	Fe	3	1	—
28.83	La	4	3	—	17.81	Er	4	5	—
28.70	Y	8	10	—	17.789	Fe	6	3	—
28.69	Ir	7	5	—	17.52	W	7R	2	—
28.20	Tb	8	3	—	17.319	Fe	3	1	—
28.11	Pt	10	4	—	17.23	Ir	6	4	—
27.98	Er	5	2	—	17.1	P	—	2	6
27.81	Co I	8R	4	—	17.07	Th	4	5	—
27.80	Rh	4	1	—	16.59	Du?	5	—	—
27.40	Th	—	2R	—	16.58	Os	6	2	—
27.3	Cu	4	1	—	16.58	Er	4	8	—
27.18	Nh	8	8	—	16.578	Fe	4	1	—
26.67	Nh	10	8	—	16.0	Se	—	—	6
26.61	Ta	9	3	—	15.66	Tb	5	3	—
26.60	Rh	10R	10	—	15.4	Kr	—	—	2
26.44	Ru	5	2	—	14.78	Rh	6	4	—
26.30	Ir	4	3	—	14.77	Zr II	6	10	—
25.54	Tb	5	—	—	14.4	Cd I	7	7	—
25.19	Ru	4	—	—	14.25	Mo	8	3	—
25.149	Fe	4	1	—	14.03	Au	—	3	—
24.96	Co I	6	1	—	13.83	Sc II	10	10	—
24.831	Ti II	5	8	—	13.79	W	3	10	—
24.73	Ni I	5	2	—	13.70	Ce	10R	2	—
24.47	Mo	6	3	—	13.7	Cu	4	2	—
24.2	Cu	4	1	—	13.64	He I	—	—	3
24.10	Ca I	6R	4	—	13.42	Gd	5	4	—
24.1	X	—	—	8	13.10	Zr	6	5	—
23.97	Lu	10	10	—	12.9	Se	—	—	5
23.87	Ir	6	4	—	12.875	Cd I	8R	9	—
23.84	Ce	7	3	—	12.74	Ni I	7	3	—
23.79	Mn I	4	2	—	12.47	Rh	5R	8	—
23.6	Kr	—	—	4	12.352	Al III	—	4	—
23.188	Fe	5	2	—	12.079	Fe	4	1	—
23.1	X	—	—	5	12.0	Em	—	—	4
22.18	A Bl	—	—	4	11.89	Zr	4	8	—
22.008	Fe	6	3	—	11.70	Co	6	2	—
21.464	Fe	6	3	—	11.52	Cs I	4	—	—
21.22	Sm	4	3	—	11.33	Tb	5	2	—
21.21	Cu	6	2	—	11.05	Y II	10	10	—
21.21	V	1	6	—	11.0	Ba	3	—	—
20.94	Y I	10	8	—	10.76	Gd	5	—	—
20.46	Rh	6	3	—	10.510	Cd I	10R	10R	—
19.83	Ny	5	8	—	10.5	In	—	7	—
19.392	Ni I	10	10	—	10.46	Co	4R	—	—
19.19	Ru	4	2	—	10.46	Ni I	9	4	—
18.95	V	1	8	—	10.4	Se	—	3	6
18.770	Fe I	6R	6	—	10.30	Mn I	6	3	—
18.7	Se	—	—	6	10.161	Fe	5	3	—
18.5	Cs	—	9	—	10.16	Ti	5	2	—

λ in I. A.	Element	Bogen	Funke	Geißler	λ in I. A.	Element	Bogen	Funke	Geißler
3609.8	L	—	1	—	3600.78	Er	5	—	—
09.78	Ir	6	3	—	00.73	Y II	10	10	—
09.78	Nd	5	1	—	00.68	Rb	—	6	—
09.55	Pd	9R	10	—	00.6	Br	—	3	—
09.52	Nt	4	2	—	00.34	Dy	6	10	—
09.5	X	—	—	5	00.16	Ne	—	—	5
09.48	Sm	6	4	—	3599.9	Kr	—	—	6
09.45	Th	4	4	—	99.89	Zr	3	6	—
09.32	Ni I	5	2	—	99.84	Er	5	8	—
09.3	K	—	3	—	99.76	Ru	5	4	—
09.17	Ne	—	—	5	99.627	Fe	3	1	—
08.861	Fe I	6R	6	—	99.51	Er	3	5	—
08.77	Nt	9	4	—	99.42	Ba I	4	1	—
08.48	Mn I	6	3	—	99.3	AR	—	—	1
08.3	Cs	—	5	—	99.2	Kr	—	—	4
08.150	Fe	3	1	—	99.136	Cu	8	2	—
07.9	Kr	—	—	9	98.78	Zr	4	2	—
07.520	Mn I	8	3	—	98.77	Nh	10	10	—
07.41	Ta	7	2	—	98.72	Ti	5	2	—
07.36	Zr	4	5	—	98.5	F	—	—	5
07.0	X	—	—	5	98.11	Os	9	2	—
06.87	Er	4	—	—	98.00	Nd	5	2	—
06.682	Fe	5	4	—	97.700	Ni I	8R	6	—
06.53	AR	—	—	5	97.5	Sb	—	4	5
06.47	Ny	4	4	—	97.4	Cs	—	6	—
05.87	Rh	8	4	—	97.17	Rh	10R	10	—
05.83	Ir	2	10	—	96.6	X	—	—	5
05.463	Fe	5	3	—	96.38	Tb	5	3	—
05.36	Co I	4R	3	—	96.19	Rh	10R	10	—
05.330	Cr I	10R	10	—	96.17	Ru	10R	6	—
04.28	Sm	4	—	—	96.11	Bi	4R	4	—
03.82	Fe	3	1	—	96.050	Ti	5	5	—
03.74	Cr	3	10	—	96.03	Rh	4	—	—
03.24	Eu	5	2	—	95.82	Er	4	—	—
03.206	Fe	5	3	—	95.112	Mn I	4	2	—
02.9	L	—	1	—	94.87	Co I	7R	4	—
02.57	Nb	6	2	—	94.635	Fe	5	3	—
02.7	F	—	—	6	94.6	L	—	1	—
02.28	Ni I	5	2	—	94.41	Ir	4	4	—
02.1	Cl	—	4	4	93.97	Nb	6	2	—
02.083	Co I	5R	4	—	93.632	Ne	—	—	7
02.039	Cu	8	2	—	93.522	Ne	—	—	8
01.92	Y II	10	10	—	93.48	Cr I	10R	8R	—
01.623	Al III	—	10	—	93.33	V	5	10	—
01.42	Ir	4	2	—	93.03	Ru	10R	6	—
01.2	F	—	—	5	92.91	Y I	9	4	—
01.19	Zr	6	4	—	92.69	Gd	5	8	—
01.05	Th	3	7	—	92.62	Sm	6	5	—
00.95	Gd	4	3	—	92.58	Nd	5	2	—
00.95	Nh	3	5	—	92.42	W	4	10	—

λ in I. A.	Element	Bogen	Funke	Geißler
3592.12	Dy	5	3	—
92.02	V	5	10	—
91.81	Dy	5	2	—
91.59	Rb I	4R	—	—
91.43	Dy	5	3	—
91.22	De	3	—	—
90.52	Sc II	10	10	—
90.46	Si III	—	8	—
90.1	F	—	—	5
89.75	V	5	10	—
89.66	Sc II	10	10	—
89.6	Kr	—	—	7
89.454	Fe	3	1	—
89.35	Nb	5	1	—
89.107	Fe I	4	1	—
89.05	Nb	5	2	—
89.0	L	—	1	—
88.62	Fe	3	1	—
88.49	A Bl	—	—	9
88.15	Ba	3	—	—
87.929	Ni I	5	2	—
87.74	Y	3	2	—
87.49	Nd	5	2	—
87.19	Co I	8R	10	—
87.07	Rb I	5R	—	—
87.06	Al II	—	8	—
86.988	Fe I	6	3	—
86.6	Au	—	5	—
86.55	Al II	—	10	—
86.55	Mn I	5	4	—
86.52	Ba	3	1	—
86.29	Ta	4	1	—
86.115	Fe	5	3	—
85.709	Fe I	5	3	—
85.46	Ny	8	5	—
85.321	Fe I	6	3	—
85.16	Co I	4R	4	—
85.09	Dy	5	3	—
84.96	Gd	8	10	—
84.960	Fe	9	2	—
84.80	Co I	5	1	—
84.664	Fe	5	2	—
84.51	Y	4	10	—
84.42	Dy	5	2	—
83.6	As	—	—	5
83.6	X	—	—	6
83.3	J	—	3	8
83.10	Rh	10R	10	—
82.39	AR	—	—	6
82.202	Fe	4	2	—

λ in I. A.	Element	Bogen	Funke	Geißler
3581.92	Gd	4	5	—
81.65	A Bl	—	—	5
81.197	Fe I	8R	10	—
80.98	Sc II	10	10	—
80.51	Du?	4	—	—
80.27	Nb	10	3	—
79.7	Ba I	6	2	—
79.7	X	—	—	6
79.20	Tb	5	5	—
78.687	Cr I	10R	10R	—
78.8	Se	—	4	6
78.28	Y	4	—	—
77.98	Dy	5	3	—
77.881	Mn I	8R	5	—
77.62	Ba	4	1	—
77.45	Ce	8	4	—
77.37	Ga	—	9	—
77.2	L	—	1	—
76.89	Dy	6	3	—
76.86	Zr II	7	10	—
76.8	Rb	—	4	—
76.761	Fe	4	1	—
76.7	X	—	—	5
76.65	AR	—	—	4
76.38	Sc II	10	10	—
76.25	Dy	6	3	—
76.04	Ba	3	—	—
75.85	Nb	10	2	—
75.375	Fe	4	2	—
75.36	Co I	5R	5	—
75.3	Ga	—	7	—
75.249	Fe	3	—	—
74.96	Co I	5R	4	—
74.9	Ne	—	—	6
74.55	Ny	4	—	—
74.41	La	5	1	—
74.05	Nt	4	3	—
73.893	Fe	4	2	—
73.84	Fe	3	—	—
73.74	Ir	6	8	—
73.23	Nh	4	5	—
72.739	Pb	5R	10	—
72.57	Sc II	10	10	—
72.472	Zr II	10	10	—
72.47	W	3	10	—
71.998	Fe	7	2	—
71.872	Ni I	7R	3	—
71.44	Y	3	2	—
71.17	Pd	5R	10	—
70.66	W	5	3	—

λ in I. A.	Element	Intensität			λ in I. A.	Element	Intensität		
		Bogen	Funke	Geißler			Bogen	Funke	Geißler
3570.60	Ru	5	3	—	3560.82	Ce	8	4	—
70.3	L	—	1	—	60.7	Se	—	—	5
70.24	Fe	7	—	—	60.69	Ny	8	5	—
70.2	Se	—	5	9	60.6	L	—	1	—
70.102	Fe I	7R	10	—	60.33	Ny	8	3	—
70.102	Mn I	4R	3	—	59.82	Os	10	3	—
69.80	Nt	4	—	—	59.8	Cs	—	5	—
69.799	Mn I	8R	4	—	59.54	A Bl	—	—	7
69.495	Mn I	6R	5	—	59.3	Sb	—	4	1
69.38	Co I	6R	10	—	59.01	Ir	5	3	—
68.979	Fe	4	1	—	58.78	Co I	5	2	—
68.7	Ne	—	—	8	58.55	Sc II	10	10	—
68.52	Tb	7	5	—	58.520	Fe I	5	4	—
68.29	Sm	6	4	—	58.21	Dy	5	2	—
67.84	Lu	10	5	—	57.78	Nt	5	3	—
67.72	Sc II	10	10	—	57.18	Ir	4	3	—
67.68	AR	—	—	4	57.06	Gd	5	5	—
67.04	Fe	4	1	—	56.882	Fe	6	2	—
66.72	Ta	4	1	—	56.80	V	4	10	—
66.68	Ba	3	—	—	56.76	Nh	8	10	—
66.61	U	4	2	—	56.60	Zr II	9	10	—
66.5	Sb	—	3	—	56.5	P	—	2	6
66.47	Nt	5	3	—	56.0	AR	—	—	2
66.4	P	—	2	5	54.928	Fe	8	4	—
66.375	Ni I	10R	10	—	54.62	Nb	10	2	—
66.17	V	3	8	—	54.43	Lu	10	10	—
66.102	Zr	6	3	—	54.31	AR	—	—	4
65.90	Nt	5	8	—	54.30	Du	3	—	—
65.584	Fe	4	—	—	54.122	Fe I	4	1	—
65.382	Fe I	6R	5	—	53.744	Fe	5	2	—
65.2	X	—	—	4	53.56	Au	2	4	—
65.06	AR	—	—	5	53.5	Kr	—	—	4
64.95	Co I	5R	4	—	53.09	Pd	7R	10	—
64.3	AR	—	—	3	52.99	Co	6	2	—
64.3	X	—	—	4	52.839	Fe	4	1	—
64.2	Kr	—	—	4	52.69	Y I	5	3	—
64.15	Rh	4	2	—	52.5	P	—	1	6
64.1	Cs	—	4	—	52.1	X	—	—	6
63.66	Dy	6	3	—	51.95	Zr	8	10	—
63.53	Nb	10	2	—	51.7	As	—	—	5
63.2	AR	—	—	3	51.59	Dy	5	3	—
63.12	Dy	6	4	—	51.538	Ni I	5	1	—
62.4	Br	—	10	—	51.03	Br	—	3	—
61.98	Ba	3	—	—	50.64	Cr	4	2	—
61.75	Tb	10	10	—	50.60	Co I	5R	3	—
61.65	Hf	6	6	—	50.46	Nb	5	1	—
61.2	J	—	3	8	50.21	Dy	8	10	—
61.06	A Bl	—	—	6	49.871	Fe	3	—	—
60.90	Co I	4R	4	—	49.80	Ny	3	5	—
60.88	Os	9	4	—	49.55	Rh	7	5	—

λ in I. A.	Element	Bogen	Funke	Geißler	λ in I. A.	Element	Bogen	Funke	Geißler
3549.37	Gd	7	10	—	3541.2	F	—	—	5
49.05	W	2	6	—	41.089	Fe	6	3	—
48.99	Y	10	10	—	40.24	Tb	5	5	—
48.53	A Bl	—	—	3	40.128	Fe	4	1	—
48.45	Co	7	2	—	40.1	Br	—	8	—
48.187	Mn I	4R	3	—	39.08	Ce	7	2	—
48.18	Ni I	6	3	—	38.75	Th	1	10	—
48.022	Mn I	4R	3	—	38.52	Dy	5	4	—
47.792	Mn I	5R	4	—	38.13	Rh	4	3	—
47.7	Ba I	4	—	—	37.95	Ru	4	2	—
47.691	Zr	7	3	—	37.90	Nt	4	1	—
47.03	Ti	5	1	—	37.893	Fe	4	1	—
46.9	J	—	—	5	37.730	Fe	4	1	—
46.83	Dy	6	4	—	37.50	Nb	10	2	—
46.52	Tb	5	2	—	36.57	Nt	5	2	—
46.00	Nh	10	10	—	36.56	De	5	—	—
45.86	A Bl	—	—	7	36.558	Fe	6	3	—
45.85	Du	3	—	—	36.20	Nt	5	3	—
45.78	Gd	9	10	—	36.05	Dy	.5	5	—
45.74	Ny	4	1	—	35.73	Sc	10	10	—
45.642	Fe	5	1	—	35.67	Cd II	—	5	—
45.64	A Bl	—	—	7	35.53	Nt	5	3	—
45.23	W	6	3	—	35.41	Ti	4	10	—
45.20	V	4	10	—	35.37	A Bl	—	—	5
44.93	Lu	5	—	—	35.30	Nb	10	3	—
44.93	Y	3	1	—	35.3	Kr	—	—	6
44.7	Ba I	6	—	—	34.96	Dy	5	3	—
44.64	Nb	5	2	—	34.83	Nt	4	2	—
44.5	Kr	—	—	5	33.74	Cu	7	1	—
44.24	Dy	8	3	—	33.73	V	7	4	—
44.2	Se	—	10	10	33.361	Co I	6R	4	—
44.1	Kr	—	—	5	33.198	Fe	5	2	—
44.03	Y	3	1	—	33.007	Fe	4	1	—
44.00	Nb	8	2	—	33	Na	—	8	—
43.97	Rh	6	4	—	32.82	Os	8	1	—
43.7	Se	—	6	10	32.81	Ru	4	2	—
43.68	Fe	4	1	—	32.11	Mn I	5R	3	—
43.65	Al II	—	6	—	31.999	Mn I	5R	3	—
43.33	Nd	5	2	—	31.838	Mn I	4R	2	—
43.26	Co	7	2	—	31.73	Nh	5	10	—
42.70	Os	5	2	—	31.70	Dy	10	10	—
42.62	Zr	5	10	—	31.62	Rb	—	4	—
42.5	Ag	3	2	—	31.59	Ta	4	1	—
42.4	X	—	—	6	31.39	Ru	4	1	—
42.30	Dy	5	3	—	30.77	V	7	10	—
42.17	Eu	5	—	—	30.384	Cu	7	2	—
42.080	Fe	6	3	—	30.384	Fe	4	1	—
41.91	Rh	5	2	—	30.2	P	—	4	5
41.22	Rb	—	4	—	30.0	Se	—	—	5
41.2	B	—	10	—	29.820	Fe	4	1	—

λ in I. A.	Element	Intensität			λ in I. A.	Element	Intensität		
		Bogen	Funke	Geißler			Bogen	Funke	Geißler
3529.814	Co I	8R	6	—	3520.16	Nh	4	5	—
29.74	V	6	2	—	20.14	Ru	4	2	—
22.49	Ba	3	—	—	20.087	Co I	4R	3	—
29.41	Te I	8R	—	—	20.04	Er	4	2	—
29.037	Co I	4R	3	—	20.02	A Bl	—	—	4
29.00	Dy	5	4	—	20.00	Cu	4	1	—
28.91	Th	2	5	—	19.92	Nh	5	5	—
28.9	Br	—	4	—	19.775	Ni I	5	3	—
28.69	Ru	4	1	—	19.76	Tb	5	3	—
28.60	Os	9	3	—	19.75	Dy	5	3	—
28.54	Gd	4	3	—	19.64	Ru	4	2	—
28.03	Rh	10R	10	—	19.605	Zr	8	3	—
27.96	Ni I	5	2	—	19.21	Tl I	10R	10R	—
27.796	Fe	4	1	—	18.352	Co I	6R	7	—
27.47	Cu	5	1	—	18.15	Er	4	3	—
27.0	J	—	—	5	17.62	Nt	4	—	—
26.92	Dy	5	1	—	17.44	Ga	—	8	—
26.853	Co I	9R	6	—	17.4	Br	—	5	—
26.673	Fe	5	1	—	17.38	Ce	7	2	—
26.468	Fe	4	1	—	17.30	V	6	10	—
26.378	Fe	3	—	—	17.27	Dy	5	4	—
26.167	Fe I	5	2	—	17.1	La	—	10	—
25.81	Zr	5	4	—	16.95	Pd	8R	10	—
25.61	Tb	5	—	—	16.9	Se	—	—	5
25.0	Ba I	6	—	—	16.41	Fe	3	1	—
24.97	Nt	4	—	—	16.2	P	—	—	5
24.72	V	3	8	—	15.96	Ir	6	3	—
24.65	Mo	2	7	—	15.6	Se	—	—	7
24.539	Ni I	10R	10	—	15.58	Nh	10	10	—
24.242	Fe	4	1	—	15.189	Ne	—	—	6
24.21	Gd	5	3	—	15.056	Ni I	9R	10	—
24.12	Cu	5	3	—	14.92	Er	4	3	—
24.076	Fe	4	1	—	14.8	L	—	1	—
24.03	Dy	5	10	—	14.70	Pt	3	1	—
23.70	Co	5	2	—	14.49	Ru	4	2	—
23.66	Tb	5	5	—	14.40	A Bl	—	—	6
23.64	Os	5	2	—	14.05	La	3	—	—
23.438	Co I	4R	5	—	13.95	Ni I	5	8	—
22.8	X	—	—	5	13.821	Fe I	5	3	—
22.05	Ir	6	4	—	13.67	Ir	9	8	—
21.97	A Bl	—	—	5	13.483	Co I	4R	4	—
21.57	Co I	5R	5	—	13.02	Nt	4	2	—
21.44	Rb	—	5	—	13.00	Os	5	2	—
21.29	A Bl	—	—	3	13.0	As	—	—	6
21.265	Fe I	5	3	—	12.89	Y	3	1	—
21.12	Dy	5	3	—	12.73	Er	4	1	—
21.11	Eu	5	4	—	12.7	J	—	—	6
20.470	Ne	—	—	10	12.642	Co I	4R	6	—
20.26	Ti	3	8	—	12.62	Dy	6	—	—
20.24	Ny	4	10	—	12.2	J	—	—	5

λ in I. A.	Element	Bogen	Funke	Geißler	λ in I. A.	Element	Bogen	Funke	Geißler
		Intensität					Intensität		
3512.11	Cu I	6	3	—	3503.2	Kr	—	—	6
11.64	Th	5	6	—	03.0	P	—	—	5
11.19	Y	3	1	—	02.53	Rh	10R	10	—
11.16	A Bl	—	—	5	02.5	Kr	—	—	2
11.07	Eu	5	2	—	02.282	Co I	5R	6	—
11.03	Ta	8	2	—	02.0	F	—	—	9
10.85	Bi I	6R	5	—	01.852	Ni	6	4	—
10.846	Ti II	8	10	—	01.8	Ag	4	2	—
10.71	Ne	—	—	5	01.214	Ne	—	—	6
10.419	Co I	4R	4	—	01.17	Os	4	1	—
10.339	Ni I	7R	10	—	01.12	Ba I	8R	2	—
10.30	Nb	3	8	—	00.9	F	—	—	8
10.10	Tb	5	2	—	00.85	Ni I	6	4	—
09.847	Co I	4R	5	—	00.84	Tb	5	3	—
09.80	A Bl	—	—	4	00.27	Tb	5	—	—
09.18	Tb	10	10	—	3499.99	Cd I	4	3	—
08.74	W	6	5	—	99.12	Er	10	10	—
08.493	Fe	4d	1	—	99.08	Nh	5	5	—
08.41	Lu	10	3	—	98.95	Ru	10R	8	—
08.39	Er	4	4	—	98.87	Nh	4	5	—
08.11	Mo	4	2	—	98.73	Rh	9	5	—
07.57	Th	—	10	—	98.62	Nb	10	2	—
07.45	Tb	5	2	—	98.5	Sb	—	8	4
07.40	Lu	10	10	—	98.063	Ne	—	—	5
07.4	Kr	—	—	9	98.0	J	—	4	8
07.4	P	—	3	9	97.9	X	—	—	4
07.32	Rh	6R	8	—	97.9	Zr	—	8	—
06.94	Nh	5	5	—	97.85	Ta	5	—	—
06.80	Dy	5	3	—	97.844	Fe I	5	3	—
06.500	Fe	5	1	—	97.80	Dy	5	3	—
06.5	Br	—	5	—	97.54	Mn II	2	6	—
06.316	Co I	6R	8	—	97.29	S	—	—	8
05.84	Dy	6	1	—	97.111	Fe	4	2	—
05.70	Er	4	—	—	96.94	V	2	8	—
05.665	Zr	5	10	—	96.80	Co I	4R	2	—
05.51	Gd	4	5	—	96.208	Zr II	10	10	—
05.48	Zr	5	10	—	96.09	Y	9	10	—
05.45	Dy	5	2	—	95.90	Ny	5	—	—
05.41	Rh	4	1	—	95.840	Mn II	5	6	—
05.3	F	—	—	10	95.683	Co I	6R	5	—
05.22	Hf	6	6	—	95.290	Fe	4	2	—
05.06	Er	4	2	—	94.79	Nh	10	10	—
04.97	Ta	4	—	—	94.47	Dy	8	5	—
04.89	Ti II	7	10	—	94.41	Gd	5	5	—
04.66	Os	5	2	—	93.89	Cd	—	4	—
04.50	Dy	5	3	—	93.09	Nh	5	5	—
04.5	Sb I	3	10	1	92.962	Ni I	10R	10	—
04.44	V	4	10	—	92.75	Rb	—	15	—
04.42	Mo	6	2	—	92.57	Nt	4	2	—
03.86	Ta	4	1	—	92.53	Er	4	1	—

λ in I. A.	Element	Intensität			λ in I. A.	Element	Intensität		
		Bogen	Funke	Geißler			Bogen	Funke	Geißler
3491.95	Gd	5	3	—	3481.71	Cd	—	4	—
91.9	L	—	2	—	81.33	Gd	5	8	—
91.57	A Bl	—	—	8	81.31	Ru	4	2	—
91.32	Co I	3R	3	—	81.16	Pd	7R	10	—
91.29	A Bl	—	—	8	81.156	Zr	8	10	—
91.05	Nb	5	1	—	80.535	Ti	6	1	—
90.74	Co I	3R	1	—	80.51	Al	5	—	—
90.577	Fe I	6R	4	—	80.51	Ta	4	2	—
90.4	P	—	—	5	80.44	Er	4	3	—
89.78	Pd	4R	10	—	79.59	Nb	3	5	—
89.673	Fe	4	1	—	79.5	Ga	—	5	—
89.59	Nh	5	5	—	79.39	Zr	7	9	—
89.404	Co I	5R	7	—	79.45	Er	4	3	—
89.36	Er	4	1	—	79.29	S	—	—	8
89.0	Se	—	—	6	79.22	Hf	6	6	—
88.8	P	—	—	5	79.02	Zr	5	3	—
88.686	Mn II	4	10	—	78.91	Rh	10R	10	—
88.6	Kr	—	—	8	78.84	Ny	8	10	—
88.55	Ce	7	1	—	78.74	Nb	5	3	—
88.43	De	3	—	—	77.188	Ti II	9	10	—
88.43	Ny?	3	—	—	76.84	Ce	6	2	—
87.61	Ca I	6	1	—	76.707	Fe I	5	3	—
87.40	Nt	4	—	—	76.68	Nt	4	—	—
86.93	Si III	—	6	—	76.37	Co	2R	1	—
86.83	Er	4	2	—	76.30	Ny	8	4	—
85.92	V	3	6	—	76.12	Wels	3	—	—
85.90	Ni	5	2	—	75.99	Cu	6	2	—
85.9	Se	—	—	5	75.653	Fe	4	—	—
85.87	Du?	4	—	—	75.456	Fe I	6R	3	—
85.75	Ny	2	4	—	74.90	Sr II	5	4	—
85.73	Y	5	1	—	74.78	Ca I	4	—	—
85.345	Co	7	3	—	74.78	Rh	8R	7	—
85.343	Fe	6	1	—	74.6	Kr	—	—	7
85.27	Pt	8	3	—	74.2	Ny	10	10	—
85.06	Ce	8	2	—	74.139	Mn II	4	10	—
84.8	Nh	10	10	—	74.1	F	—	—	5
84.66	Dy	6	3	—	74.1	P	—	—	3
84.50	Ir	4	2	—	74.050	Mn II	2	7	—
84.05	Y	4	1	—	74.019	Co I	9R	8	—
84.03	Rh	4	1	—	73.91	Nh	—	5	—
83.781	Ni I	6R	4	—	73.91	S	—	—	6
83.75	Cu	6	3	—	73.9	Sb	—	8	4
83.53	Zr	5	8	—	73.75	Ru	6	2	—
83.43	Pt	5	2	—	72.9	P	—	—	5
83.42	Co I	5R	3	—	72.82	Tb	5	3	—
83.010	Fe I	4	1	—	72.573	Ne	—	—	8
82.918	Mn II	4	10	—	72.55	Ni I	7R	5	—
82.62	Gd	4	3	—	72.49	Lu	10	10	—
81.83	Gd	5	5	—	72.48	Ny	3	3	—
81.8	J	—	1	8	72.4	F	—	—	5

λ in I. A.	Element	Bogen	Funke	Geißler
3472.24	Rh	6	2	—
71.72	Er	4	4	—
71.38	Co	6	2	—
71.34	Fe	3	—	—
71.27	Fe	3	1	—
71.2	L	—	2	—
71.18	Zr	4	4	—
70.81	O II	—	1	8
70.66	Rh	10R	8	—
70.42	O II	—	—	5
70.0	Kr	—	—	7
69.94	Th	4	5	—
69.75	Er	4	3	—
69.62	Rh	6	2	—
69.483	Ni I	5	2	—
69.48	Er	4	—	—
68.99	Gd	4	5	—
68.849	Fe	4	1	—
68.48	Ca I	4	—	—
68.43	Dy	5	3	—
68.2	X	—	—	5
68.03	Tb	5	3	—
67.88	Y	4	3	—
67.656	Cd I	8R	10	—
67.506	Ni I	5	2	—
67.27	Gd	4	5	—
67.2	X	—	—	5
66.81	Mo I	5	1	—
66.578	Ne	—	—	6
66.31	A Bl	—	—	3
66.201	Cd I	10R	8	—
65.865	Fe I	6R	3	—
65.794	Co I	6R	5	—
65.24	Ir	4	1	—
64.50	Er	5	2	—
64.47	Sr II	6	7	—
64.337	Ne	—	—	5
64.33	Ny	10	5	—
64.20	A Bl	—	—	4
63.87	Dy	5	2	—
63.78	Ta	4	1	—
63.14	Ru	4	1	—
63.016	Zr	4	10	—
62.808	Co I	6R	5	—
62.57	Er	4	—	—
62.22	Er	4	3	—
62.21	Nt	10	10	—
62.04	Rh	10R	8	—
61.96	Nh	10	10	—
61.661	Ni I	10R	10	—

λ in I. A.	Element	Bogen	Funke	Geißler
3461.6	Rb	—	5	—
61.504	Ti II	9	10	—
61.17	Co	6	2	—
61.06	AR	—	—	3
61.0	J	—	3	8
60.75	Pd	7R	10	—
60.524	Ne	—	—	5
60.330	Mn II	3	10	—
60.24	De	4	—	—
60.1	Kr	—	—	6
59.917	Fe	4	1	—
58.93	Zr	2	5	—
58.8	X	—	—	6
58.48	Ta	4	—	—
58.467	Ni I	10R	10	—
58.306	Fe	3	1	—
58.30	Ny	4	8	—
57.92	Rh	5	2	—
57.850	Cu	4	1	—
57.8	Se	—	6	9
57.63	Tb	5	2	—
57.56	Zr	6	6	—
57.13	V	2	10	—
57.09	Fe	3	—	—
57.06	Rh	4	2	—
57.03	Tb	5	2	—
56.61	Ru	4	1	—
56.57	De	4	—	—
56.57	Dy	5	3	—
56.56	Zr	5	6	—
56.393	Ti	2	9	—
56.38	Mo I	7	1	—
56.00	Nh	10	10	—
55.60	Cr	4	1	—
55.235	Co I	3R	3	—
55.21	Rh	5	2	—
54.72	Cu	6	3	—
54.36	Dy	6	10	—
54.3	X	—	—	7
54.195	Ne	—	—	6
54.15	A Bl	—	—	3
54.07	Ny	5	10	—
54.06	Tb	7	4	—
53.68	Nt	10	5	—
53.514	Co I	6R	10	—
53.33	Cr	4	2	—
53.16	La	4	2	—
53.13	Nh	10	10	—
53.04	Er	4	1	—
52.891	Ni I	6R	5	—

λ in I. A.	Element	Intensität Bogen	Intensität Funke	Intensität Geißler	λ in I. A.	Element	Intensität Bogen	Intensität Funke	Intensität Geißler
3452.476	Ti	1	8	—	3442.5	AR	—	—	1
52.36	De	3	—	—	42.38	Ce	7	1	—
52.280	Fe I	4	1	—	42.365	Fe	4	1	—
52.19	La	4	2	—	41.997	Mn II	5	10	—
51.919	Fe	6	1	—	41.53	Nt	7	6	—
51.36	Pd	—	10	—	41.50	Ny	10	3	—
51.2	B	—	6	—	41.45	Cr	4	2	—
51.05	Bi	—	10	—	41.44	Dy	5	2	—
50.93	Y	4	1	—	41.41	Pd	6R	10	—
50.9	L	—	1	—	41.15	Er	4	3	—
50.76	Ne	—	—	5	40.991	Fe I	6R	4	—
50.38	Gd	5	6	—	40.94	Dy	5	2	—
50.333	Fe	6	1	—	40.65	W	—	6	—
50.33	Cu	7	6	—	40.612	Fe I	7R	4	—
50.30	Rh	4	1	—	40.54	Rh	5	3	—
49.90	Dy	5	2	—	40.4	K	—	4	—
49.445	Co I	6R	5	—	40.21	Ru	4	2	—
49.21	Os	5	1	—	40.00	Gd	7	6	—
49.172	Co I	6R	5	—	39.5	Kr	—	—	6
49.07	Mo	5	2	—	39.35	Rb	—	4	—
48.99	Ir	7	4	—	39.21	Gd	6	5	—
48.93	Ru	4	2	—	38.98	Mn	3	3	—
48.82	Y	5	5	—	38.80	De	4	—	—
48.7	Kr	—	—	4	38.37	Ru	5	2	—
47.98	O II	—	—	5	38.31	Fe	3	—	—
47.75	Rh	5	1	—	38.23	Zr II	10	10	—
47.703	Ne	—	—	7	37.52	Ir	4	3	—
47.59	He I	—	—	2	37.32	L	—	6	—
47.38	K I	6R	2	—	37.281	Ni I	6R	5	—
47.36	Zr	6	3	—	37.21	Mo	6	2	—
47.282	Fe	6	1	—	37.135	Zr	5	4	—
47.21	Os	4	1	—	37.1	N II	—	3	7
47.13	Mo	10	3	—	37.05	Ir	7	4	—
46.97	Dy	5	3	—	36.74	Ru	10R	5	—
46.5	Kr	—	—	7	36.18	Cr	4	2	—
46.40	Tb	5	—	—	36.00	Ta	4	1	—
46.37	K I	8R	3	—	35.20	Ru	4	1	—
46.34	Ir	4	2	—	34.90	Rh	10R	10	—
46.262	Ni I	10R	10	—	34.80	Mo I	5	1	—
46.10	Mo	1	6	—	34.72	Rb	—	7	—
45.60	Cr	5	2	—	34.26	Rb	—	8	—
45.58	Dy	5	3	—	34.06	Mo	7	1	—
45.153	Fe	4	2	—	33.60	Cr	5R	2	—
44.318	Ti II	4	10	—	33.57	Ni I	9R	6	—
44.2	Se	—	4	7	33.44	Pd	5R	10	—
44.2	X	—	—	4	33.14	Er	4	2	—
43.881	Fe I	6R	3	—	33.041	Co I	6R	6	—
43.65	Al II	—	6	—	33.00	Gd	5	4	—
43.646	Co I	3R	6	—	32.76	Ru	4	2	—
42.92	Co I	4R	3	—	32.72	Nb	3	6	—

λ in I. A.	Element	Intensität			λ in I. A.	Element	Intensität		
		Bogen	Funke	Geißler			Bogen	Funke	Geißler
3431.6	X	—	—	4	3420.32	Ba I	5	—	—
31.58	Co I	4R	4	—	20.8	X	—	—	4
31.21	Nt	4	3	—	20.34	Tb	5	3	—
31.12	Ny	6	3	—	20.15	Rh	4	1	—
31.0	Bi	—	10	—	19.71	Ta	5	—	—
30.93	Ta	4	3	—	19.66	Pd	4	1	—
30.77	Ru	4	2	—	19.62	Dy	5	3	—
30.528	Zr II	7	9	—	18.45	Ir	4	2	—
29.97	Nt	5	4	—	19.2	P	—	3	6
29.56	Ru	5	2	—	18.72	Gd	7	4	—
29.45	Dy	5	2	—	18.52	Mo I	6	1	—
28.18	Nh	5	8	—	18.511	Fe	5	2	—
28.91	Al II	—	6	—	18.40	Ny	4	1	—
28.46	Ny	2	10	—	18.11	Dy	5	2	—
28.4	Se	—	6	9	18.00	Ne	—	—	5
28.22	Co	6	1	—	17.903	Ne	—	—	8
28.197	Fe	6	2	—	17.845	Le	6	2	—
28.14	Ru	10R	3	—	17.35	Ru	10R	3	—
28.10	Nh	10	10	—	17.2	Br	—	5	—
27.92	Pt	5	1	—	17.157	Co I	4R	4	—
27.7	Kr	—	—	4	17.15	Dy	5	2	—
27.123	Fe	6	4	—	17.1	Ga	—	5	—
26.640	Fe	6	1	—	16.93	Gd	5	4	—
26.55	Nb	3	6	—	16.46	Nh	10	10	—
26.389	Fe I	4d	1	—	15.8	Cu	3	2	—
26.20	Ce	8	1	—	15.65	Rb	—	5	—
26.04	Ny	4	2	—	15.537	Fe	4	1	—
25.63	Ny	7	2	—	14.90	Nh	10	10	—
25.43	Nb	4	6	—	14.77	Ni I	10R	10	—
25.34	Nh	10	10	—	14.657	Zr	5	6	—
25.12	Nt	7	7	—	14.3	Br	—	3	—
25.10	Ny	6	5	—	13.940	Ni I	3R	2	—
25.05	Dy	5	2	—	13.9	J	—	2	5
25.018	Fe	4	1	—	13.9	Se	—	6	10
24.91	P	—	3	6	13.77	Dy	6	3	—
24.71	Ir	4	1	—	13.77	Tb	5	4	—
24.59	Gd	4	—	—	13.5	P	—	—	5
24.38	Rh	6	2	—	13.480	Ni I	5R	3	—
24.289	Fe	6	2	—	13.136	Fe	7	3	—
23.92	Gd	4	3	—	12.635	Co I	3R	3	—
23.91	Ne	—	—	5	12.62	Du	3	—	—
23.710	Ni I	8R	5	—	12.48	Y	3	1	—
22.74	Cr	3	10	—	12.48	Cd	—	4	—
22.663	Fe	4	2	—	12.335	Co I	4R	4	—
22.46	Gd	8	10	—	12.28	Rh	6	4	—
21.63	Nh	10	10	—	11.64	Ru	4	1	—
21.23	Pd	8R	10	—	11.3	Cs	—	9	—
21.21	Cr	3	10	—	10.64	Nh	5	5	—
21.48	Ba I	5	—	—	10.25	Nh	10	8	—
21.01	Ba I	5	—	—	10.246	Zr II	8	8	—

λ in I. A.	Element	Intensität			λ in I. A.	Element	Intensität		
		Bogen	Funke	Geißler			Bogen	Funke	Geißler
3410.21	Nd	4	1	—	3399.355	Zr II	6	4	—
09.84	O II	—	—	6	99.337	Fe	6	2	—
09.576	Ni I	5	1	—	98.97	Nh	10	10	—
09.28	Ru	6	2	—	98.31	Ta	4	2	—
09.177	Co I	4R	6	—	97.9	AR	—	—	1
08.76	Cr	3	10	—	97.51	De	3	—	—
08.66	Sm	3	3	—	97.50	Nt	6	4	—
08.3	L, N II	—	4	—	97.21	Bi I	5R	2	—
08.14	Pt	8	8	—	97.03	Y	4	1	—
08.12	Dy	5	2	—	97.02	Lu	10	10	—
08.07	Ir	4	5	—	96.981	Fe I	3	1	—
07.77	Dy	8	3	—	96.9	Br	—	4	—
07.60	Gd	4	5	—	96.85	Er	4	2	—
07.463	Fe	7d	4	—	96.82	Rh	10R	10	—
07.38	O II	—	1	7	96.80	Pd	3	—	—
07.14	Dy	5	2	—	96.33	Zr	6	3	—
06.94	Ta	6	2	—	96.07	Er	4	3	—
06.93	Mo	7	2	—	95.377	Co I	10R	5	—
06.805	Fe	4	1	—	94.61	Pr	4	1	—
06.65	Ta	5	2	—	94.591	Fe	4	1	—
06.56	Rh	4	2	—	94.58	Ti II	2	10	—
05.93	Mo I	7	2	—	93.58	Dy	6	3	—
05.23	Bi	2R	1	—	93.58	Tb	4	—	—
05.120	Co I	7R	10	—	93.125	Zr	7	4	—
05.1	Kr	—	—	7	93.11	Rb	—	4	—
04.832	Zr II	8	6	—	92.992	Ni I	10R	8	—
04.66	Cu	3	1	—	92.657	Fe	5	2	—
04.59	Pd	10R	10	—	92.6	X	—	—	4
04.354	Fe	6d	2	—	92.53	Ru	5	2	—
04.3	P	—	—	5	92.5	Se	—	3	8
04.10	Ny	3	4	—	92.309	Fe	4	2	—
03.683	Zr	5	4	—	92.05	Th	4	5	—
03.653	Cd I	10R	10	—	92.00	Er	4	5	—
03.32	Cr	2	10	—	91.976	Zr II	10	10	—
02.81	Mo	1	8	—	91.77	A Bl	—	—	5
02.51	Os	5	1	—	91.56	Lu	6	1	—
02.425	Ti	4	4	—	91.051	Ni I	7R	4	—
02.4	Br	—	3	—	90.40	Co	5	1	—
02.262	Fe	4	1	—	90.4	Hg	5	4	—
02.23	Cu	4	1	—	90.34	Ny	4	1	—
01.87	Pt	10	5	—	90.3	L	—	5	—
01.87	Os	5	2	—	90.25	O II	—	2	8
01.87	W	1	8	—	89.75	Fe	3	—	—
01.84	Er	4	4	—	89.63	Er	5	—	—
01.78	Ir	4	1	—	88.57	Y	3	1	—
01.74	Ru	4	2	—	88.54	A Bl	—	—	5
01.523	Fe I	4	1	—	88.300	Zr	8	5	—
3399.98	Gd	4	3	—	88.175	Co I	9R	5	—
99.80	Hf	6	6	—	88.01	Nd	5	1	—
99.67	Rh	7	3	—	87.87	Zr	7	5	—

λ in I. A.	Element	Intensität			λ in I. A.	Element	Intensität		
		Bogen	Funke	Geißler			Bogen	Funke	Geißler
3387.84	Os	5	2	—	3378.02	Ru	4	1	—
87.836	Ti II	8	10	—	77.71	Y	3	1	—
87.51	Ny	4	1	—	77.70	Rh	4	1	—
87.41	Fe	4	1	—	77.62	V	5	3	—
87.2	Se	—	6	10	77.587	Ti I	8	3	—
87.10	S	—	1	5	77.39	Ba I	5	—	—
86.8	X	—	—	4	77.2	L	—	3	—
86.48	Nd	5	1	—	77.20	O II	—	1	7
85.949	Ti I	8R	8	—	77.14	Rh	5	2	—
85.78	Rh	5	2	—	77.11	Dy	5	2	—
85.53	Lu	10	3	—	77.06	Co	8R	1	—
85.3	K	—	4	—	76.98	Ba I	5	—	—
85.228	Co I	9R	4	—	76.60	Ny	4d	—	—
85.16	Ru	4	2	—	76.54	Lu	10	5	—
85.07	Er	5	8	—	76.47	A Bl	—	—	4
85.07	Nt? Du?	5	2	—	76.32	La	4	3	—
85.05	Nh	5	5	—	76.2	Se	—	2	7
85.03	Dy	6	3	—	76.14	W	1	10	—
84.62	Mo	8	2	—	76.10	Er	4	1	—
84.02	Os	5	1	—	75.65	Ne	—	—	5
83.985	Fe	5	1	—	75.48	Ny	4	10	—
83.89	Ag I	10R	9R	—	75.3	Ga	—	7	—
83.765	Ti II	8R	10	—	74.9	Kr	—	—	4
83.698	Fe	4	1	—	74.728	Zr	6	5	—
83.15	Sb I	4	3	—	74.7	J	—	—	5
82.68	Cr	2	10	—	74.65	Ru	4	1	—
82.50	Mo I	5	1	—	74.638	Ni	5	3	—
82.410	Fe	3	—	—	74.30	Co	5	1	—
82.39	Sm	3	3	—	74.224	Ni I	4R	2	—
81.49	Co	5	1	—	74.14	Er	4	—	—
81.15	Rh	4	1		74.0	L		3	..
81.428	Cu	4	1	—	73.416	Zr	5	4	—
81.0	K	—	4	—	73.23	Co	5	1	—
80.91	La II	8	10	—	73.00	Pd	6R	10	—
80.833	Ni I	4R	2	—	72.80	Nh	6	8	—
80.72	Sr II	5	6	—	72.80	Ti II	10	10R	—
80.69	Pd	5	1	—	72.77	Er	10	10	—
80.577	Ni I	10R	6	—	72.72	Tb	5	—	—
80.57	Nt	4	—	—	72.5	Ca	—	4	—
80.285	Ti II	7	8	—	72.25	Rh	7	3	—
80.16	Ru	4	1	—	72.17	Sc II	10	10	—
80.115	Fe	5	1	—	72.08	Fe	3	—	—
79.97	Mo I	7	1	—	71.993	Ni I	5R	3	—
79.84	Cr	2	5	—	71.85	Ru	4	1	—
79.8	Se	—	3	8	71.76	Dy	5	2	—
79.61	Ru	4	1	—	71.52	Ta	5	2	—
79.217	Ti	6	1	—	71.456	Ti I	9R	2	—
79.024	Fe	4	1	—	71.46	Ir	4	2	—
78.683	Fe	4	1	—	71.1	P	—	2	5
78.35	Cr	1	5	—	70.9	L	—	1	—

λ in I. A.	Element	Bogen	Funke	Geißler	λ in I. A.	Element	Bogen	Funke	Geißler
3370.787	Fe	6	2	—	3360.32	Cr	3	10	—
70.60	Os	7	2	—	59.90	Rh	5	2	—
70.59	Er	4	3	—	59.89	Ir	5	—	—
70.438	Ti I	7R	2	—	59.69	Sc II	10	8	—
69.905	Ne	—	—	10	59.59	Lu	10	5	—
69.81	Ne	—	—	8	59.49	Fe I	3	—	—
69.576	Ni I	10R	4	—	59.48	Dy	5	2	—
69.3	Se	—	—	5	59.09	Ru	6	—	—
68.97	Sc II	10	10	—	58.94	Y	2	—	—
68.50	Ir	8	3	—	58.61	W	1	6	—
68.45	Ru	6	2	—	58.60	Gd	7	8	—
68.38	Rh	6	2	—	58.51	A Bl	—	—	4
68.07	Er	6	4	—	58.51	Ta	4	—	—
68.05	Cr II	4	10	—	58.50	Cr II	3	10	—
67.96	Mo	1	6	—	58.38	Nb	10	—	—
67.3	L	—	2	—	58.28	Ti	5	1	—
67.11	Co I	4R	3	—	58.12	Mo I	9	2	—
67.00	Pt	4	1	—	57.264	Zr II	8	4	—
66.87	Fe	3	1	—	56.9	Ba I	6	—	—
66.79	Fe	3	—	—	56.86	Sm	3	3	—
66.70	Er	4	1	—	56.47	Co	6	1	—
66.56	Ce	7	1	—	56.41	Fe	3	—	—
66.34	Sr I	5	2	—	56.09	Zr	8	4	—
66.170	Ni I	5R	3	—	55.66	Pr	4	1	—
65.86	Sm	4	3	—	55.233	Fe	4	1	—
65.771	Ni I	4R	3	—	55.2	Ne	—	—	6
65.55	V	6	2	—	54.641	Ti I	8	3	—
65.36	Cu	6	2	—	54.60	Y	4	—	—
64.78	Y	3	—	—	54.47	Cu	3	1	—
64.6	K	—	6	—	54.39	Zr	5	1	—
64.4	P	—	3	6	54.383	Co I	6R	4	—
64.4	Se	—	—	5	54.08	L	—	3	—
63.80	Mo	6	2	—	54.07	Fe	3	—	—
63.4	P	—	3	6	54.0	Rb	—	8	—
63.3	K	—	6	—	53.75	Sc	10	10	—
62.63	Nt	7	7	—	53.57	Dy	5	2	—
62.60	Ny	10	4	—	53.3	Cl	—	3	7
62.26	Gd	6	10	—	52.70	Dy	5	2	—
62.19	Rh	4	1	—	52.49	Ny	3	1	—
62.00	Ru	4	1	—	52.3	Sn	—	10	—
61.99	Y	5	10	—	51.9	Kr	—	—	6
61.97	Sc II	10	8	—	51.75	Fe	3	—	—
61.91	Ca I	6	2	—	51.53	Fe	3	—	—
61.63	Ta	5	1	—	51.51	Ta	4	1	—
61.558	Ni I	5R	3	—	51.26	Sr I	6R	2	—
61.37	Mo	6	1	—	50.97	A Bl	—	—	4
61.32	Sc II	10	8	—	50.88	Rb I	5R	—	—
61.215	Ti II	8R	10	—	50.48	Gd	7	10	—
60.81	Ir	7	—	—	50.28	Pr	4	1	—
60.81	Rh	6	2	—	50.19	Ca I	5	1	—

λ in I. A.	Element	Bogen	Funke	Geißler	λ in I. A.	Element	Bogen	Funke	Geißler
3350.1	J	—	2	8	3341.91	Fe	4	1	—
49.7	Br	—	3	—	41.874	Ti I	10R	10R	—
49.42	Nb	5	4	—	41.67	Ru	4	2	—
49.42	Tb	6	5	—	41.47	Hg I	10	6	—
49.408	Ti II	9R	10R	—	41.00	Dy	5	2	—
49.4	Cs	—	4	—	40.60	Rb	—	4	—
49.26	Cu	5	1	—	40.57	Fe	4	1	—
49.05	Nb	6	2	—	40.56	Zr	9	6	—
49.039	Ti II	6R	8R	—	40.5	Cs	—	4	—
48.84	Ti II	5	—	—	40.3	Cl	—	3	8
48.73	Rb I	3R	—	—	40.38	Y	3	—	—
47.931	Fe	4	1	—	40.34	Ti II	7	5	—
47.80	Cr II	2	6	—	40.17	Mo	5	1	—
47.71	Er 2	5	—	—	39.80	Cr II	3	10	—
47.7	P	—	1	6	39.78	Co	5	2	—
47.02	Mo I	6	1	—	39.55	Ru	8	2	—
47.0	Rb	—	7	—	39.20	Fe	3	—	—
46.941	Co	10	2	—	39.00	Tb	5	—	—
46.74	Ti II	6	4	—	38.76	Nh	6	10	—
46.73	Cr	4R	1	—	38.64	Fe	3	—	—
46.6	Se	—	—	5	38.55	Rh	6	3	—
46.49	Ny	3	1	—	38.42	Zr	6	4	—
45.9	Zn I	4	8	—	37.9	V	—	8	—
45.7	K	—	5	—	37.846	Cu	8	3	—
45.5	Zn I	8R	10	—	37.82	Ru	4	1	—
45.0	Zn I	10R	10	—	37.670	Fe	4	1	—
44.8	L	—	1	—	37.49	La II	8	10	—
44.78	Zr	6	4	—	37.17	Ny	8	2	—
44.76	Ce	7	2	—	36.69	Mg I	10	8	—
44.75	Mo I	8	2	—	36.33	Cr II	2	5	—
44.73	A Bl	—	—	4	36.26	Fe	3	—	—
44.56	La II	8	7	—	36.18	Gd	4	4	—
44.49	Ca I	5	—	—	36.16	Os	6	2	—
44.20	Rh	5	1	—	36.15	A Bl	—	—	4
44.0	Cs	—	4	—	35.78	Fe	3	1	—
43.90	Pt	4	1	—	35.68	Ru	4	1	—
43.765	Ti II	5	5	—	35.30	Cr	1	8	—
43.69	Nb	6	3	—	35.23	Cu	4	2	—
43.56	Nh	10	10	—	35.192	Ti II	7	10	—
43.40	W	2	6	—	35.1	Ne	7	—	—
42.96	Ny	10	10	—	34.62	Zr	6	4	—
42.90	Rh	5	1	—	34.32	Eu	5	2	—
42.71	Co	6	2	—	34.26	Zr	6	4	—
42.58	Cr II	3	10	—	34.19	Ir	5	3	—
42.5	J	—	3	8	34.151	Co I	5R	4	—
42.5	Kr	—	—	5	33.6	Rb	—	7	—
42.46	W	1	6	—	33.0	Br	—	5	—
42.30	Fe	3	1	—	32.8	X	—	—	5
42.22	Fe	3	—	—	32.74	Hf	6	6	—
41.95	Nb	10	4	—	32.17	Mg I	10	5	—

λ in I. A.	Element	Intensität Bogen	Funke	Geißler
3332.108	Ti	5	8	—
31.8	Ag	—	3	—
31.8	L	—	2	—
31.7	X	—	—	6
31.5	N II	—	4	2
31.42	Gd	4	4	—
31.25	Rh	4	1	—
31.09	Rh	4	1	—
30.7	Kr	—	—	7
30.7	X	—	—	6
30.674	Mn	4	3	—
30.60	Sn	6R	6R	—
30.3	Rb	—	7	—
30.01	Sr	4	2	—
29.94	Mg I	8	3	—
29.62	Cu	4	2	—
29.5	L	—	4	—
29.485	Ti II	6R	10	—
29.3	N	—	5	2
29.22	Mo	1	5	—
29.0	Cl	—	—	8
28.871	Fe	4	1	—
28.26	Nd	5	2	—
27.88	Y	10	10	—
27.31	Mo I	6	1	—
27.23	Pd	—	4	—
26.98	Co	6	2	—
26.80	Zr	4	5	—
26.765	Ti II	6	5	—
25.7	Kr	—	—	9
25.68	Mo	6	1	—
25.5	L	—	1	—
25.47	Fe	4	1	—
25.24	Co	5	2	—
25.00	Ru	4	1	—
24.9	Se	—	—	5
24.87	S	—	—	5
24.54	Fe	4	1	—
24.40	Tb	8	5	—
23.78	Pt	6	2	—
23.741	Fe	4	1	—
23.22	Nt	4	2	—
23.21	Du?	4	—	—
23.20	Er	5	4	—
23.10	Rh	10R	5	—
23.1	Se	—	3	8
23.00	Zr	6	2	—
22.940	Ti II	8R	10	—
22.88	Ir	4	3	—
22.62	Ir	4	3	—

λ in I. A.	Element	Intensität Bogen	Funke	Geißler
3322.50	Fe	3	—	—
22.317	Ni I	6	3	—
22.3	K	—	4	—
22.23	Sr I	5	1	—
22.21	Co	6	3	—
22.2	X	—	—	6
21.700	Ti	5	5	—
21.68	V	3	6	—
21.55	Rb	—	3	—
21.35	Be I	10	3	—
21.08	Be I	10	3d	—
20.9	Mo	—	5	—
20.8	Ba	4	—	—
20.7	L	—	1	—
20.698	Mn	4	1	—
20.5	Cl	—	2	8
20.3	Kr	—	—	10
20.259	Ni I	5R	3	—
20.18	Au	3	2	—
19.87	Dy	6	3	—
19.82	Co	5	1	—
19.66	Cu	4	2	—
19.48	Co	10	2	—
19.3	AR	—	—	2
19.15	Co	6	1	—
19.03	Zr	6	3	—
18.85	Ta	5	5	—
18.85	Ru	5	1	—
18.8	L	—	1	—
18.025	Ti II	5	5	—
17.91	Ta	6	1	—
17.88	Ru	4	1	—
17.30	Mn	6	1	—
17.19	Cu	5	2	—
17.13	Fe	4	—	—
17.09	Dy	5	2	—
16.89	Nt	4	2	—
16.64	Ir	4	1	—
16.39	Er	4	5	—
16.38	Ru	6	2	—
16.324	Mn	3	—	—
15.669	Ni I	7R	3	—
15.5	Cs	—	5	—
15.3	Cl	—	1	6
15.11	Ny	4	—	—
15.03	Pt	5	2	—
14.746	Fe	6	1	—
14.50	Zr	6	4	—
14.426	Ti	6	2	—
14.42	Mn	4	—	—

λ in I. A.	Element	Intensität			λ in I. A.	Element	Intensität		
		Bogen	Funke	Geißler			Bogen	Funke	Geißler
3314.38	Pr	4	1	—	3303.11	La II	6	5	—
13.69	Th	1	10	—	03.0	J	—	3	10
13.514	Mn	4	—	—	03.0	Zn I	8R	10	—
13.22	Mn	4	—	—	02.94	Na I	8R	8R	—
12.75	Nd	5	1	—	02.6	Zn I	8R	10	—
12.71	Dy	5	2	—	02.47	Nt	5	3	—
12.6	K	—	4	—	02.34	Na I	9R	9R	—
12.5	L	—	1	—	02.14	Pd	6R	10	—
12.42	Er	6	5	—	01.9	L	—	1	—
12.15	Co	6	1	—	01.85	Pt	10	5	—
12.14	Ir	4	2	—	01.81	A Bl	—	—	6
12.12	Lu	10	5	—	01.74	Sr I	5	2	—
11.5	Kr	—	—	6	01.59	Ru	6	2	—
11.19	A Bl	—	—	5	01.56	Os	9	2	—
11.14	Ta	9	3	—	01.5	Ag	—	4	—
10.61	Nt	4	2	—	00.54	Th	1	10	—
10.54	Ir	4	2	—	00.46	Rh	4	2	—
10.50	Fe	3	—	—	00.14	Nd	4	2	—
10.4	X	—	—	5	3299.9	Cs	—	2	—
10.35	Fe	3	—	—	99.5	Ag	—	3	—
09.83	Nt	4	—	—	98.97	Cd	4	4R	—
09.51	Ti	5	2	—	98.67	Co	6	1	—
08.87	Dy	6	5	—	98.137	Fe	5	1	—
08.81	Ti II	5	5	—	98.09	Sm	3	2	—
08.8	P	—	3	6	96.70	Rh	4	1	—
08.29	Au	2	2	—	96.11	Ru	4	1	—
08.1	Kr	—	—	4	95.9	X	—	—	4
07.950	Cu	9	7	—	95.40	Cr	1	5	—
07.54	Sr I	4	1	—	95.13	O II	—	—	4
07.24	Fe	4	1	—	94.27	Rh	5	2	—
07.23	A Bl	—	—	4	94.13	Ru	7	8	—
07.15	Co	5	2	—	94.04	Tb	4	1	—
07.06	Cr	1	8	—	93.92	Cu	4R	2R	—
07.02	Sm	3	3	—	93.7	Se	—	—	5
06.88	De	3	—	—	93.66	A Bl	—	—	4
06.60	O II	—	—	6	93.08	Tb	6	8	—
06.36	Sm	3	3	—	92.60	Fe	5	1	—
06.358	Fe	8	3	—	92.6	Se	—	1	5
06.273	Zr II	5	8	—	92.32	Mo	1	10	—
06.17	Ru	4	1	—	92.080	Ti	6	2	—
05.978	Fe	8	3	—	92.03	Fe	5	1	—
05.9	X	—	—	4	91.1	Cl	—	2	—
05.74	Ny	3	4	—	90.994	Fe	4	1	—
05.48	Dy	5	3	—	90.80	Mo	5	6	—
05.26	Ny	4	—	—	90.73	Fe	4	1	—
05.151	Zr	5	4	—	90.59	Th	—	10	—
05.15	O II	—	—	6	90.546	Cu	10	6	—
04.84	Cl	—	1	7	90.22	Pt	6	2	—
04.7	Kr	—	—	5	90.13	O II	—	—	5
03.95	Er	5	4	—	89.7	Cl	—	1	6

λ in I. A.	Element	Bogen	Funke	Geißler	λ in I. A.	Element	Bogen	Funke	Geißler
3289.60	Rh	5	1	—	3282.53	V	2	6	—
89.37	Nh	5	10	—	82.330	Ti	5	6	—
89.37	Ny	10R	10	—	82.32	Zn I	8R	10	—
89.35	Er	4	—	—	82.1	Br	—	3	—
89.13	Rh	5	2	—	81.97	Nh	6	8	—
89.00	Mo	7	2	—	81.96	Pt	5	1	—
89.0	K	—	4	—	81.75	Ba I	4d	—	—
88.9	L	—	1	—	81.75	Lu	10	5	—
88.3	J	—	10	10	81.71	A Bl	—	—	5
87.98	Er	4	1	—	81.69	Rh	4	1	—
87.97	Fe	3	—	—	81.40	Tb	5	3	—
87.9	X	—	—	5	80.92	Y	4	3	—
87.653	Ti	6	8	—	80.67	Ag I	10R	9	—
87.59	O II	—	—	9	80.54	Rh	10R	5	—
87.58	Ir	4	2	—	80.5	X	—	—	4
87.25	Pd	7	3	—	80.28	Tb	5	3	—
87.19	Co	5	—	—	80.265	Fe	5	1	—
86.951	Ni I	4	1	—	80.21	Er	4	—	—
86.5	Rb	—	7	—	79.97	Ny	3	1	—
86.78	Er	4	2	—	79.84	V	3	10	—
86.761	Fe	8	3	—	79.822	Cu	5	3	—
86.3	Cs	—	10	—	79.33	Er	4	4	—
86.17	Er	4	2	—	79.266	Zr II	8	4	—
86.08	Ca I	5	—	—	79.23	Nh	5	1	—
85.9	Kr	—	—	4	78.96	Lu	10	4	—
85.8	X	—	—	8	78.923	Ti	5	5	—
85.77	A Bl	—	—	7	78.84	Co	5	1	—
85.62	Du	3	—	—	78.74	Fe	3	—	—
85.42	Fe	3	1	—	78.290	Ti	5	2	—
85.22	Ce	6	1	—	78.21	Er	4	2	—
85.08	Nd	5	1	—	78.15	Nh	5	8	—
85.04	Tb	5	2	—	77.95	Os	4	1	—
85	Na	—	5	—	77.76	Eu	5	3	—
84.93	Ru	4	1	—	77.69	O II	—	—	7
84.712	Zr	8	4	—	77.56	Ru	4	1	—
84.593	Fe	4	1	—	77.31	Co	5	1	—
83.82	Cd	—	4	—	77.28	Ir	4	2	—
83.78	Co	4	—	—	76.81	Nt	4	3	—
83.56	Rh	10R	5	—	76.48	Fe	3	—	—
83.5	Sn	—	10	—	76.12	V	10	10R	—
83.47	Nb	3	6	—	75.20	Nd	4	2	—
83.454	Co	10R	3	—	75.18	Os	4	2	—
83.40	Nt	5	4	—	75.0	J	—	5	10
83.38	Ny	4	2	—	74.7	Ca I	2	—	—
83.31	V	5	1	—	74.69	Ru	5	1	—
83.10	Tb	5	2	—	74.24	Tb	6	—	—
82.90	Fe	4	1	—	73.964	Cu I	10R	10R	—
82.9	Se	—	1	7	73.63	Sc I	5	2	—
82.78	Dy	5	3	—	73.52	O II	—	—	7
82.69	Cu	5	7	—	73.47	Sm	3	2	—

λ in I. A.	Element	Intensität			λ in I. A.	Element	Intensität		
		Bogen	Funke	Geißler			Bogen	Funke	Geißler
3273.08	Ru	5	1	—	3264.521	Fe	4	1	—
73.045	Zr II	8	9	—	63.36	Nb	2	6	—
72.25	Ce	7	2	—	63.24	V	5	3	—
72.221	Zr	6	4	—	63.14	Rh	9	2	—
72.082	Ti	5	4	—	62.82	Er	4	2	—
71.80	Zr	4	2	—	62.4	Ba I	3d	—	—
71.777	Co	4R	1	—	62.36	Pb	4	1	—
71.635	Ti	5	4	—	62.33	Sn	10R	5R	—
71.64	V	6	10	—	62.30	Os	7	4	—
71.61	Rh	8	3	—	62.2	Rb	—	6	—
71.6	Kr	—	—	4	62.01	Ir	4	2	—
71.24	Ir	4	2	—	61.68	Pt	3	1	—
71.11	V	10	10R	—	61.601	Ti	4	10	—
71.01	Fe	6	2	—	61.49	Ny	4	4	—
71.0	Rb	—	8	—	61.05	Cd I	10R	7	—
70.98	O II	—	—	7	60.814	Co	7R	2	—
69.92	Sc I	5	2	—	60.58	Nb	3	8	—
69.49	Ge	10	10	—	60.35	Ru	5	2	—
69.20	Os	5	2	—	60.237	Mn	4	2	—
69.12	Dy	5	1	—	60.05	Wels	3	—	—
69.0	X	—	—	5	60.00	Fe	4	—	—
68.5	Kr	—	—	7	59.72	Pt	4	1	—
68.42	Pt	5	1	—	59.4	X	—	—	4
68.3	Cs	—	5	—	59.2	Cl	—	2	4
68.26	Cu	3	1	—	59.07	Ny	3	3	—
68.25	Fe	4	—	—	59.06	Er	5	4	—
68.20	Ru	5	1	—	58.78	Pd	6R	8	—
67.94	Os	8	3	—	58.56	In I	6R	3	—
67.706	V	10	10R	—	58.420	Mn	4	2	—
67.48	Sb I	10R	10	—	57.599	Fe	4	1	—
67.38	Pd	—	4	—	56.91	Os	4	1	—
67.11	Er	5	4	—	56.32	Er	4	1	—
67.0	X	—	—	4	56.21	Mo	5	1	—
66.66	Du?	4	—	—	56.141	Mn	4	2	—
66.62	Ny	3	2	—	56.08	In I	10R	8R	—
66.45	Ir	8	3	—	55.91	Pt	7	3	—
66.45	Ru	4	1	—	55.6	As	—	2	6
66.01	Cu	3	2	—	54.75	V	2	8	—
65.65	La II	6	4	—	54.70	Ru	4	1	—
65.623	Fe	6	2	—	54.53	Ru	4	1	—
65.347	Co	6R	1	—	54.40	Ir	4	2	—
65.2	L	—	1	—	54.38	Sm	4	2	—
65.053	Fe	3	1	—	54.368	Fe	4	2	—
65.04	Au	2	2	—	54.31	Lu	10	10	—
64.84	Co I	4	1	—	54.250	Ti II	6	5	—
64.80	Du	5	—	—	54.20	Co	10R	2	—
64.8	Kr	—	—	8	45.05	Nb	3	6	—
64.79	Er	3	5	—	53.70	Hf	6	6	—
64.715	Mn	4	2	—	53.61	Fe	4	1	—
64.6	X	—	—	4	53.2	X	—	—	5

λ in I. A.	Element	Bogen	Funke	Geißler	λ in I. A.	Element	Bogen	Funke	Geißler
3252.954	Mn	4	2	—	3241.67	Si III	—	6	—
52.93	Fe	4	1	—	41.55	Du?	4	—	—
52.920	Ti II	8	6	—	41.53	Nt?	5	5	—
52.8	Ag	—	4	—	41.52	Ir	5	3	—
52.525	Cd I	8	6	—	41.23	Ru	4	1	—
52.26	Y	3	—	—	41.1	Sb	—	8	—
51.98	Pt	5	2	—	41.047	Zr	7	4	—
51.918	Ti II	7	5	—	40.624	Mn	3	1	—
51.87	V	3	6	—	40.407	Mn	3	1	—
51.64	Pd	5R	6	—	40.4	Kr	—	—	6
51.29	Dy	3	3	—	40.22	Ir	4	1	—
51.24	Fe	5	1	—	40.20	Pb	4	1	—
50.77	V	3	6	—	40.20	Pt	4	1	—
50.745	Ni I	4	2	—	39.667	Ti	6	4	—
50.63	Fe	3	—	—	39.64	Sm	3	2	—
50.35	Pt	4	1	—	39.59	Ny	4	—	—
50.29	Cd II	—	8	—	39.5	Kr	—	—	6
49.99	Co I	5	1	—	39.441	Fe	8	2	—
49.83	A Bl	—	—	3	39.3	X	—	—	6
49.35	La	5	3	—	39.042	Ti II	7R	6R	—
49.33	Er	4	2	—	38.76	Cr	1	6	—
48.604	Ti	4	10	—	38.53	Ru	5	1	—
48.521	Mn	4	3	—	37.98	Er	4	2	—
48.211	Fe	6	1	—	37.87	V	6	10	—
48.0	Se	—	—	7	37.66	Rh	4	1	—
47.7	X	—	—	5	37.39	Mn	6	—	—
47.548	Cu I	10R	10R	—	37.02	Co I	5	1	—
47.50	Du?	5	—	—	36.8	X	—	—	5
47.30	Fe	3	—	—	36.786	Mn	6	3	—
47.17	Co	7R	2	—	36.78	Nt	4	10	—
46.973	Fe	4	1	—	36.579	Ti II	7R	6R	—
46.9	X	—	—	4	36.44	Nb	3	10	—
46.04	Ny	3	—	—	36.227	Fe I	5	1	—
46.016	Fe	3	—	—	35.87	Dy	5	3	—
45.7	Kr	—	—	10	35.70	Cu	5	3	—
45.12	La	6	4	—	35.7	X	—	—	4
44.97	Ag	—	4	—	35.53	Co	5	1	—
44189	Fe	8	2	—	34.656	Ni I	5R	2	—
43.84	Co	8R	2	—	34.621	Fe	5	1	—
43.785	Mn	4	2	—	34.521	Ti II	8R	10R	—
43.72	A Bl	—	—	3	34.17	Ce	7	1	—
43.15	Cu	6	4	—	34.12	Zr	6	2	—
43.13	Pd	—	5	—	34.1	Cr	—	6	—
43.064	Ni I	8R	8	—	33.975	Fe	6	—	—
42.8	Se	—	3	6	33.6	P	—	10	6
42.8	X	—	—	7	33.42	Pt	5	1	—
42.71	Pd	10R	10	—	33.056	Fe	5	2	—
42.28	Y II	10	10	—	32.944	Ni I	8R	3	—
42.05	Ta	4	—	—	32.8	Ag	4	1	—
41.989	Ti II	7R	10	—	32.67	Li I	8R	3R	—

λ in I. A.	Element	Intensität			λ in I. A.	Element	Intensität		
		Bogen	Funke	Geißler			Bogen	Funke	Geißler
3232.52	Sb I	10R	8	3	3224.63	Co	5	1	—
32.284	Ti II	5	5	—	24.24	Ti II	5	8	—
32.08	Th	1	7	—	23.83	Ta	4	2	—
32.06	Os	6	3	—	23.42	Cu	3	2	—
32.02	Er	4	2	—	23.31	Er	4	2	—
32.02	Ir	4	3	—	23.26	Ru	4	1	—
31.7	X	—	—	5	23.0	X	—	—	4
31.69	Zr	7	4	—	22.84	Ti II	7	8	—
31.50	Nt	4	2	—	22.6	Rb	—	8	—
31.17	Cu	4	2	—	22.5	Ba I	2d	—	—
30.972	Fe	6	1	—	22.072	Fe	6	3	—
30.95	Er	5	—	—	21.660	Ni I	4R	2	—
30.77	Ir	5	2	—	21.56	Dy	5	2	—
30.725	Mn	3	2	—	21.27	Th	2	10	—
30.60	Du	6	—	—	21.17	Ce	7	1	—
30.6	Au	3	6	—	21.1	Cl	—	2	—
30.54	Sm	3	2	—	20.79	Ir	8	5	—
30.5	J	—	—	5	20.74	Er	4	2	—
30.29	Pt	5	1	—	20.6	Kr	—	—	4
30.21	Fe	4	1	—	20.54	Pb	4	1	—
30.00	Fe	3	1	—	19.95	Tb	5	5	—
30.0	J	—	1	5	19.82	Fe	4	—	—
29.76	Tl I	10R	1	—	19.58	Fe	5	—	—
29.426	Ti II	6	3	—	19.3	P	—	4	6
29.39	Fe	3	—	—	19.15	Co I	5	1	—
29.28	Ir	5	3	—	18.97	Pd	4	1	—
29.23	Ta	4	—	—	18.95	Tb	5	6	—
29.198	Ti II	7	3	—	18.7	Sn	3	3	—
29.131	Fe	4	—	—	18.47	Ir	4	2	—
28.92	Fe	4	—	—	18.27	Ti II	6	8	—
28.81	Zr	5	4	—	18.1	Se	—	—	5
28.616	Ti	7	3	—	17.82	Ni	5	2	—
28.52	Ru	4	3	—	17.6	K I	4R	—	—
28.262	Fe	4	1	—	17.40	Cr	3	8	—
28.099	Mn	5	3	—	17.388	Fe	4	1	—
27.816	Fe	4	5	—	17.18	Ny	3	8	—
27.757	Fe II	4	6	—	17.11	V	6	10	—
27.2	X	—	—	4	17.10	Nd	4	1	—
26.99	Co	6R	—	—	17.1	K I	6R	—	—
26.37	Ru	5	1	—	17.061	Ti II	8	8	—
26.00	Dy	5	2	—	16.943	Fe	5	3	—
25.9	Se	—	3	8	16.71	Ag	—	3	—
25.85	Ny	4	5	—	16.68	Y II	10	10	—
25.8	Ca I	4	—	—	16.64	Fe	3	—	—
25.791	Fe	8	3	—	16.60	Dy	5	3	—
25.5	X	—	—	4	16.58	Th	—	8	—
25.47	Nb	5	10	—	16.51	Ru	4	—	—
25.030	Ni I	5R	2	—	15.95	Cd	—	4	—
24.768	Mn	4	1	—	15.80	La	3	—	—
24.65	Cu	3	2	—	15.59	Nb	4	6	—

λ in I. A.	Element	Bogen	Funke	Geißler	λ in I. A.	Element	Bogen	Funke	Geißler
3215.57	W	4	5	—	3204.35	A Bl	—	—	3
15.24	Sm	3	1	—	04.05	Pt	9	4	—
15.2	Se	—	4	8	03.834	Ti	5	1	—
15.18	Dy	4	2	—	03.32	Y II	7	10	—
15.13	Ca I	3	—	—	03.14	He II	—	—	—
14.76	Ti	5	3	—	02.56	Fe	3	—	—
14.45	Er	4	2	—	02.540	Ti	6	10	—
14.31	Rh	4	1	—	02.38	V	5R	2	—
14.24	Ti	6	1	—	01.9	K	—	3	—
14.2	X	—	—	4	01.72	Ce	7	1	—
14.191	Zr	7	4	—	01.15	Ny?	4	10	—
14.046	Fe	8	2	—	00.72	Pt	7	3	—
13.55	Ir	4	2	—	00.55	Er	4	2	—
13.42	Ni	5	—	—	00.479	Fe	6	1	—
13.320	Fe II	4	3	—	00.4	Kr	—	—	6
12.893	Mn	6	2	—	00.26	Y II	7	10	—
12.77	Eu	5	2	—	3199.924	Ti I	9R	3	—
12.62	A Bl	—	—	2	99.56	Tb	4	—	—
12.44	Fe	3	—	—	99.527	Fe I	6	1	—
12.43	V	6	3	—	98.93	Ir	5	1	—
12.000	Fe	4	2	—	98.8	Rb	—	8	—
12.00	Nt	4	2	—	98.66	Ny	3	8	—
11.696	Fe	4	1	—	98.6	X	—	—	4
11.49	Fe	4	—	—	98.13	Lu	10	10	—
11	Cs	—	6	—	98.098	V	5R	2	—
10.836	Fe	5	1	—	97.120	Ni I	5	2	—
10.80	Nt	4	2	—	97.12	Rh	5	1	—
10.245	Fe	4	1	—	97.08	Cr	3	10	—
10.22	Co	5	1	—	96.940	Fe	4	2	—
10	Cs	—	6	—	96.59	Ru	4	1	—
09.9	Ca I	5	—	—	96.2	X	—	—	5
09.4	X	—	—	4	95.61	Y II	8	10	—
09.33	Fe	4	1	—	94.95	Nb	5	10	—
09.3	K	—	4	—	94.83	Ce	7	1	—
09.18	Cr	2	10	—	94.7	Au	4	3	—
08.88	Mo	10	2	—	94.42	Fe	4	—	—
08.81	Dy	4	1	—	94.20	Hf	6	6	—
08.48	Fe	4	1	—	94.104	Cu	8	3	—
08.22	Cu	6	2	—	94.0	J	—	10	8
08.05	Er	4	1	—	93.98	Mo I	10R	2	—
07.8	Kr	—	—	8	93.81	Fe	3	3	—
07.416	V	6	2	—	93.64	Dy	4	—	—
06.88	De	3	—	—	93.31	Fe	4	2	—
06.34	Nb	4	6	—	93.22	Fe I	4	—	—
05.583	V	5	2	—	93.01	La II	2	1	—
05.400	Fe	7	1	—	92.87	Ny	5	10	—
05.14	Er	4	2	—	92.807	Fe	5	2	—
05.10	Ir	4	1	—	92.002	Ti I	9R	1	—
04.7	Au	4	5	—	91.968	Zr	5	3	—
04.5	Se	—	—	5	91.78	Lu	2	10	—

λ in I. A.	Element	Intensität			λ in I. A.	Element	Intensität		
		Bogen	Funke	Geißler			Bogen	Funke	Geißler
3191.664	Fe	5	1	—	3180.227	Fe	8	2	—
91.4	Cl	—	3	7	80.2	Th	4	4	—
91.30	Y	4	—	—	79.71	Rh	4	1	—
91.217	Zr	5	1	—	79.42	Y II	5	—	—
91.2	Kr	—	—	6	79.33	Ca II	6	10R	—
91.18	Rh	7	2	—	79.3	X	—	—	5
90.877	Ti	7	10	—	78.97	Fe	3	—	—
90.67	V	7	10R	—	78.528	Mn I	8	1	—
89.96	Ru	4	—	—	78.2	Se	—	—	7
89.1	Kr	—	—	7	78.05	Os	5	1	—
89.03	Rb	4	1	—	78.014	Fe	6	1	—
89.—	Na	—	4	—	77.85	Dy	4	2	—
88.838	Fe	5	1	—	77.58	Ir	4	2	—
88.59	Fe	4	—	—	77.26	Co	5	2	—
88.51	V	5	8R	—	77.04	Ru	3	8	—
88.37	Co	5	1	—	76.5	Pb	—	10	—
88.33	Ru	4	1	—	76.3	Mo	—	5	—
88.22	Th	5	5	—	75.96	La	3	—	—
87.72	He I	—	—	8	75.449	Fe	6	1	—
87.70	V	5	8R	—	75.3	P	—	2	5
87.0	In	—	5	—	75.2	J	—	—	6
86.75	Fe	3	2	—	75.2	X	—	—	5
86.462	Ti I	9R	3	—	75.047	Sn	10R	9R	—
86.03	Ru	4	1	—	75.03	Mo	1	5	—
85.58	Rh	4	1	—	74.90	Co	5	1	—
85.53	Cd	—	5	—	73.78	Nh	3	5	—
85.5	Se	—	3	9	73.66	Fe	3	—	—
85.47	Nt	4	3	—	73.57	Nt	5	3	—
85.406	V I	10R	2R	—	73.05	Y	4	10	—
85.26	Er	4	1	—	72.82	Nt	9	10	—
85.2	X	—	—	5	72.81	Ny ?	4	2	—
84.901	Fe I	4	1	—	72.27	Pr	3	1	—
83.99	V I	10R	2R	—	72.07	Fe	3	—	—
83.90	Sm	3	2	—	71.71	Nh	5	8	—
83.415	V I	10R	2R	—	71.7	La	—	10	—
82.87	Zr	7	5	—	71.63	Ce	6R	1	—
82.12	Co	5	1	—	71.36	Lu	5	3	—
82.08	Fe	3	—	—	71.35	Fe	4	9	—
81.89	Du	3	—	—	70.34	Mo I	10R	2	—
81.7	J	—	—	6	70.28	Ta	4	1	—
81.68	Er	4	2	—	69.96	Dy	4	2	—
81.53	Fe	4	1	—	69.76	Co	6	1	—
81.50	Nb	4	10	—	69.74	A Bl	—	—	5
81.28	Ca II	4	10	—	69.64	Co	6	2	—
81.09	A Bl	—	—	4	69.05	Ny	3	8	—
80.90	Ny	4	3	—	68.88	Ir	5	3	—
80.765	Fe I	4	—	—	68.53	Ru	5	1	—
80.73	Cr	3	10	—	68.522	Ti II	9	10	—
80.6	As	—	—	6	68.23	Pr	3	3	—
80.54	Tb	4	—	—	68.05	Co	6	1	—

λ in I. A.	Element	Intensität Bogen	Intensität Funke	Intensität Geißler	λ in I. A.	Element	Intensität Bogen	Intensität Funke	Intensität Geißler
3168.0	Br	—	3	—	3154.0	J	—	1	6
67.57	Ne	—	—	5	53.86	Ny?	2	10	—
67.4	V	—	6	—	53.80	Ru	4	1	—
67.07	Er	4	1	—	53.59	Os	4	1	—
66.62	Nh	5	8	—	53.40	Ne	—	—	5
66.440	Fe	4	1	—	53.21	Fe	4	1	—
65.979	Zr II	6	3	—	52.80	Mo	1	8	—
65.86	Fe	3	1	—	52.70	Co	6	1	—
65.72	Si IV	—	8	—	52.67	Os	4	1	—
65.43	Zr	5	2	—	52.60	Rh	5	1	—
64.32	Zr	5	3	—	52.5	Cs	—	6	—
63.78	Ny	3	5	—	52.256	Ti II	6	5	—
63.71	Pr	3	1	—	51.9	X	—	—	5
63.37	Nb	5	10	—	51.37	Rh	4	1	—
62.79	Dy	4	3	—	51.347	Fe	6	1	—
62.572	Ti II	9	6	—	51.33	V	2	5	—
62.30	Ny	4	—	—	51.03	Nt	7	9	—
61.95	Pd	—	5	—	51.0	X	—	—	6
61.947	Fe	5	1	—	50.9	Kr	—	—	6
61.8	Cd	—	5	—	50.73	Ca I	4	—	—
61.775	Ti II	7	4	—	50.7	X	—	—	6
61.43	A Bl	—	—	5	50.52	Er	4	1	—
61.36	Gd	4	4	—	50.25	Rh	4	—	—
61.207	Ti II	7	4	—	49.85	W	2	5	—
61.05	Mn I	4	1	—	49.7	J	—	1	6
60.66	Fe	6	1	—	49.56	Si IV	—	—	6
60.02	W	2	5	—	49.4	Cs	—	8	—
59.91	Ru	4	1	—	49.30	Co I	6R	2	—
59.66	Co I	6R	1	—	49.0	Rb	—	5	—
59.16	Ir	5	2	—	48.71	Tb	4	—	—
58.87	Ca II	8	10R	—	48.60	Ne	—	—	5
58.76	Co I	6R	3	—	48.190	Mn I	4	1	—
58.7	L	—	1	—	48.038	Ti	6	4	—
58.15	Mo	9R	2	—	48.0	Th	—	5	—
57.878	Fe	4	1	—	47.61	Rh	4	—	—
57.34	Nt	6	6	—	47.20	Cr II	2	5	—
57.07	Cd	—	4	—	47.06	Co I	7R	3	—
57.042	Fe	4	1	—	47.04	Tb	5	2	—
56.58	Au	—	3	—	46.86	Gd	4	3	—
56.56	Pt	8	3	—	46.82	Cu	6	2	—
56.50	Gd	4	4	—	46.40	Ce	6	1	—
56.27	Fe	4	—	—	45.704	Ni I	4	1	—
56.25	Os	7	3	—	45.48	Gd	4	3	—
55.76	Rh	5	1	—	45.39	Nb	4	8	—
55.671	Ti II	6	4	—	45.05	Ny	3	5	—
54.78	Co	6	4	—	45.00	Gd	5	4	—
54.67	Co	5	—	—	44.49	Fe	4	—	—
54.28	Er	4	3	—	44.25	Ru	4	—	—
54.20	Fe	4	4	—	43.985	Fe	6	1	—
54.197	Ti II	6	4	—	43.75	Ti	6	4	—

λ in I. A.	Element	Intensität			λ in I. A.	Element	Intensität		
		Bogen	Funke	Geißler			Bogen	Funke	Geißler
3142.891	Fe	4	1	—	3133.167	Cd I	2	5	—
42.80	Pd	7	4	—	32.86	Ru	4	2	—
42.75	La	4	1	—	32.60	Mo I	10R	2	—
42.447	Fe	4	1	—	32.51	Pd	—	5	—
42.43	Cu	7	2	—	32.053	Cr II	4	10	—
41.9	Kr	—	—	5	31.84	Hg I	8R	4R	—
41.81	Sn	4	4	—	31.56	Hg I	8R	5R	—
41.63	Pt	4	1	—	31.26	Nt	10	10	—
41.535	Ti	5	1	—	31.10	Os	4	2	—
41.3	Kr	—	—	6	31.06	Be II	10	10R	—
41.13	Er	4	2	—	30.800	Ti	7	4	—
41.1	Se	—	—	9	30.78	Nb	8	10	—
41.09	Dy	4	2	—	30.78	Rh	4	1	—
40.95	Ru	4	1	—	30.42	Be II	10	10R	—
40.91	Ny	4	10	—	30.270	V II	4	10R	—
40.39	Fe	4	—	—	30.1	L	—	1	—
40.33	Cu	6	2	—	30.0	Ag	3	1	—
39.94	Co I	7R	3	—	29.93	Y	3	8	—
39.9	J	—	2	6	29.76	Zr II	5	4	—
39.77	O II	—	—	4	29.5	Na	—	6	—
39.73	V	1	8	—	29.44	O II	—	—	7
39.65	Tb	4	3	—	29.337	Fe	4	—	—
39.37	Pt	8	3	—	29.3	K	—	3	—
39.3	L	—	2	—	29.23	Cd	—	3	—
39.2	Cl	—	—	6	29.17	Zr	5	4	—
39.08	A Bl	—	—	5	28.74	Y	3	5	—
38.677	Zr II	6	4	—	28.67	Cu	6	2	—
38.44	O II	—	—	8	28.38	Ir	4	1	—
38.3	X	—	—	6	27.52	Nb	4	8	—
37.8	Pb	—	10	—	26.21	V II	6	4R	—
37.70	Rh	4	—	—	26.19	Ne	—	—	6
37.32	Co I	6R	3	—	26.17	Fe	4	—	—
37.32	Rh	4	—	—	26.16	Wels	3	—	—
36.53	Ru	4	1	—	26.10	Cu	7	3	—
36.51	V	2	8	—	26.07	Ny	—	10	—
36.27	Sm	3	1	—	25.94	Ru	4	1	—
35.34	Dy	4	3	—	25.92	Zr II	5	3	—
35.3	L	—	2	—	25.664	Fe I	6	2	—
35.16	Y	4	2	—	25.62	Hg I	10R	10	—
34.93	V	2	8	—	25.288	V II	8	2	—
34.82	O II	—	1	10	25.05	V	—	3R	—
34.5	Se	—	—	5	24.974	Cr II	4	10	—
34.32	O II	—	—	3	24.96	Ta	4	1	—
34.114	Fe I	5	1	—	24.84	Ge	10	5	—
34.104	Ni I	10R	4	—	24.4	Kr	—	—	6
33.87	Nt	9	9	—	24.15	Ru	4	—	—
33.56	Nd	4	2	—	23.68	Rh	5	1	—
33.48	Zr	5	4	—	23.073	Ti	6	1	—
33.336	V II	6	5	—	22.79	Au	6R	8	—
33.31	Ir	6	5	—	22.76	Rh	5	—	—

λ in I. A.	Element	Intensität			λ in I. A.	Element	Intensität		
		Bogen	Funke	Geißler			Bogen	Funke	Geißler
3122.69	Er	4	5	—	3112.12	Mo	5	1	—
22.62	O II	—	—	6	12.03	Y	4	1	—
22.5	Au	—	5	—	11.80	Y	4	—	—
22.39	Ir	4	2	—	11.43	Eu	5	1	—
21.99	Mo	2	10	—	11.4	Rb	—	6	—
21.9	X	—	—	8	11.1	Se	—	—	6
21.8	Cd	—	4	—	10.71	V II	8	10R	—
21.78	Zr	4	3	—	10.7	Pr	—	4	—
21.76	Rh	5	—	—	10.69	Mn	5	1	—
21.56	Co I	4R	2	—	10.68	Ti	5	3	—
21.41	Co I	4R	2	—	09.38	Os	4	2	—
20.77	Ir	5	3	—	09.16	Pd	4	2	—
20.6	Kr	—	—	4	09.14	Hf	6	6	—
20.436	Fe	4	1	—	08.60	Cu	8	5	—
20.37	Cr II	4	10	—	08.26	Th	4	5	—
20.14	V	6R	3	—	08.0	Pr	—	4	—
19.804	Ti	7	4	—	07.87	Ny	10	10R	—
19.79	Pt	4	1	—	06.78	Er	4	1	—
19.724	Ti	5	—	—	06.57	Zr	6	4	—
19.62	Tb	4	2	—	06.4	X	—	—	5
19.6	Ba	3	—	—	06.23	Ti	5	3	—
19.58	As I	4	7	5	05.48	Ni I	5	2	—
19.50	Fe	4	1	—	05.4	K	—	4	—
18.9	Cd	—	4	—	05.081	Ti	6	3	—
18.67	Ru	4	—	—	04.99	Rh	4	—	—
18.65	Cr II	3	10	—	04.8	Mg II	—	10d	—
18.50	Nh	4	5	—	04.58	La	4	1	—
18.42	Lu	7	3	—	03.80	Ti	6	5	—
18.383	V II	10R	10R	—	03.59	Pt	3	1	—
18.05	Ru	4	1	—	03.38	Ce	6	1	—
17.99	Gd	—	5	—	03.25	Ta	5	1	—
17.78	Ny	4	10	—	03.1	Pr	—	4	—
17.667	Ti	5	4	—	02.97	Tb	4	3	—
17.0	Au	4	2	—	02.8	Se	—	—	7
16.636	Fe I	5	1	—	02.54	Gd	4	4	—
16.5	As	—	3	7	02.52	Rh	5	—	—
16.33	Cu	7	2	—	02.303	V II	10	10R	—
16.09	Mo	1	8	—	02.2	K I	2R	—	—
15.85	Ta	4	2	—	02.0	K I	4R	—	—
15.30	Ny	3	8	—	01.91	Gd	4	2	—
14.90	Rh	4	1	—	01.880	Ni I	9R	3	—
14.55	Ir	4	2	—	01.561	Ni I	9R	4	—
14.4	X	—	—	4	01.35	Ny	3	4	—
14.28	Y	3	2	—	00.98	Pt	4	1	—
14.128	Ni I	6	2	—	00.83	Ru	6	2	—
14.05	Pd	5R	8	—	00.671	Fe I	4	3	—
14.04	Ir	4	2	—	00.51	Gd	8	8	—
13.53	Er	4	1	—	00.5	Pr	—	4	—
13.47	Co	5	2	—	00.42	Ir	4	3	—
12.2	Kr	—	—	5	00.309	Fe I	4	3	—

λ in I. A.	Element	Bogen	Funke	Geißler
3099.971	Fe I	4	4	—
99.92	Cu	6	3	—
99.901	Fe I	4	—	—
99.27	Ru	5	2	—
99.23	Zr	5	3	—
99.10	Ag	3	1	—
98.192	Fe	3	1	—
97.92	Th	—	6	—
97.58	Ru	4	1	—
97.18	Ti	6	4	—
97.11	Ni I	5	2	—
97.1	Kr	—	—	4
97.1	Pr	—	4	—
96.92	Mg I	10R	2	—
96.55	Ru	6	2	—
95.88	Y	6	2	—
95.50	Cd	—	5	—
95.39	Ta	4	1	—
95.07	Zr	5	3	—
94.3	Se	—	2	8
94.19	Nb	10	10	—
93.993	Cu	6	2	—
93.87	Ta	5	1	—
93.42	Si III	—	6	—
93.40	A Bl	—	—	6
93.13	V II	4	10R	—
93.05	Mg I	8R	2	—
93.—	Na	—	6	—
92.91	Nd	4	2	—
92.85	Al I	6R	4R	—
92.718	Al I	10R	8R	—
92.52	Ny	—	5	—
92.10	Mo	2	5	—
91.8	J	—	1	5
91.71	Y	3	—	—
91.582	Fe I	4	2	—
91.1	X	—	—	5
91.09	Mg I	8R	1	—
90.89	De	3	—	—
89.80	Ru	4	1	—
89.59	Co I	5	2	—
89.58	Tb	4	3	—
89.401	Ti	5	3	—
89.14	Ru	4	1	—
89.09	Ny	3	5	—
88.43	Tb	4	2	—
88.032	Ti II	10	10R	—
88.03	Ir	4	3	—
87.72	V	5	8R	—
87.61	Mo	2	10	—

λ in I. A.	Element	Bogen	Funke	Geißler
3087.41	Rh	4	1	—
86.9	Rb	—	5	—
86.85	Y	4	5	—
86.77	Co I	6R	3	—
86.44	Ir	4	2	—
86.22	Si III	—	7	—
86.06	Ru	4	1	—
85.8	Pr	—	8	—
85.58	Ta	4	1	—
84.92	Cd	—	4	—
84.86	Pt	4	—	—
84.36	Nh	4	5	—
84.10	Pt	3	1	—
84.03	Er	4	3	—
83.96	Rh	4	1	—
83.747	Fe I	4	3	—
83.6	X	—	—	6
83.23	Ir	4	2	—
83.0	J	—	2	5
82.61	Co I	5R	3	—
82.162	Al I	10R	8	—
82.00	Gd	10	6	—
81.7	J	—	8	5
81.48	Lu	9	3	—
81.35	Mn	4	3	—
80.828	Cd I	8	3	—
80.77	Hf	6	6	—
80.757	Ni I	6	2	—
80.5	Pr	—	8	—
80.11	Lu	4	1	—
79.7	X	—	4	—
79.63	Mn	5	1	—
79.55	Pt	4	1	—
79.18	Ne	—	—	5
78.87	Tb	4	8	—
78.87	Ne	—	—	5
78.86	Er	4	1	—
78.646	Ti II	9	6	—
78.6	J	—	5	5
78.5	Na	—	4	—
78.44	Fe	3	1	—
78.24	Ta	4	1	—
78.02	Fe	3	—	—
77.9	J	—	—	6
77.71	Os	4	3	—
77.65	Mo	1	8	—
77.62	Lu	10	10	—
77.44	Os	4	1	—
77.22	Ta	5	1	—
77.04	Os	4	1	—

The columns "Bogen", "Funke" and "Geißler" fall under the spanning header **Intensität**.

λ in I. A.	Element	Intensität			λ in I. A.	Element	Intensität		
		Bogen	Funke	Geißler			Bogen	Funke	Geißler
3077.0	Pr	—	6	—	3067.04	Ge	3	1	—
76.97	Gd	4	3	—	66.7	Cs	—	10	—
76.97	Ne	—	—	6	66.49	Fe	3	—	—
76.68	Ir	4	2	—	66.37	V	4R	1R	—
76.67	Bi I	3	2	—	66.355	Ti II	7	3	—
76.6	Cl	—	—	7	66.218	Ti II	7	—	—
75.88	Zn I	8R	6	—	66.16	Al	4	2	—
75.725	Fe I	5	3	—	66.04	Mn	4	1	—
75.37	Nd	4	2	—	65.31	Pd	4R	4	—
75.32	As I	2	5	5	65.28	Sc	2	5	—
75.27	V	5	1	—	65.2	X	—	—	6
75.223	Ti II	9	4	—	65.03	Ny	4	10	—
75.15	Pd	4	1	—	65.0	Cd	—	4	—
74.67	Al II	—	6	—	64.83	Ru	7	2	—
74.4	Br	—	4	—	64.71	Pt	6R	10	—
74.1	Mg	2	3	—	64.625	Ni I	6	2	—
74.07	Os	4	2	—	64.55	Nb	4	5	—
74.0	Se	—	—	8	64.51	Ir	4	1	—
73.81	V	3R	2	—	64.31	Al	4	2	—
73.80	Cu	5	2	—	63.85	Dy	4	—	—
73.5	X	—	—	4	63.69	Ne	—	—	6
73.32	Ru	4	—	—	63.58	Ta	4	1	—
73.14	Mn	4	1	—	63.42	Cu	7	3	—
72.971	Ti II	8	3	—	63.1	Kr	—	—	5
72.7	Se	—	—	6	63.00	Ce	6	2	—
72.34	Co I	5R	3	—	63.0	Cl	—	—	6
72.106	Ti II	8	3	—	62.6	Se	—	—	5
72.08	Zn I	10R	10	—	62.4	K	—	5	—
71.95	Co I	5	1	—	62.13	Mn	4	1	—
71.93	Pt	5	1	—	61.82	Co I	5	4	—
71.60	Ba I	8R	6R	—	61.40	Ir	4	1	—
71.3	Cl	—	—	7	60.99	Fe	3	—	—
71.243	Ti	5	3	—	60.8	Se	—	—	10
70.77	Er	4	2	—	60.45	V	3R	—	—
70.29	Mn	4	1	—	60.05	Co	5	1	—
70.05	Tb	5	3	—	59.92	Al	5	1	—
69.9	Se	—	2	8	60.737	Ti II	5	2	—
69.68	V	6	—	—	59.63	Pt	4	1	—
69.22	Ta	5	1	—	59.3	Cd	—	4	—
69.02	Tb	4	3	—	59.092	Fe I	5R	3	—
68.88	Ir	4	3	—	59.15	L	—	2	—
68.66	Gd	4	4	—	58.66	Os	7	4	—
68.24	Ru	4	1	—	58.091	Ti	6	5	—
68.180	Fe	4	1	—	58.0	As	—	3	6
67.73	Bi I	9R	6R	—	57.96	Lu	—	10	—
67.3	X	—	—	4	57.648	Ni I	10R	4	—
67.28	Rh	5	1	—	57.453	Fe I	5	3	—
67.253	Fe I	5	3	—	57.39	Ne	—	—	7
67.123	Fe	4	—	—	57.15	Al II	4	10	—
67.11	V	6	5	—	56.74	Lu	10	10	—

λ in I. A.	Element	Intensität Bogen	Funke	Geißler	λ in I. A.	Element	Intensität Bogen	Funke	Geißler
3056.7	Kr	—	—	4	3045.010	Ni I	4	1	—
56.35	V	3R	2	—	44.93	V	4R	1	—
56.3	Na	—	3	—	44.570	Mn	6	2	—
56.06	Ru	4	—	—	44.00	Co I	8R	4	—
55.55	Nb	3	5	—	43.87	Pb	—	10	—
55.3	J	—	10	3	43.55	V	3R	2	—
55.28	Pt	4	—	—	43.46	Dy	4	1	—
55.268	Fe	4	1	—	43.35	Mn	3	2	—
54.92	Ru	4	1	—	43.12	V	3R	1	—
54.84	Zr	5	4	—	42.673	Fe I	5	2	—
54.69	Al	4	2	—	42.64	Ny	2	5	—
54.5	X	—	—	4	42.63	Ir	2	6	—
54.40	Er	4	2	—	42.62	Pt	4R	4	—
54.38	Mn	4	2	—	42.47	Co I	5	2	—
54.318	Ni I	8R	4	—	42.36	Nt	4	2	—
53.883	Cr	6R	2	—	42.04	Ta	4	3	—
53.55	Tb	5	4	—	42.028	Fe I	4	1	—
53.4	As	—	3	6	41.86	W	3R	1	—
53.38	V	6	—	—	41.748	Fe I	4	2	—
53.071	Fe	4	1	—	41.71	Mo	4	1	—
52.0	K	—	3	—	41.644	Fe	3	—	—
51.98	Ce	5	1	—	41.5	Se	—	1	8
51.30	W	1	6	—	41.28	Al II	—	6	—
50.88	V	3R	3	—	40.90	Os	5	3	—
50.825	Ni I	10R	6	—	40.86	Ir	4	1	—
50.14	Cr	2	10	—	40.852	Cr	5R	10	—
50.07	Al II	4	8	—	40.7	Sb	—	7	2
49.68	W	4R	1	—	40.435	Fe	4	2	—
49.54	Ta	5	1	—	39.35	In I	10R	4R	—
49.43	Ir	4	2	—	39.25	Ir	5	3	—
49.25	Er 3	4	1	—	39.08	Ge	10R	10R	—
48.89	Co I	6	3	—	38.7	Se	—	2	8
48.85	Ta	4	1	—	38.4	J	—	4	5
48.8	Cd	—	4	—	37.939	Ni I	9R	4	—
48.78	Ru	4	1	—	37.393	Fe I	5	3	—
48.48	Ru	4	—	—	37.049	Cr	5R	1	—
48.21	V	5	5	—	36.59	Y	3	—	—
47.611	Fe I	6	3	—	36.43	Pt	7	3	—
47.5	Se	—	—	5	36.106	Cu	8	2	—
47.15	Ir	4	3	—	35.80	Zn I	10R	6	—
47.0	Kr	—	—	5	34.90	Bi	5	2	—
47.0	L	—	1	5	34.8	K I	4R	—	—
46.9	Kr	—	—	5	34.6	A R	—	—	3
46.75	Rh	4	—	—	34.42	Co I	5	1	—
46.691	Ti	6	3	—	34.197	Cr	5R	1	—
46.49	Pd	4	—	—	34.116	Sn	9R	8R	—
46.43	W	3R	1	—	34.06	Gd	7	6	—
46.2	Se	—	—	5	33.82	V	5	3	—
45.71	Ru	4	1	—	33.6	A Bl	—	—	3
45.086	Fe	4	—	—	33.44	Ru	4	1	—

λ in I. A.	Element	Intensität			λ in I. A.	Element	Intensität		
		Bogen	Funke	Geißler			Bogen	Funke	Geißler
3033.3	Mo	—	5	—	3021.57	Cu	4	1	—
33.2	Au	2	2	—	21.50	Hg I	4R	4	—
32.85	Gd	7	8	—	21.077	Fe I	6R	3	—
32.84	As I	4	8	6	20.8	Br	—	4	—
32.78	Sn	3R	3	—	20.70	Pd	3	—	—
32.76	Nb	5	6	—	20.67	Cr	5R	1	—
32.20	Pd	3	6	—	20.645	Fe I	6R	3	—
31.643	Fe I	5	2	—	20.56	Lu	4	10	—
31.219	Fe	4	2	—	20.5	Ga	3	—	—
31.12	Ny	10	5	—	20.497	Fe	5	2	—
30.70	Os	4	3	—	20.4	Se	—	—	6
30.31	Ne	—	—	5	20.00	Ir	4	2	—
30.253	Cr	5R	2	—	19.33	Sc I	4	1	—
30.155	Fe	4	2	—	19.23	Ir	4	2	—
29.80	Sb I	8R	7	4	19.149	Ni I	5	2	—
29.729	Ti	5	—	—	18.989	Fe I	5	2	—
29.57	Ny	—	10	—	18.82	Cr	4R	1	—
29.52	Zr	6	1	—	18.502	Cr	5R	1	—
29.37	Ir	4	2	—	18.38	Zn I	8	3	—
29.19	Au	6	5	—	18.04	Os	5	3	—
29.170	Cr	4R	1	—	17.88	Pt	4	1	—
29.0	A Bl	—	—	4	17.633	Fe I	5	2	—
28.44	Nb	5	5	—	17.58	Cr	6R	2	—
28.43	Rh	4	1	—	17.57	Ny	3	10	—
28.04	Zr	6	1	—	17.5	X	—	—	4
27.91	Pd	4R	6	—	17.44	W	3R	2	—
27.60	Gd	6	6	—	17.35	Ne	—	—	5
26.67	Cr	1	8	—	17.32	Ir	4	2	—
26.66	Ny?	3	10	—	17.26	Co I	5R	1	—
26.469	Fe I	6	2	—	17.26	Os	4	—	—
25.91	Er	4	2	—	17.24	Ru	5	2	—
25.848	Fe I	5	2	—	17.183	Ti	6	6	—
25.639	Fe	4	2	—	17.18	Ce	4	1	—
24.64	Bi	8R	4R	—	16.98	Dy	3	1	—
24.50	W	2	5	—	16.46	W	5	2	—
24.4	Kr	—	—	4	16.20	V	5	4	—
24.36	Cr	5R	2	—	15.926	Fe	3	1	—
24.038	Fe I	5	2	—	15.81	Au	—	2	—
23.9	X	—	—	5	15.31	Ny	4	2	—
23.7	X	—	—	5	15.201	Cr	4R	1	—
23.7	Rb	—	6	—	14.92	Cr	6R	1	—
23.48	Hg I	4	—	—	14.82	V	2	6	—
23.3	Mo	—	5	—	14.80	Au	—	3	—
22.60	Cu	4	1	—	14.765	Cr	5R	1	—
22.5	Rb	—	4	—	14.43	Ny	3	5	—
22.27	Y	4	—	—	13.722	Cr	4R	2	—
21.8	AR	—	—	3	13.59	Co I	5	2	—
21.74	Pd	4	—	—	13.10	V	2	5	—
21.72	Y	3	—	—	13.08	Os	4	1	—
21.57	Cr	6R	2	—	13.03	Cr	4R	1	—

λ in I. A.	Element	Intensität			λ in I. A.	Element	Intensität		
		Bogen	Funke	Geißler			Bogen	Funke	Geißler
3012.96	Ne	—	—	5	2999.56	Pd	—	6	—
12.89	Hf	6	6	—	99.517	Fe	5	2	—
12.53	Ta	5	3	—	99.39	Fe	4	—	—
12.13	Ne	—	—	5	99.06	Gd	5	4	—
12.007	Ni I	9R	5	—	98.796	Cr	4R	1	—
11.74	Zr	5	1	—	97.96	Pt	7R	10	—
11.486	Fe	4	1	—	97.79	W	5	1	—
11.12	Ta	4	1	—	97.70	O II	—	—	3
10.842	Cu	7	1	—	97.37	Cu	6	4	—
10.62	Ny	3	5	—	97.31	Ca I	3	2	—
10.15	Gd	5	6	—	96.94	Y	3	1	—
09.78	Pd	4	2	—	96.583	Cr	4R	2	—
09.576	Fe I	5	2	—	96.5	Cl	—	—	5
09.39	Ny	3	8	—	96.39	Fe	4	1	—
09.21	Ca I	2	2	—	96.08	Ir	4	2	—
09.135	Sn	9R	8R	—	95.111	Cr	4R	1	—
09.10	Fe	3	1	—	95.00	Au	—	6	—
09.08	W	5	2	—	94.96	Ru	5	1	—
08.62	V	1	5	—	94.95	Ca I	3	2	—
08.2	In III	—	10	—	94.81	Ny	3	8	—
08.146	Fe	5	2	—	94.74	Nb	5	6	—
07.287	Fe I	4	1	—	94.46	Ni I	7R	3	—
07.148	Fe	4	1	—	94.436	Fe I	6R	3	—
07.07	L, O II	—	3	—	94.07	Cr	3R	1	—
06.86	Ca I	4	4	—	93.34	Bi I	9R	4	—
06.58	Ru	5	2	—	93.0	X	—	—	5
05.77	Ny	5	10	—	92.63	C II	1	4	—
05.067	Cr	5R	1	—	92.599	Ni I	6	2	—
04.44	Rh	5	1	—	92.56	O II	—	—	3
04.4	X	—	—	4	92.44	Ne	—	—	6
04.12	Ga	—	6	—	92.42	Ne	—	—	6
03.8	As	—	2	6	92.2	K I	2R	—	—
03.74	Zr	5	2	—	91.896	Cr	5R	1	—
03.64	Ir	4	2	—	91.88	Ny	2	5	—
03.627	Ni I	9R	4	—	91.65	Fe	4	—	—
03.036	Fe I	4	1	—	90.99	As I	2	4	6
02.66	Pd	4R	10	—	90.396	Fe	4	1	—
02.59	Ny	2	5	—	90.29	Nb	6	6	—
02.491	Ni I	10R	5	—	90.27	Au	—	5	—
02.27	Pt	6	2	—	89.59	Co I	6R	3	—
02.25	Ir	4	2	—	89.59	V	1	3R	—
01.20	V	3	8R	—	89.52	Euros	3	—	—
01.18	Pt	1	5	—	89.3	Lu	5	2	—
00.954	Fe I	5	2	—	89.19	Cr	2	10	—
00.89	Cr	4R	1	—	89.04	Bi I	9R	5R	—
00.87	Ca I	4	2	—	88.95	Ru	6	2	—
00.864	Ti	7	2	—	88.657	Cr	5R	1	—
00.47	Ny	2	8	—	87.647	Si I	5	4	—
00.454	Fe	4	1	—	87.5	Se	—	—	6
2999.65	Ca I	4	3	—	87.297	Fe I	5	1	—

λ in I. A.	Element	Intensität			λ in I. A.	Element	Intensität		
		Bogen	Funke	Geißler			Bogen	Funke	Geißler
2987.17	Co I	5R	3	—	2977.69	Rh	4	1	—
86.99	Rh	4	1	—	77.55	V	8	1	—
86.470	Cr	6R	2	—	76.9	Cs	—	6	—
86.20	Rh	5	2	—	76.90	Ce	4	1	—
85.997	Cr	5R	1	—	76.58	Ru	4	10	—
85.92	Dy	3	1	—	76.53	V	8	3	—
85.85	Cr	3R	—	—	76.5	C	—	1	—
85.81	Ir	4	1	—	76.21	V	8	2	—
85.77	Pr	—	8	—	76.13	Fe	—	1	—
85.6	X	—	—	4	75.65	V	6	3	—
85.55	Fe II	4	4	—	75.48	Cr	4R	1	—
85.39	Zr	5	1	—	75.07	V	6	3	—
85.32	Cr	2	10	—	74.92	Ir	4	2	—
85.03	Ny	3	4	—	74.71	Ne	—	—	7
84.834	Fe II	4	6	—	74.59	Y	4	—	—
84.8	Ti	—	10	—	74.24	V	8	1	—
84.7	X	—	—	4	74.12	Nb	4	6	—
84.3	Na	—	4	—	73.25	Au	2	—	—
84.25	Y	4	1	—	73.236	Fe I	4	2	—
84.129	Ni I	4	2	—	73.137	Fe I	4	2	—
83.98	Ny?	3	5	—	72.62	Mo	—	5	—
83.571	Fe I	4R	3	—	72.6	Se	—	—	6
83.298	Ti	7	2	—	72.59	Nb	4	8	—
83.08	Rh	4	—	—	71.90	Cr	2	10	—
83.0	In III	—	6	—	71.5	Se	—	6	7
82.66	Ne	—	—	7	71.11	Cr	4R	1	—
82.10	Au	—	4	—	71.0	Se	—	—	7
81.9	As	—	1	6	70.56	Ny	6	5	—
81.86	Fe	4	1	—	70.52	Fe II	4	2	—
81.652	Ni I	7	3	—	70.4	Au	2	—	—
81.448	Fe I	4	2	—	70.108	Fe I	4	2	—
81.34	Cd I	4R	—	—	70.1	Se	—	—	5
81.21	V	4	3	—	69.81	Lu	6	10	—
81.1	Sb	—	3	—	69.484	Fe I	4	1	—
80.92	Ne	—	—	5	69.36	Fe	3	1	—
80.791	Cr	4R	1	—	68.96	Zr	5	3	—
80.67	Ir	4	2	—	68.67	Rh	5	1	—
80.66	Pd	1	10	—	68.38	V	8	10R	—
80.622	Cd I	8R	6	—	68.3	AR	—	—	2
80.53	Fe	3	1	—	67.7	C	1	1	—
80.51	Pr	—	8	—	67.64	Cr	4R	1	—
80	Na	—	4	—	67.3	Kr	—	—	5
79.94	Ru	3	5	—	67.278	Hg I	10R	10R	—
79.86	W	5	2	—	67.220	Ti	8	2	—
79.81	Ne	—	—	5	67.2	AR	—	—	8
79.74	Cr	2	10	—	66.901	Fe I	6R	3	—
79.72	Ru	3	5	—	65.71	Ti	6	2	—
79.4	X	—	—	6	65.55	Ru	3	10	—
79.1	A Bl	—	—	6	65.258	Fe I	5	2	—
78.68	Th	—	8	—	65.17	Ru	4	1	—

λ in I. A.	Element	Bogen	Funke	Geißler	λ in I. A.	Element	Bogen	Funke	Geißler
2965.15	Ta	4	4	—	2951.23	Ir	5	3	—
65.04	Fe	3	2	—	50.91	Nb	6	10	—
64.96	Y	4	1	—	50.25	Fe	6	1	—
64.76	Ny	3	3	—	49.50	Ru	4	1	—
64.53	W	5	1	—	49.21	Mn II	6	10	—
64.52	Er	4	3	—	48.7	Se	—	4	7
64.08	Cu	4	1	—	48.44	Fe	4	1	—
64.0	Se	—	5	7	48.41	Y	4	—	—
63.8	Au	3	1	—	48.30	Dy	3	1	—
63.33	Lu	7	10	—	48.250	Ti	9	2	—
63.33	Ny	3	—	—	48.22	Os	4	2	—
63.33	Ta	4	1	—	48.1	X	—	—	4
63.2	K I	1R	—	—	47.878	Fe I	5	3	—
63	Cs	—	8	—	47.66	Fe	4	4	—
62.99	Ir	4	1	—	47.6	X	—	—	5
62.78	V	6	1	—	47.39	W	6	3	—
62.68	Zr	5	2	—	47.30	Ne	—	—	6
62.34	Os	4	1	—	47.0	Hg	—	3	—
62.15	Os	4	1	—	46.99	Ru	4	1	—
61.43	Cd I	4	—	—	46.98	Ir	4	2	—
61.18	Cu	9	6	—	46.98	W	6R	3	—
60.75	Pt	3	2	—	46.0	Y	—	10	—
60.23	Eu	5	2	—	45.92	Ny	6	10	—
59.997	Fe	4	2	—	45.9	Nh	—	5	—
59.6	As	—	7	6	45.67	Ru	3	10	—
59.4	X	—	—	4	45.3	X	—	—	5
59.10	Pt	3	1	—	45.11	He I	—	—	6
57.7	X	—	—	5	45.04	Tl I	5	—	—
57.52	V II	8	6	—	44.84	Mo	1	8	—
57.370	Fe I	5	2	—	44.77	Pt	4	1	—
57.01	In I	6	—	—	44.59	V II	2	8R	—
56.90	Mo	—	5	—	44.41	W	5R	3	—
56.7	Ti	7	2	—	44.40	Fe	4	4	—
56.132	Ti	10	2	—	44.18	Ga	5R	1	—
56.1	Rb	—	6	—	43.922	Ni I	6	2	—
55.80	V	8	—	—	43.64	Ga	10R	2	—
55.50	Gd	—	10	—	43.20	V	8	1	—
55.4	ABl	—	—	5	43.17	Ir	5	4	—
54.8	Ti	—	8	—	43.0	A Bl	—	—	7
54.7	Co	—	5	—	42.77	Pt	4	1	—
54.5	Au	—	4	—	42.7	K I	1R	—	—
54.47	Ru	4	1	—	42.35	V	10R	2	—
53.943	Fe I	4	2	—	42.1	X	—	—	4
53.78	Fe II	3	2	—	42.06	Mg I	6	2	—
53.49	Fe	3	1	—	41.991	Ti	1	4	—
52.6	Kr	—	—	4	41.57	Nb	4	8	—
52.08	V II	8	8R	—	41.43	V II	—	10	—
51.7	Se	—	3	10	41.4	Se	—	4	7
51.68	Lu	3	8	—	41.346	Fe I	8	2	—
51.4	Na	—	5	—	41.24	In	—	8	—

λ in I. A.	Element	Bogen	Funke	Geißler	λ in I. A.	Element	Bogen	Funke	Geißler
2941.23	Mo	1	5	—	2930.3	X	—	—	5
41	Cs	—	6	—	29.79	Pt	8R	4	—
40.54	Fe	3d	—	—	29.66	Hf	6	5	—
40.39	Mn I	6	1	—	29.51	Co	4	1	—
40.3	X	—	—	5	29.3	Ag	—	5	—
40.10	Ta	4	1	—	29.12	Fe	4	—	—
39.31	Mn II	6	10	—	29.006	Fe I	7	1	—
39.2	X	—	—	4	28.7	Mg II	3	10	—
38.81	Pt	4	—	—	28.328	Ti	7	2	—
38.7	Ti	—	5	—	28.11	Pt	3	1	—
38.5	Ag	4R	5	—	27.82	Nb	8	10	—
38.5	Mg I	5	—	—	27.67	Co	4	2	—
38.31	Bi	10R	8R	—	27.5	L	—	1	—
38	Cs	—	8	—	27.00	Zr	5	4	—
37.81	Fe	6	—	—	26.77	Ny	3	1	—
37.70	V	8	1	—	26.58	Fe II	5	3	—
37.303	Ti	6	2	—	26.3	Br	—	5	—
36.904	Fe I	7	2	—	26.2	As	—	1	6
36.8	Mg I	4	—	—	26.2	X	—	—	4
36.8	Nh	—	10R	—	25.90	Fe	3	—	—
36.71	Ir	5	3	—	25.59	Mn I	6d	1	—
36.52	Mg II	4	10R	—	25.4	Hg I	4	—	—
36.2	Ti	—	5	—	25.36	Fe	3	1	—
35.9	X	—	—	6	25.25	Ta	5	1	—
35.87	V	8	1	—	24.81	Ir	8	4	—
34.99	W	3R	3	—	24.7	A Bl	—	—	3
34.63	Ir	6	3	—	24.650	V II	8	8R	—
34.50	Dy	3	1	—	24.33	Mo	1	6	—
34.40	V II	8	3	—	24.022	V II	8	8R	—
34.30	Mo	5	5	—	23.85	Fe	4	1	—
34.2	Ag	—	6	—	23.625	V	10	—	—
33.56	Ta	5	2	—	23.6	X	—	—	4
33.523	Ti	6	2	—	23.40	Mo	4	10	—
33.3	Se	—	—	5	23.29	Fe	4	1	—
33.06	Mn II	6	10	—	23.13	Rh	4	—	—
32.8	X	—	—	4	22.51	Pd	7R	3	—
32.72	Ne	—	—	5	21.53	Tl I	6R	1	—
32.63	In I	6R	4	—	21.38	Pt	4	1	—
32.48	Th	—	5	—	20.69	Fe	4	1	—
32.19	Au	5	4	—	20.384	V II	8	2	—
31.96	Rh	4	1	—	20.0	Ag	—	3	—
31.86	Sr I	3	1	—	19.99	V	8	2	—
31.5	A Bl	—	—	2	19.83	Os	4	2	—
31.30	Os	4	1	—	19.67	Hf	6	6	—
31.3	Ti	—	5	—	19.61	Ru	4	1	—
31.0	Cs	—	10	—	19.35	Ny	4	10	—
30.813	V II	10	5R	—	19.34	Pt	5	2	—
30.79	Pt	3	1	—	19.06	Y	3	—	—
30.59	Os	4	1	—	18.4	Au	—	3	—
30.50	Mo	5	4	—	18.33	Tl I	10R	1	—

λ in I. A.	Element	Bogen	Funke	Geißler	λ in I. A.	Element	Bogen	Funke	Geißler
		Intensität					Intensität		
2918.25	Zr	5	3	—	2909.06	Cr	4R	1	—
18.029	Fe	5	2	—	08.92	Ta	2	9	—
17.84	Os	4	1	—	08.812	V	8R	8R	—
17.7	X	—	—	4	08.26	Nb	5	5	—
17.27	Os	4	2	—	07.90	Pt	3	1	—
17.0	Y	1	10	—	07.52	Fe	3	1	—
16.37	Ir	4	2	—	07.47	V II	6	3R	—
16.27	Hg	—	4	—	07.24	Ir	4	2	—
16.26	Ru	8	3	—	07.22	Mn	4	1	—
16.00	Zr	5	3	—	07.2	X	—	—	4
15.50	Mg	5	8	—	07.07	Au	—	4	—
15.28	Ny	3	3	—	07.05	Al III	—	10	—
14.925	V	10	2	—	07.0	Se	—	—	6
14.9	Se	—	3	9	06.68	Eu	5	5	—
44.61	Mn I	8	1	—	06.6	X	—	—	5
14.5	Nd	—	4	—	06.56	O II	—	—	4
14.23	Ny	2	10	—	06.453	V	6	4R	—
14.2	X	—	—	4	06.39	Dy	3	1	—
14.00	Rh	4	—	—	06.13	V	6	1	—
13.8	Mo	—	5	—	05.90	Au	6	3	—
13.72	Cr	3R	2	—	05.90	Pt	5	1	—
13.58	Au	4	10	—	05.50	Cr	3R	1	—
13.55	Pt	6	2	—	05.23	Zr	5	2	—
13.54	Sn	6R	4	—	04.80	Ir	4	2	—
13.51	Zn	3	1	—	04.73	Gd	—	10	—
13.27	Sb	—	3	—	04.130	V	6	1	—
13.28	Tb	—	10	—	03.70	V	6	1	—
13.17	Ne	—	—	6	03.074	V	6	4	—
12.63	Rh	4	1	—	03.07	Mo	2	10	—
12.5	X	—	—	5	02.08	Ag	—	4	—
12.26	Pt	5	2	—	02.0	Zn	—	4	—
12.160	Fe I	8	2	—	01.92	Fe	4	—	—
12.092	Ti	8	2	—	01.38	Fe	4	—	—
12.0	X	—	—	5	00.32	Lu	10	10	—
11.91	Mo	5	10	—	2899.73	Ny	3	3	—
11.76	O II	—	—	3	99.60	V	6	—	—
11.50	Ny	6	8	—	99.420	Fe	4	1	—
11.40	Lu	10	10	—	99.25	Nb	4	5	—
11.16	Cr	3R	1	—	99.20	V	6	2	—
11.055	V II	6	3	—	98.92	Th	—	6	—
10.91	Cr	4R	1	—	98.73	As I	4R	6	6
10.63	Nb	5	6	—	98.53	Cr	2	5	—
10.386	V	6	4R	—	97.98	Bi I	10R	5R	—
10.36	Er	5	4	—	97.88	Pt	6	3	—
10.18	Rh	4	10	—	97.82	Nb	5	5	—
10.021	V	6	4R	—	97.15	Ir	4	3	—
09.55	Ir	4	1	—	96.75	Ce	4	—	—
09.24	Tb	—	10	—	96.7	A Bl	—	—	4
09.11	Mo	5	8	—	96.7	X	—	—	4
09.08	Os	7	5	—	96.48	Ag	1	4	—

λ in I. A.	Element	Intensität			λ in I. A.	Element	Intensität		
		Bogen	Funke	Geißler			Bogen	Funke	Geißler
2896.46	Cu	2	5	—	2886.45	Co	5	2	—
96.44	W	4R	3	—	86.4	Y	4	—	—
96.22	V	6	4	—	86.00	Rh	4	1	—
96.01	W	3R	2	—	85.14	La	4	2	—
95.9	Se	—	—	6	85.13	Lu	3	1	—
95.4	Tl I	3	—	—	84.79	V	8	10	—
95.3	P	—	3	5	84.4	As	—	2	6
95.3	X	—	—	4	84.102	Ti	7	8	—
95.04	Fe	4	1	—	84.1	A Bl	—	—	4
94.86	Lu	10	10	—	83.9	P	—	3	5
94.51	Fe	4	1	—	83.8	O I	—	—	6
94.46	Mo	3	5	—	83.73	Fe	3	3	—
94.—	Cs	—	8	—	83.45	Au	4	3	—
93.87	Pt	6	3	—	83.20	Nb	6	6	—
93.7	Kr	—	—	4	82.938	Cu	6	3	—
93.60	Hg I	5	5	—	82.63	Ir	4	3	—
93.40	Au	—	3	—	82.51	V	6	8	—
93.321	V	10	5R	—	82.39	Rh	4	1	—
93.26	Cr	3R	1	—	82.11	Ru	2	5	—
93.22	Pt	4	1	—	81.6	O	—	—	8
93.09	La	4	2	—	81.587	Si I	10R	10	—
92.7	Se	—	—	5	81.2	Cd I	4R	3	—
92.67	V	10	5R	—	80.78	Cd I	8R	6	—
92.54	Ru	4	1	—	80.76	Fe	3	3	—
92.49	Fe	3	—	—	80.4	Se	—	4	8
92.46	V	10	—	—	80.04	V	6	5	—
92.40	Mn	2	4	—	79.49	Mn	1	5	—
92.2	Kr	—	—	5	79.40	Ir	4	2	—
91.95	Au	4	2	—	79.40	W	3R	2	—
91.85	Ta	4	1	—	79.28	Cr	3R	1	—
91.8	X	—	—	4	79.11	W	3R	2	—
91.7	A Bl	—	—	4	79.04	Mo	1	8	—
91.65	V	10	6R	—	78.66	Rh	4	1	—
91.40	Ny?	6	10	—	77.920	Sb I	10R	10R	—
91.39	De	5	—	—	77.90	Dy	3	1	—
91.29	Tb	—	10	—	77.67	Ir	4	2	—
91.063	Ti II	6	3	—	77.436	Ti	6	5	—
91.002	Mo	5	4	—	77.303	Fe	5	1	—
90.24	In	—	4	—	76.99	Nb	5	6	—
89.63	V	6	4	—	75.98	Cr II	3	5	—
89.52	Mn	3	10	—	75.98	Zr	4	—	—
89.26	Cr II	3R	—	—	75.61	Ir	4	3	—
89.11	Rh	4	1	—	75.39	Nb	5	6	—
88.20	Pt	3	—	—	75.31	Fe	3	2	—
88.02	Ny	3	4	—	75.00	Ru	7	2	—
87.81	Fe	4	1	—	74.96	Os	4	1	—
87.00	Cr	3R	1	—	74.24	Ga	10R	2	—
87	Cs	—	10	—	74.177	Fe I	7	1	—
86.68	Mn	2	6	—	73.63	Rh	4	1	—
86.53	Ru	4	1	—	73.54	Ag	2	6	—

λ in I.A.	Element	Intensität			λ in I.A.	Element	Intensität		
		Bogen	Funke	Geißler			Bogen	Funke	Geißler
2873.4	AR	—	—	3	2861.40	Ru	4	1	—
73.32	Pb	6R	10R	—	61.36	Ny	2	4	—
72.66	Ne	—	—	5	61.23	Ny	3	4	—
72.34	Fe	4	3	—	60.96	Os	4	2	—
72	Br	—	3	—	60.94	Cr	3	5	—
71.7	A Bl	—	—	4	60.76	Rh	4	1	—
71.7	X	—	—	4	60.46	As I	4R	8	7
71.64	Ru	3	—	—	60.00	Ru	4	1	—
71.50	Mo	4	10	—	59.99	V	6	1	—
71.38	Rh	5	1	—	59.82	Ny	3	6	—
70.6	Kr	—	—	4	59.4	Cs	—	10	—
70.57	V	6	1	—	58.90	Fe I	4	—	—
70.47	Pt	3	1	—	58.34	Fe	3	3	—
70.43	Cr II	3	5	—	58.3	L	—	1	—
70.3	Se	—	—	8	56.16	Rh	4	1	—
70.10	Mn	2	4	—	55.67	Bi	—	10	—
69.81	Zr	5	3	—	55.66	Cr II	4	10	—
69.310	Fe I	6	1	—	55.24	V	6	2	—
68.52	Al II	—	9	—	55.2	A Bl	—	—	3
68.3	Cd I	6	3	—	54.60	Pd	2	10	—
68.13	V	6	2	—	54.6	X	—	—	4
67.65	Cr II	3	5	—	54.43	Y	2	2	—
67.07	Ny	3	5	—	54.06	Ru	4	1	—
66.75	Cr II	3	5	—	53.77	Fe	3	—	—
66.68	Mo	1	5	—	53.19	Mo	1	10	—
66.67	Ir	4	1	—	53.10	Pt	4	1	—
66.63	Fe	4	1	—	53.0	Na I	4R	2	—
66.63	Ru	4	1	—	52.89	V	6	1	—
66.61	V	6	1	—	52.8	Na I	4R	2	—
66.38	Hf	6	6	—	52.14	Dy	3	—	—
66.659	A Bl	—	—	4	52.130	Mg I	10R	10	—
65.9	Se	—	—	5	51.800	Fe	8	2	—
65.51	Ni I	5	1	—	51.78	V	6	—	—
65.19	Fe	3	—	—	51.65	Mg I	8	—	—
64.8	X	—	—	4	51.36	Cr	2	8	—
64.5	Se	—	5	6	51.15	Ny	4	10	—
64.4	Pb	—	1R	—	51.10	Sb	5	4	—
64.387	V	6	—	—	51.103	Ti	5	4	—
63.87	Fe I	5	1	—	50.77	Os	4	2	—
63.84	Ir	4	1	—	50.61	Sn	6R	7R	—
63.80	Mo	1	8	—	50.49	Ta	4	1	—
63.8	Se	—	—	6	49.83	Cr II	4	10	—
63.76	Bi	3R	—	—	49.74	Ir	7	4	—
63.43	Fe	4	1	—	48.80	V	6	1	—
63.322	Sn	8R	6R	—	48.718	Fe	4	1	—
62.95	Rh	5	2	—	48.42	Mg I	5	1	—
62.58	Cr II	3	10	—	48.21	Mo	5	10	—
62.50	Fe	3	—	—	47.7	Hg II	6	10	—
62.324	Ti	6	3	—	47.7	X	—	—	4
62.2	Cd I	4	2	—	47.60	V	1	5	—

λ in I.A.	Element	Intensität			λ in I.A.	Element	Intensität		
		Bogen	Funke	Geißler			Bogen	Funke	Geißler
2847.50	Lu	5	10	—	2833.23	Ir	3	10	—
47.4	Kr	—	—	4	33.069	Pb	6R	10R	—
47.19	Ny	3	3	—	33.0	Kr	—	—	6
47.10	Au	—	3	—	32.435	Fe	6	1	—
46.78	Mg I	4	1	—	32.180	Ti	7	5	—
46.60	V	6	1	—	31.8	Ge	—	3	—
46.0	Cs	—	10	—	31.56	Fe	3	4	—
45.6	Nh	—	5	—	31.39	W	5	2	—
45.595	Fe	4d	2	—	31.2	As	—	—	6
45.4	Ge	—	4	—	31.00	Ny	3	5	—
44.58	Zr	4	4	—	30.79	Mn	4	—	—
44.39	Os	4	2	—	30.48	Cr	2	10	—
44.35	Rh	4	—	—	30.4	As	—	3	6
43.97	Fe	7	2	—	30.29	Pt	8R	5	—
43.63	Fe	5	1	—	29.09	Ge	3	2	—
43.58	Zr	5	4	—	29.06	He I	—	—	4
43.25	Cr II	5R	10R	—	28.81	Fe	4	—	—
42.6	A Bl	—	—	2	28.067	Ti	3	8	—
42.15	Rh	4	—	—	27.89	Fe I	4	1	—
42	Na	—	4	—	27.86	Ru	4	1	—
41.935	Ti	8	4	—	27.75	Mo	1	6	—
41.79	Rh	4	—	—	27.5	X	—	—	4
41.05	Pd	—	5	—	27.32	Rh	4	—	—
40.42	Fe I	4	—	—	26.68	Rh	4	1	—
40.22	Ir	4	3	—	26.42	Rh	4	1	—
40.02	Cr	2	8	—	26.2	Tl I	8R	—	—
39.987	Sn	8R	10R	—	26.1	X	—	—	4
39.18	Ir	6	3	—	25.69	Fe I	4	1	—
38.8	Se	—	—	6	25.56	Fe	6	1	—
38.79	Cr	1	5	—	25.45	Au	—	5	—
38.63	Os	5	3	—	24.99	Ny	3	3	—
38.17	Os	4	1	—	24.44	Ir	6	4	—
38.120	Fe	6	1	—	24.40	Ag	6	1	—
38.04	Au	—	6	—	24.38	Cu	10	5	—
38	Cs	—	8	—	23.28	Fe	7	2	—
37.60	C II	4	8	—	23.199	Pb	4R	10R	—
37.3	Th	4	5	—	23.18	Ir	5	2	—
37.2	Se	—	4	8	22.71	Au	—	5	—
36.91	In	8	—	—	22.59	W	2	5	—
36.9	Cd I	8R	6	—	22.55	Mn	3	1	—
36.71	C II	5	10	—	22.38	Cr	2	10	—
36.5	Ra	5	—	—	22.2	Se	—	—	6
36.40	Ir	4	2	—	22.04	Cr	1	5	—
36.31	Mn	3	—	—	21.296	Ni I	4	2	—
35.71	Fe	3	3	—	21.17	Ny	3	4	—
35.64	Cr II	5R	10	—	20.24	Hf	6	6	—
35.46	Fe I	4	—	—	20.0	Se	—	2	6
34.70	Pt	4	1	—	19.98	Au	—	9	—
33.5	A R	—	—	3	19.24	Rh	2	6	—
33.30	Ce	4	—	—	18.7	Ny	—	10	—

λ in I. A.	Element	Intensität			λ in I. A.	Element	Intensität		
		Bogen	Funke	Geißler			Bogen	Funke	Geißler
2818.39	Cr	1	8	—	2803.44	Bi	—	3	—
18.35	Ru	4	1	—	03.4	Ny	—	10	—
18.24	Pt	4	1	—	03.23	Pt	6	2	—
18.07	W	3R	2	—	03.2	Kr	—	—	4
17.84	Ti	—	10	—	02.712	Mg II	10R	10R	—
17.51	Fe	3	—	—	02.504	Ti	7	2	—
17.1	Se	—	5	9	02.3	Se	—	—	9
17.0	Y	1	10	—	02.21	Au	—	10	—
17	Cs	—	5	—	02.1	AR	—	—	3
16.9	Kr	—	—	4	02.07	Ta	3	1	—
16.9	Ny	—	5	—	02.007	Pb	5R	10R	—
16.5	Kr	—	—	6	02.0	Zn I	3R	—	—
16.38	Dy	3	2	—	01.080	Mn I	6R	5R	—
16.179	Al II	—	20	—	00.80	Ir	4	2	—
16.15	Mo	5	10	—	00.8	Zn I	7R	10	—
16.0	X	—	—	5	00.77	Cr	1	10	—
15.6	Ag	—	4	—	00.3	X	—	—	5
15.55	Co	4	1	—	00.06	Ny	2	3	—
14.5	X	—	—	6	00.0	Zn I	8R	—	—
13.95	Eu	4	5	—	2799.6	Ag	—	8	—
13.73	Ra	10	10	—	99.03	W	1	6	—
13.58	Sn	5R	4R	—	98.9	Rb	—	5	—
13.46	Mn	4	1	—	98.70	Bi	3	1	—
13.289	Fe I	9	2	—	98.66	Ni I	4	1	—
12.847	Mn	3	—	—	98.271	Mn I	6R	5R	—
12.60	Sn	4	3	—	98.18	Ir	4	2	—
12.01	Cr	2	10	—	98.02	Mg II	5	10	—
11	Cs	—	6	—	97.78	Fe	4	1	—
10.55	Ru	5	6	—	97.35	Ir	4	3	—
10.302	Ti	4	10	—	96.95	Gd	—	4	—
10.238	V	2	8	—	96.7	A Bl	—	—	2
10.02	Ru	4	1	—	96.64	Lu	4	10	—
09.7	Gd	—	4	—	96.63	Rh	3	1	—
09.63	Bi	8R	2	—	95.8	Kr	—	—	5
08.49	Pt	3	1	—	95.540	Mg II	10R	10R	—
08.36	La	5	3	—	95.5	L	—	1	—
07.73	Mo	3	6	—	95.10	Ne	—	—	5
07.6	Rb	—	6	—	94.9	X	—	—	5
07.6	Pd	4	3	—	94.821	Mn I	6R	5R	—
07.2	X	—	—	4	94.21	Pt	5R	6	—
06.97	Fe	7	2	—	93.94	Ge	3	2	—
06.92	Os	4	2	—	93.27	Pt	3	2	—
06.2	A Bl	—	—	6	93.2	Se	—	—	6
05.93	W	2	5	—	92.5	Se	—	—	6
05.4	Mn	1	5	—	92.16	Cr	1	10	—
05.0	Ti	—	10	—	91.79	Fe	3	1	—
04.524	Fe	7	1	—	91.42	Ce	4	—	—
04.5	Se	—	—	7	91.17	Rh	4	1	—
03.66	Bi	—	3	—	90.83	Mg II	4	10R	—
03.5	Hg I	4	1	—	90.40	Sb	—	10	—

λ in I. A.	Element	Bogen	Funke	Geißler	λ in I. A.	Element	Bogen	Funke	Geißler
2789.81	Fe	3	1	—	2775.0	Cd I	6	3	—
88.108	Fe	6	2	—	74.98	Os	2	5	—
88	Cs	—	5	—	74.98	Ir	2	5	—
87.94	Fe	4	—	—	74.73	Fe I	4	2	—
87.94	Pd	—	10	—	74.7	Nh	—	10	—
87.9	Sn	3	—	—	74.48	W	3R	3	—
87.83	Ru	3	5	—	74.40	Mo	1	6	—
86.5	Ag	—	3	—	74.01	W	3R	1	—
86.01	Sb	—	2	—	74.—	Cs	—	6	—
85.71	Cr	1	8	—	73.99	Pt	4	1	—
85.26	Ba I	6	—	—	73.9	Se	—	—	7
85.22	Ir	4	2	—	73.42	Hf	6	6	—
85.17	Y	2	2	—	73.23	Fe	4	1	—
85.02	Sn	3R	4	—	72.82	Pt	3	1	—
85.00	Mo	2	8	—	72.60	Lu	—	10	—
84.67	Ny	2	3	—	72.59	Dy	3	—	—
83.70	Fe	3	5	—	72.46	Ir	4	—	—
83.4	X	—	—	4	72.4	Se	—	—	6
83.04	Rh	4	1	—	72.4	X	—	—	4
82.988	Mg I	6R	6R	—	72.112	Fe I	6	1	—
82.4	Cl	—	—	6	72.08	Fe	4	—	—
81.81	Fe I	4	1	—	71.67	Pt	4R	2	—
81.43	Mg I	6R	6R	—	71.52	Rh	4	1	—
81.31	Zn I	4	2	—	71.4	Ba II	2	3	—
80.71	Cr	7R	—	—	71.0	Zn I	6R	—	—
80.70	Fe	3	—	—	70.95	Zn I	8R	8	—
80.52	Bi	7R	4	—	70.90	W	2R	1	—
80.31	Cr	1	5	—	70.85	Zn I	8R	—	—
80.23	As I	8R	10	8	69.94	Sb I	9R	9R	—
80.2	Ga	—	9	—	69.91	Cr	6R	1	—
80.04	Mo	3	10	—	69.83	Pt	4	1	—
79.85	Mg I	8R	8R	—	69.76	Mo	—	5	—
79.81	Sn	4R	5	—	69.76	W	2R	1	—
79.30	Fe	3	4	—	69.67	Fe	3	—	—
78.85	Fe	4	1	—	69.65	Te	9	4	—
78.29	Mg I	6R	6R	—	69.6	A Bl	—	—	6
78.227	Fe I	6	1	—	69.36	Fe	3	2	—
78.08	Fe	3	—	—	69.30	Fe	4	—	—
78.07	Cr	3	5	—	68.99	W	2R	1	—
78.06	Rh	4	5	—	68.92	Ru	3	5	—
77.7	Se	—	3	9	68.86	Cu I	3	—	—
77.0	X	—	—	4	68.23	Rh	4	1	—
76.87	Pd	—	10	—	67.88	Tl I	10R	10	—
76.71	Mg I	6R	6R	—	67.73	Rh	4	1	—
76.51	W	2	5	—	67.518	Fe I	7	5	—
76.29	Ny	3	4	—	67.5	Ag	—	8	—
76.—	Cs	—	10	—	67.4	Se	—	3	10
75.55	Ir	4	1	—	66.91	Fe I	4	1	—
75.40	Mo	3	10	—	66.66	Pt	3	1	—
75.36	In	4	1	—	66.54	Cr II	4R	10	—

λ in I. A.	Element	Intensität Bogen	Funke	Geißler
2766.387	Cu I	10	4	—
66.22	Co	4	2	—
65.7	V	—	6	—
64.33	Fe	4	1	—
64.28	W	2R	8	—
64.18	Co	4	2	—
64.1	Cd I	2R	—	—
63.9	Cd I	6R	3	—
63.42	Ru	3	1	—
63.11	Fe	4	1	—
63.09	Pd	8R	6	—
62.82	Al III	—	9	—
62.77	Fe	3	—	—
62.60	Cr II	3	10	—
62.6	V	—	2R	—
62.3	Se	—	—	5
62.029	Fe I	5	1	—
62.0	A Bl	—	—	3
61.81	Fe	4	—	—
61.785	Fe I	5	2	—
61.6	X	—	—	4
61.37	Co	4	1	—
60.08	Y	3	—	—
59.82	Fe	4	1	—
58.31	Ta	3	1	—
58.074	Ti	6	9	—
57.72	Cr II	3	8	—
57.396	Ti	5	2	—
57.32	Fe	4	1	—
57.11	Cr	4R	2	—
56.4	Ag	—	6	—
56.4	Zn I	6R	5	—
56.33	Fe I	5d	1	—
56.27	Fe I	3	—	—
56.06	Mo	1	8	—
55.9	L	—	1	—
55.74	Fe II	8	10	—
55.73	Dy	3	—	—
54.90	Pt	5	2	—
54.59	Ge	10	10R	—
54.19	Lu	4	10	—
54.18	Ny	3	—	—
54.03	Fe I	4	1	—
53.89	In I	6R	3	—
53.85	Pt	3	2	—
53.8	A Bl	—	—	8
53.69	Fe	4	1	—
53.4	V	—	5	—
53.29	Fe	4	5	—
52.87	Cr	4R	1	—

λ in I. A.	Element	Intensität Bogen	Funke	Geißler
2752.79	Hg I	4	4	—
52.76	Ru	3	5	—
52.50	Ta	2	4	—
52.20	Zr	5	3	—
51.87	Cr II	3	10	—
51.7	Ti	—	8	—
50.87	Fe	4	—	—
50.73	Cr II	3	10	—
50.48	Ny	5	10	—
50.15	Fe I	6	2	—
49.9	Se	—	—	8
49.83	Ta	3	1	—
49.49	Fe	3	—	—
49.49	L	—	2	—
49.324	Fe I	7	10	—
49.183	Fe	4	—	—
48.99	Cr II	4	8	—
48.78	Ta	3	1	—
48.67	Ny	3	4	—
48.67	Cd II	2	10	—
48.29	Cr	5R	—	—
48.26	Au	4R	6	—
47.60	Pt	4	2	—
47.46	O II	—	—	6
47.31	C II	3	6	—
46.987	Fe II	7	8	—
46.746	Ni I	4	1	—
46.7	L	—	1	—
46.7	Ti	—	6	—
46.50	C II	—	4	—
46.186	Fe II	7	10	—
46.30	Mo	1	5	—
46.0	Se	—	—	5
45.85	Zr	5	3	—
45.10	Co	4	3	—
45.00	As I	6R	5	7
44.8	A Bl	—	—	8
44.53	Fe	5	1	—
44.07	Fe I	8	1	—
43.99	Zr	4	1	—
43.9	Ag	—	4	—
43.62	Cr II	3	8	—
43.57	Fe	4	—	—
43.199	Fe II	6	8	—
42.54	Zr	5	4	—
42.5	Y	3	—	—
42.41	Fe I	6	1	—
42.328	Ti	7	4	—
42.258	Fe I	4	1	—
42.03	Cr II	2	8	—

λ in I. A.	Element	Bogen	Funke	Geißler	λ in I. A.	Element	Bogen	Funke	Geißler
2742.02	Fe I	4	—	—	2730.74	Fe	4	3	—
41.76	Rh	4	1	—	30.50	Bi	5R	2R	—
41.30	Li I	10R	2R	—	29.90	Pt	5	2	—
40.77	W	—	5	—	29.5	Kr	—	—	4
40.47	Co	4	1	—	29.36	Eu	5	3	—
40.43	Ge	8	7	—	28.97	Lu	3	—	—
39.90	Rh	1	6	—	28.93	Rh	5	3	—
39.9	Tl	—	3R	—	28.90	Fe	3	2	—
39.551	Fe II	9	10	—	28.83	Fe	4	2	—
39.3	P	—	2	5	28.66	V	6	5	—
39.29	Er	3	4	—	28.03	Fe	4	1	—
39.26	Ba	4	—	—	27.76	Eu	4	6	—
39.21	Ru	4	2	—	27.541	Fe	5	6	—
38.9	Se	—	—	5	27.39	Fe	3	2	—
38.46	Pt	4	1	—	27.26	Cr	2	5	—
38.2	Se	—	—	5	27.22	Sb	6R	8	—
37.83	Fe	3	—	—	26.97	Mo	1	6	—
37.8	Mo	1	8	—	26.6	Se	—	—	7
37.40	Rh	2	8	—	26.51	Cr	5R	1	—
37.31	Fe I	6	1	—	26.49	Zr	4	5	—
37.0	Mo	—	6	—	26.24	Fe	3	1	—
36.971	Fe II	4	4	—	26.15	Mn I	4	—	—
36.6	Mg I	4	1	—	26.06	Fe	4	1	—
36.45	Cr	5R	—	—	25.45	Ru	4	5	—
35.70	Ru	4	2	—	24.96	Fe	4	—	—
35.61	Fe	3	—	—	24.89	Fe	3	3	—
35.479	Fe I	8	2	—	24.2	Se	—	—	8
34.84	Zr	5	5	—	23.581	Fe I	6	2	—
34.55	Mg	4	1	—	23.22	Er	—	5	—
34.48	Pt	3	1	—	23.00	Y	3	—	—
34.34	Ru	4	10	—	22.75	Cr	3	5	—
34.27	Fe	4	1	—	22.69	W	2	6	—
34.2	X	—	—	5	22.60	Zr	5	5	—
34.02	Sc	—	8	—	21.98	Nb	4	5	—
34.01	Fe	4	1	—	21.77	Ag	3	3	—
33.94	Pt	8R	6	—	20.909	Fe I	7	2	—
33.9	Cd I	4	2	—	20.20	Fe	3	1	—
33.579	Fe I	9	2	—	19.66	Ga	3	8	—
33.55	Mg I	4	1	—	19.51	Ru	5	—	—
33.35	O II	—	—	10	19.5	Se	—	—	6
33.32	He II	—	—	—	19.43	Fe	4	2	—
33.3	Kr	—	—	4	19.036	Fe	7	2	—
33.3	X	—	—	4	19.02	Pt	5R	4	—
33.260	Ti	6	2	—	18.95	Cu	—	6	—
33.24	He	—	—	7	18.91	Sb	4R	3	—
32.73	Ny	2	3	—	18.45	Fe	4	1	—
32.07	Mg I	2	—	—	18.35	Cr	1	8	—
31.90	Cr	5R	1	—	17.79	Fe	3	—	—
31.11	Co	4	2	—	17.40	Ru	3	5	—
30.98	Fe	3	—	—	17.4	X	—	—	7

λ in I. A.	Element	Intensität			λ in I. A.	Element	Intensität		
		Bogen	Funke	Geißler			Bogen	Funke	Geißler
2717.34	Mo	2	8	—	2706.50	Sn	7R	7R	—
17.30	Gd	—	8	—	06.19	V	8	3R	—
16.23	Fe	3	3	—	06.02	Fe	3	1	—
15.99	Co	3	2	—	06.0	Se	—	—	6
15.9	Se	—	—	8	05.89	Pt	5R	5	—
15.69	V	10	5	—	05.74	Mn	2	8	—
15.30	Rh	2	10	—	05.64	Hf	6	6	—
15.0	X	—	—	4	05.62	Rh	3	10	—
14.90	Pd	—	6	4	04.54	Os	4R	—	—
14.88	Fe	4	—	—	04.00	Fe	3	4	—
14.68	Ta	3	2	—	03.98	Mn I	3	2	—
14.417	Fe II	6	5	—	03.72	Rh	5	1	—
14.32	Pd	—	5	—	03.56	Cr	1	6	—
14.23	V	6	2	—	03.5	W	—	5	—
13.93	In I	6R	2	—	03.5	X	—	—	4
13.6	Cu	1	5	—	03.3	Cu	1	5	—
13.50	Mo	1	5	—	02.81	Ru	3	1	—
13.35	Mn I	3	—	—	02.7	Se	—	—	5
13.10	Pt	4	1	—	02.65	Ba I	6	2	—
12.72	Ir	4	2	—	02.40	Pt	6R	6	—
12.7	Se	—	—	6	02.21	V	6	3	—
12.6	Cd I	6	1	—	02.1	W	1	10	—
12.50	Zn I	6	3	—	01.87	Eu	4	3	—
12.40	Ru	4	10	—	01.72	Lu	5	5	—
12.4	Kr	—	—	8	01.70	Mn	3	5	—
12.31	Cr	3	6	—	01.42	Mo	2	10	—
12.1	Ag	3	10	—	01.33	Ru	3	1	—
11.85	Fe	3	3	—	01.2	Cs	—	10	—
11.66	Fe	5	—	—	01.1	Cu	1	5	—
11.6	Mn	—	5	—	00.962	V	10	5R	—
11.2	Ag	—	6	—	00.88	Au	4	3	—
10.9	Cr	—	5	—	00.55	Ga	—	4	—
10.66	Tl I	4R	4	—	00.14	Zr	5	4	—
10.55	Fe	4	1	—	00.—	Cs	—	8	—
10.37	Cl	—	—	6	2699.4	Mo	—	5	—
10.33	Mn	3	3	—	99.11	Fe	4	1	—
10.26	In I	10R	3	—	99.04	Sc	—	10	—
09.61	Ge	10	10R	—	98.54	Pd	—	5	—
09.32	Cr	1	5	—	98.41	Pt	5	3	—
09.3	Tl I	8R	6R	—	98.38	Er	—	5	—
09.06	Fe	3	2	—	98.30	Ta	3	1	—
08.94	Ra	8	8	—	98.2	Mg I	5	—	—
08.80	Cr	1	5	—	97.91	Cr	2	5	—
08.58	Fe	4	1	—	97.7	W	2	6	—
08.44	Mn	3	4	—	97.5	Pb	4R	1	—
08.3	A Bl	—	—	8	97.3	Kr	—	—	4
07.—	Cs	—	10	—	97.07	Nb	3	7	—
06.99	Fe	5	2	—	97.03	Fe	3	—	—
06.72	V	6	2	—	96.76	Bi	6R	4R	—
06.59	Fe	5	2	—	96.6	Kr	—	—	4

λ in I. A.	Element	Bogen	Funke	Geißler	λ in I. A.	Element	Bogen	Funke	Geißler
2696.6	X	—	—	4	2686.28	Ru	4	1	—
96.4	Se	—	—	5	86.17	Th	—	6	—
96.29	Fe	5	—	—	85.9	Se	—	6	8
96.06	Ce	4	—	—	85.40	Cl	—	—	5
96.00	Fe	4	—	—	85.34	Co	3	2	—
95.85	Co	4	2	—	85.14	Ta	3	5	—
95.7	Kr	—	—	4	84.76	Fe	3	4	—
95.54	Fe	3	—	—	84.75	Cl	—	—	5
95.36	Mn	1	5	—	84.6	Co	—	5	—
95.3	Mg I	4	—	—	84.19	Zn I	6	3	—
95.2	Mo	—	6	—	84.13	Mo	3	10	—
95.04	Fe	3	—	—	83.22	Mo	2	8	—
94.68	Co	2	8	—	83.11	V	6	2	—
94.54	Fe	4	—	—	82.90	V	6	2	—
94.30	Rh	4	—	—	82.76	Sb	3R	4	—
94.22	Ir	6	5	—	82.2	Zr	—	5	—
93.8	Mg I	2	—	—	81.59	Fe	4	—	—
93.53	Cr	2	6	—	81.4	Ag	—	4	—
92.61	Fe	3	4	—	81.4	Mo	—	6	—
92.34	Ir	4	1	—	81.2	Kr	—	—	4
92.27	Sb	4R	3	—	80.62	Rh	4	—	—
92.10	Ru	5	10	—	80.46	Fe	3	1	—
92.0	Se	—	—	6	80.4	Na I	4R	2	—
91.49	Cl	—	—	6	80.3	Na I	3R	2	—
91.35	Ge	10	10	—	79.926	Ti	5	2	—
91.05	Cr	4	10	—	79.8	Mo	5	1	—
90.82	V	6	2	—	79.6	W	1	6	—
90.27	V	6	2	—	79.41	Gd	—	8	—
90.07	Fe I	3	—	—	79.35	V	8	4	—
89.91	V	6	2	—	79.064	Fe	6	2	—
89.84	Fe	4	1	—	78.79	Cr	4	10	—
89.80	Os	4	2	—	78.73	Ru	4	10	—
89.5	Cu	1	6	—	78.62	Zr	5	5	—
89.22	Fe	5	2	—	78.600	V	7	3	—
88.827	Ti	5	2	—	77.83	V	8	4	—
88.75	V	6	2	—	77.6	Cd I	8d	3	—
88.70	Au	4	3	—	77.2	X	—	—	8
88.55	Pd	—	5	—	77.17	Cr	5R	10	—
88.4	Cr	2	10	—	77.13	Pt	5R	3	—
88.3	Cu	—	4	—	75.99	Co	4	4	—
88.3	Se	—	6	7	75.95	Au I	10R	10	—
88.15	Au	—	3	—	75.64	Ne	—	—	6
88.03	Cl	—	—	6	75.4	Ta	—	5	—
87.99	V	10	5R	—	75.24	Ne	—	—	6
87.98	Mo	1	8	—	74.55	Pt	4	1	—
87.66	Pd	—	5	—	73.60	Ir	4	2	—
87.62	Au	—	3	—	73.57	Nb	3	6	—
87.08	Cr	4	8	—	73.28	Mo	1	5	—
86.91	Rh	4	—	—	72.84	Mo	2	10	—
86.50	Rh	4	—	—	72.83	Cr II	3	6	—

λ in I. A.	Element	Intensität			λ in I. A.	Element	Intensität		
		Bogen	Funke	Geißler			Bogen	Funke	Geißler
2672.64	Ny	3	4	—	2661.465	V	4R	—	—
72.6	Mg I	8	—	—	61.25	Sn	5R	4R	—
72.58	Mn	1	5	—	61.15	Ru	2	5	—
72.036	V	6	3	—	60.8	Mg II	—	10d	—
71.93	Nb	3	5	—	60.58	Mo	2	10	—
71.9	Cl	—	—	5	60.4	Ag	3	8	—
71.83	Ir	4	2	—	60.4	Cd I	4	—	—
71.82	Cr II	3	8	—	60.349	Al I	10R	5R	—
71.8	Mo	—	6	—	59.87	Ga	2	7	—
71.04	Rh	4	—	—	59.44	Pt	10R	10	—
70.65	Sb I	4R	4	—	58.9	Tb	—	10	—
70.57	Zn I	4	1	—	58.74	Pd	2	10	—
69.7	Mg I	6	—	—	58.7	Cl	—	—	4
69.64	Sb	—	10	—	58.61	Sn	—	10	—
69.598	Ti	6	2	—	58.58	Os	4	2	—
69.50	Fe	4	—	—	58.16	Pt	3	1	—
69.3	W	2	5	—	58.02	W	2	8	—
69.17	Al II	—	10	—	57.83	Lu	4	10	—
69.04	X	—	—	4	57.57	Pd	—	6	—
68.72	Cr II	4	6	—	56.8	Ag	—	6	—
68.30	Eu	3	5	—	56.60	Ta	3	2	—
68.2	Mg I	3	—	—	56.255	V	3	—	—
67.80	Zr	4	2	—	56.22	Ru	1	6	—
67.0	Ny	—	8	—	56.15	Fe	3	1	—
66.97	Fe	3	—	—	55.80	Mn	2	4	—
66.82	Fe	4	—	—	55.7	V	—	6	—
66.64	Fe	3	4	—	55.59	Gd	—	6	—
66.41	Fe	3	—	—	55.14	Hg I	4R	1	—
66.1	Ny	—	8	—	54.1	Se	—	5	7
66.03	Cr	4	8	—	53.73	Ny?	4	10	—
65.8	Se	—	5	8	53.7	Co	—	8	—
65.63	Tl I	4	4	—	53.69	Hg I	4R	2	—
65.5	Cl	—	—	6	53.59	Cr II	3	5	—
64.77	Ir	5	3	—	53.34	Mo	1	8	—
64.73	Ru	3	1	—	53.28	Ta	3	2	—
64.67	Fe	3	4	—	52.65	Rh	4	1	—
64.3	W	2	6	—	52.60	Sb	3R	3R	—
64.3	Zr	—	5	—	52.48	Al I	10R	10R	—
64.04	Fe	3	—	—	52.2	Ny	—	5	—
63.53	Co	4	10	—	52.07	Hg I	5R	2	—
63.43	Cr	4	5	—	52.—	Cs	—	5	—
63.30	V	—	6	—	51.88	Rh	1	5	—
63.17	Pb	3R	10R	—	51.84	Ru	4	1	—
62.67	Fe	3	1	—	51.72	Fe	3	1	—
62.61	Ir	4	2	—	51.7	Ny	—	5	—
62.1	Se	—	5	6	51.7	La	—	8	—
61.99	Ir	6	3	—	51.60	Ge	10	10R	—
61.966	Ti	5	—	—	51.15	Ge	10	10R	—
61.59	Ru	4	6	—	51.02	Ce	4	1	—
61.5	Cl	—	—	4	51.01	Ne	—	—	5

λ in I. A.	Element	Intensität			λ in I. A.	Element	Intensität		
		Bogen	Funke	Geißler			Bogen	Funke	Geißler
2650.94	Be	9	7	—	2638.74	Eu	4	3	—
50.86	Pt	4R	4	—	38.2	Se	—	—	6
50.5	Pb	5	5	—	38.17	Mn	1	5	—
50.31	Be	9	7	—	37.12	Os	4	2	—
49.4	Se	—	5	7	36.9	Nh	—	5	—
49.4	V	—	5	—	36.78	Al II	—	6	—
48.77	Ru	3	5	—	36.66	Mo	1	7	—
48.65	Co	4	10	—	36.49	Fe	3	—	—
48.2	Kr	—	—	4	35.92	Pd	2	10	—
47.7	W	—	5	—	35.82	Fe	4	1	—
47.57	Fe	3	—	—	35.82	Ru	4	3	—
47.5	AR	—	—	8	35.58	Ta	4	5	—
47.49	Ta	3	2	—	34.80	Dy	3	1	—
47.42	Ne	—	—	6	34.80	Ba II	5	8	—
47.31	Hf	6	6	—	33.5	Mo	—	5	—
47.29	Ba II	4	4	—	33.2	Se	—	2	5
46.89	Pt	6R	4	—	32.419	Ti I	7	2	—
46.638	Ti I	9	2	—	32.4	Co	—	10	—
46.48	Mo	2	8	—	32.35	Mn	1	8	—
46.24	Ta	3	1	—	32.25	Fe	4	1	—
45.70	Ne	—	—	5	31.87	Sn	—	4	—
45.51	Ne	—	—	5	31.8	Rb	—	5	—
45.36	Pt	3	1	—	31.55	Al II	—	7	—
44.4	V	—	5	—	31.54	Ti I	7	2	—
44.33	Mo	2	10	—	31.33	Fe	6	3	—
44.263	Ti I	9	3	—	31.29	Si I	5	6	—
44.20	Ge	2	2	—	31.26	O	—	—	4
44.2	P	—	1	5	31.05	Fe II	6	4	—
44.11	Os	4	2	—	30.90	Zr	4	2	—
44.01	Fe	4	1	—	30.9	Se	—	5	8
43.8	Zr	—	5	—	30.6	Cs	—	10	—
43.6	Sn	—	5	—	30.08	Fe	3	2	—
43.4	Se	—	4	5	29.60	Fe I	5	3	—
42.98	Rh	4	—	—	29.0	Cd I	4	—	—
42.94	Ru	4	—	—	28.6	Ag	—	4	—
42.53	Ny	1	8	—	28.300	Fe II	6	8	—
41.65	Fe	3	1	—	28.29	Pb	2R	2	—
41.50	Au	4	6	—	28.24	Pd	—	10	—
41.4	Ba II	2	2	—	28.12	Gd	—	10	—
41.3	C	2	1	—	28.02	Pt	7R	5	—
41.26	Eu	4	2	—	27.93	Bi	8R	8	—
41.09	Ti I	9	2	—	27.68	Al II	—	7	—
40.9	V	—	5	—	27.38	Pt	3	1	—
40.75	Nt	5	1	—	27.04	Au	—	3	—
39.8	Kr	—	—	4	25.68	Fe II	4	3	—
39.8	Mn	—	5	—	25.6	Ag	—	3	—
39.70	Ir	4	3	—	25.6	Mn	—	6	—
39.50	Cd I	6R	1	—	25.50	Fe	4	3	—
39.32	Pt	5	2	—	25.40	Rh	2	8	—
38.76	Mo	3	10	—	25.32	Pt	1	5	—

λ in I. A.	Element	Intensität			λ in I. A.	Element	Intensität		
		Bogen	Funke	Geißler			Bogen	Funke	Geißler
2624.72	Cl	—	—	6	2608.99	Tl I	6R	2	—
23.54	Fe	4	1	—	08.6	Zn I	8R	3	—
22.76	Hf	6	6	—	08.58	Fe	3	—	—
22.57	Rh	4	1	—	08.22	Ir	4	2	—
21.674	Fe II	6	4	—	07.098	Fe II	7	10	—
20.70	Fe	3	2	—	06.83	Fe	5	—	—
20.7	Cl	—	—	6	06.45	Rh	4	1	—
20.6	Zr	—	8	—	06.14	Ag	2	6	—
20.42	Fe II	3	2	—	05.69	Mn II	8R	10R	—
20.4	Kr	—	—	4	05.6	X	—	—	10
20.25	W	2	5	—	05.152	Ti I	7	2	—
19.940	Ti I	5	1	—	03.5	Cl	—	—	6
19.57	Pt	3	1	—	03.41	Rh	4	3	—
19.27	Lu	4	5	—	03.32	Lu	—	10	—
19.08	Fe	3	2	—	03.13	Pt	4	2	—
18.72	Fe I	3	—	—	03.0	W	—	5	—
18.38	Cu	10R	3	—	02.9	As	—	2	6
18.15	Mn	4	8	—	02.82	Mo	1	5	—
18.03	Fe	4	1	—	02.77	Pd	—	5	—
17.624	Fe II	6	6	—	02.5	Se	—	—	7
17.32	Sb	—	4	—	02.5	W	—	5	—
17.3	Se	—	5	9	01.76	In I	6R	1	—
16.99	Cl	—	—	8	01.2	Cl	—	—	5
16.57	Au	—	3	—	00.4	Cs	—	8	—
15.42	Lu	10	10	—	00.4	Cu	1	5	—
15.41	Ny	3	2	—	00.2	Mo	—	5	—
14.68	Sb	2	3	—	00.17	Dy	3	—	—
14.51	Fe	3	—	—	2599.914	Ti I	6	2	—
14.5	AR	—	—	4	99.57	Fe	3	—	—
14.5	Ag	2	6	—	99.5	L	—	2	—
14.31	Co	—	6	—	99.40	Fe II	6	10	—
14.203	Pb	6R	5R	—	98.9	Mn	—	8	—
13.84	Fe II	8	8	—	98.9	Nb	—	4	—
13.68	Pb	3R	3R	—	98.8	W	2	5	—
13.60	Rh	4	—	—	98.377	Fe II	7	8	—
13.41	Lu	3	5	—	98.077	Sb I	6R	7R	—
12.79	Fe	3	—	—	97.18	Al II	—	6	—
12.31	Sb	3R	8	—	97.0	X	—	—	4
11.88	Fe II	8	10	—	96.9	Cs	—	10	—
11.470	Ti I	5	1	—	96.68	Ba I	6	—	—
11.4	Cl	—	—	5	96.590	Ti I	5	1	—
11.28	Ti I	7R	1	—	96.00	Pt	4	2	—
10.76	Fe I	3	—	—	95.98	Pd	—	5	—
10.34	La	4	5	—	95.77	Mn	4	3	—
10.20	Mn	2	8	—	95.6	Ag	—	3	—
09.75	Tl I	4R	—	—	95.21	Ne	—	—	5
09.50	Cl	—	—	7	94.43	Sn	4R	3R	—
09.3	Mo	—	5	—	94.41	Th	—	6	—
09.17	Rh	1	5	—	93.9	Na I	2R	3	—
09.05	Ru	4	1	—	93.8	Na I	3R	3	—

λ in I. A.	Element	Intensität			λ in I. A.	Element	Intensität		
		Bogen	Funke	Geißler			Bogen	Funke	Geißler
2593.8	Nb	—	4	—	2577.39	Ta	1	5	—
93.733	Mn II	4R	10R	—	77.280	Pb	6R	3R	—
93.27	Pd	1	8	—	77.13	Pd	1	5	—
92.95	Mn	5	1	—	77.1	Cl	—	—	6
92.80	Fe	4	4	—	76.87	Fe	4	3	—
92.55	Ge	10	10R	—	76.70	Fe	4	—	—
92.5	Kr	—	—	5	76.4	Ti	—	5	—
92.31	Mn	3	1	—	76.31	Hg I	5	1	—
92.06	Ir	4	2	—	76.12	Mn II	5R	10R	—
91.86	Cr	4R	1	—	75.76	Fe	4	1	—
91.55	Fe I	4	4	—	75.51	Mn	5	1	—
91.4	Se	—	5	10	75.5	Ag	4	1	—
91.11	Ru	3	5	—	75.43	Al I	3R	2	—
91.11	Ru	3	5	—	75.30	O II	—	—	6
91.0	Nb	—	6	—	75.112	Al I	10R	6R	—
90.77	Os	4	1	—	74.88	Co	2	8	—
90.25	Sb	—	6	—	74.37	Co	3R	—	—
90.07	Au	4	4	—	74.37	Fe	3	4	—
89.2	W	2	8	—	74.09	Sb	3	4	—
89.18	Ge	3	5	—	74.056	V	3	1	—
89.1	Kr	—	—	4	73.1	Cs	—	8	—
89.07	Zr	4	2	—	73.04	Cd II	4	10	—
88.006	Fe	5	3	—	72.77	Mn	5	1	—
87.96	Fe	3	—	—	72.63	Pt	1	4	—
87.23	Co	3	10	—	72.3	W	—	6	—
86.95	Al II	—	6	—	71.60	Sn	5R	5R	—
86.06	Ir	1	6	—	71.6	Th	—	5	—
85.9	Mo	1	6	—	71.48	O II	—	—	4
85.884	Fe II	7	10	—	71.46	W	2	6	—
85.6	Tl I	4R	1	—	71.41	Zr	6	8	—
85.2	Se	—	4	6	71.3	Se	—	—	8
84.542	Fe	4	1	—	71.20	Lu	3	4	—
84.32	Mn	4	2	—	71.037	Ti	4	4	—
84.06	Ta	1	5	—	70.86	Fe	3	3	—
84.03	Nb	2	6	—	70.72	Zn	—	2R	—
82.7	Se	—	3	5	70.54	Fe	3	1	—
82.591	Fe II	4	4	—	69.92	Zn I	6R	1	—
82.5	Zn I	8R	2	—	69.75	Fe	3	2	—
82.31	Fe	4	—	—	69.61	Fe	3	—	—
82.2	Co	—	10	—	69.57	Pd	2	8	—
81.71	Rh	1	5	—	69.50	Sr I	3R	—	—
80.7	Ag	—	6	—	69.26	W	2	5	—
80.7	Cl	—	—	8	68.87	Zr	5	6	—
80.4	Ti	—	5	—	68.76	Ru	3	—	—
80.33	Co	4	10	—	67.996	Al II	10R	6R	—
80.16	Tl I	8R	6R	—	67.92	Zn I	4	—	—
79.6	W	—	6	—	67.7	Ny	—	5	—
79.3	W	1	5	—	67.64	Zr	5	6	—
78.79	Lu	4	5	—	67.5	Ti	—	8	—
77.94	Fe II	4	3	—	67.28	Rh	4	—	—

λ in I. A.	Element	Bogen	Funke	Geißler	λ in I. A.	Element	Bogen	Funke	Geißler
2566.921	Fe II	4	3	—	2551.78	Pd	1	10	—
66.6	Se	—	2	5	50.75	Ir	5	3	—
65.71	Au	—	3	—	50.6	Pd	—	5	—
65.54	Sb	—	3	—	49.62	Fe I	6	—	—
65.52	Pd	1	10	—	49.2	Se	—	—	8
65.4	Ti	—	8	—	48.76	Mn	2	3	—
64.51	Gd	—	6	—	47.56	Y	2	—	—
64.42	Ag	—	3	—	45.98	Fe I	3	1	—
64.41	Th	—	6	—	45.92	Ni	1	6	—
64.17	Ir	4	2	—	45.70	Rh	4	1	—
64.04	Co	3	10	—	45.60	Al II	—	6	—
63.9	Fe	—	4	—	45.6	Nb	—	5	—
63.64	Mn	3	5	—	45.35	Rh	1	4	—
63.482	Fe II	5	4	—	45.18	Sc II	2	4	—
63.4	Ti	—	10	—	44.9	Cu	2	10	—
63.21	Sc II	2	4	—	44.82	Nb	1	5	—
63.1	W	1	5	—	44.8	Pd	4	4	—
62.541	Fe II	5	5	—	44.72	Fe	4	—	—
62.5	Li I	5R	—	—	44.7	A Bl	—	—	4
62.30	Rb	—	5	—	44.22	Au	4	3	—
62.2	A Bl	—	—	5	44.0	Cs	—	10	—
61.9	Rb	—	4	—	43.98	Ir	5	4	—
61.7	Se	—	6	8	43.926	Fe	5	1	—
60.9	Se	—	—	5	43.85	Sb	—	3	—
60.28	Sc II	3	6	—	43.26	Ru	3	6	—
60.19	Dy	3	—	—	42.94	Mn	2	3	—
60.16	In I	8R	3	—	42.68	Mo	1	10	—
60.1	Co	—	8	—	42.50	Os	4	1	—
59.41	Co	3	10	—	42.4	Zn I	3	—	—
59.22	Si III	—	7	—	42.11	Fe	5	1	—
58.62	Rh	4	—	—	42.11	Zr	4	3	—
58.04	Sn	3	—	—	41.95	Co	2	10	—
57.95	Zn II	8	10	—	41.928	Ti	5	2	—
57.—	Br	—	4	—	41.83	Si III	—	8	—
56.88	Mn	2	2	—	40.977	Fe I	6	—	—
56.57	Mn	2	3	—	40.6	Co	—	6	—
56.32	Ge	1	1	—	40.3	Hg	2R	1	—
56.0	Ti	—	5	—	40.0	Ti	—	10	—
55.81	Sc II	2	4	—	39.9	Tb	—	8	—
55.7	P I	8	8	1	39.77	Rh	4	—	—
55.36	Rh	4	2	—	39.66	Mn	3	1	—
54.65	Sb	2	2	—	39.21	Pt	3	2	—
54.1	Se	—	5	7	38.46	Mo	2	10	—
54.0	P I	9	8	4	38.3	Cr	—	5	—
53.6	Cd I	4	—	—	38.2	Tl I	2R	1	—
52.9	Tl I	3R	—	—	38.00	Os	4	2	—
52.72	De	3	—	—	37.18	Fe	6	—	—
52.5	Tl I	6R	—	—	36.520	Hg I	10R	10R	—
52.38	Sc II	3	8	—	36.49	Pt	3	2	—
52.25	Pt	3	2	—	36.4	P I	10	10	4

λ in I. A.	Element	Bogen	Funke	Geißler	λ in I. A.	Element	Bogen	Funke	Geißler
2535.880	Ti	4	5	—	2522.86	Fe	4	3	—
35.612	Fe I	6	—	—	22.85	In I	4R	—	—
35.3	Ag	5	5	—	21.37	In I	8R	1	—
34.8	W	—	5	—	21.36	Co I	3R	3	—
34.78	Hg I	8R	1	—	20.55	Ti	5	2	—
34.75	P I	8	8	4	20.53	Rh	2	10	—
34.7	A Bl	—	—	4	19.8	Co	1	10	—
34.63	Ti	5	6	—	19.5	Cl	—	—	6
34.60	Pd	—	5	—	19.212	Si I	8R	5	—
33.8	Co	—	8	—	18.11	Fe I	6	1	—
33.8	Fe	2	5	—	17.97	O II	—	—	4
33.65	Au	—	3	—	17.87	Co	2R	2	—
33.25	Ge	3	6	—	17.66	Fe	4	1	—
33.—	Cs	—	5	—	17.44	Tl I	4R	3	—
32.5	Cl	—	—	7	16.89	Hf	6	6	—
32.48	Zr	4	3	—	16.7	A Bl	—	—	8
31.264	Ti	5	8	—	16.2	AR	—	—	4
31.1	Sn	3	1	—	16.119	Si I	10R	10	—
30.8	Tl III	—	6	—	16.1	O	—	—	7
30.73	Te	7	5	—	16.0	Ti	—	10	—
30.30	O II	—	—	5	15.9	Zn I	6	2	—
29.87	Ti	4	4	—	15.68	Bi	6R	1	—
29.84	Fe I	6	—	—	15.58	Pt	3	2	—
29.43	Cu	1	6	—	15.5	A Bl	—	—	8
29.139	Fe I	6	1	—	15.03	Pt	4	2	—
28.97	Co I	3R	2	—	14.5	L	—	1	—
28.6	O	—	—	5	14.48	Pd	—	5	—
28.53	Sb I	6R	10R	—	14.322	Si I	8R	5	—
28.516	Si I	10R	8	—	14.29	O	—	—	4
28.51	Ba II	—	6	—	12.9	Se	—	—	6
28.4	As	—	5	1	12.72	Th	—	8	—
28.001	Ti	3	10	—	12.58	Ir	2	5	—
27.44	Fe I	4	2	—	12.37	Fe	4	—	—
27.44	Mn	3	1	—	12.05	De	3	—	—
27.2	Mo	—	6	—	12.02	A Bl	—	—	3
27.0	X	—	—	4	12.0	C	5	5	—
26.9	X	—	—	4	11.8	Fe	—	5	—
26.89	O II	—	—	4	11.22	He	—	—	5
26.6	Co	—	5	—	11.01	Co	2R	4	—
26.24	V	4	2	—	10.89	Ni	4	10	—
25.616	Ti	5	10	—	10.839	Fe I	6	1	—
25.6	Cs	—	10	—	10.66	Rh	2	6	—
25.4	Fe	—	4	—	10.50	Au	4	3	—
24.7	Mo	—	6	—	09.10	Nt	3	2	—
24.52	Bi	7R	2	—	09.1	C	3	3	—
24.29	Fe I	6	1	—	08.50	Pt	3	2	—
24.14	O?	—	—	4	07.90	Fe	4	1	—
24.118	Si I	10R	6	—	07.79	Sb	—	3	—
23.94	Sn	3R	2	—	07.2	L	—	3	—
23.66	Fe	4	1	—	07.01	Ru	2	6	—

λ in I. A.	Element	Bogen	Funke	Geißler	λ in I. A.	Element	Bogen	Funke	Geißler
2506.904	Si I	10R	6	—	2493.6	Zn I	3	—	—
06.83	O	—	—	5	93.3	Fe II	—	8	—
06.65	Ag	5	5	—	92.91	As	1	5	4
06.6	Kr	—	—	9	92.15	Cu	5R	2	—
06.47	Co	3	10	—	91.87	Rh	1	8	—
06.4	Cu	1	8	—	91.5	Zn I	6	1	—
06.2	Mo	—	5	—	91.16	Fe I	4	—	—
05.93	Pt	3	1	—	90.9	A Bl	—	—	6
05.72	Pd	2	10	—	90.8	Se	—	—	5
05.10	Rh	2	5	—	90.8	X	—	—	4
04.30	Rh	4	1	—	90.76	Rh	3	10	—
04.07	Ag	—	4	—	90.66	Fe I	4	—	—
03.9	Fe	—	3	—	90.1	X	—	—	4
03.9	Kr	—	—	3	90.0	Mo	—	4	—
03.29	Au	—	6	—	89.76	Fe I	6	3	—
02.99	Ir	4	2	—	89.64	Cu	2	5	—
02.4	Fe	—	3	—	89.61	Pd	—	5	—
02.0	Zn II	3	10	—	89.4	Bi	5	1	—
01.136	Fe I	3	—	—	89.4	Kr	—	—	3
01.12	Th	—	5	—	89.23	W	2	5	—
00.9	P	—	—	4	88.92	Pd	4	10	—
00.3	A Bl	—	—	4	88.77	W	2	6	—
00.18	Ga	2R	2	—	88.72	Pt	3	5	—
2499.8	Nb	—	5	—	88.7	Pr	—	5	—
99.4	A Bl	—	—	4	88.55	Os	4	2	—
99.0	Mn	—	4	—	88.15	Fe I	4	2	—
98.90	Fe	10	4	—	88.15	Mn	4	1	—
98.8	Co	—	5	—	87.96	Cd II ?	—	3	—
98.79	Pd	3	10	—	87.50	Rh	4	1	—
98.58	Ru	3	5	—	87.37	Fe	4	1	—
98.50	Pt	4	3	—	87.18	Pt	1R	?	—
98.42	Ru	3	5	—	87.07	Fe	4	1	—
97.99	Ge	3	7	—	86.69	Fe	4	1	—
97.8	Fe	—	3	—	86.53	Pd	1	10	—
97.733	B	10R	10R	—	86.4	Cd	—	5	—
97.3	P	—	2	4	86.4	X	—	—	4
96.778	B	9R	9R	—	86.38	Fe	4	3	—
96.72	Pd	6	—	—	85.9	Cu	—	5	—
96.7	W	1	5	—	85.8	Ag	—	4	—
96.54	Fe	5	1	—	85.5	Cs	—	10	—
96.0	Se	—	—	7	84.19	Fe I	6	—	—
95.82	Pt	4	3	—	84.1	P	—	3	5
95.72	Sn	5R	4R	—	83.54	Fe	4	—	—
95.—	Cs	—	8	—	83.40	Sn	5R	4R	—
94.87	Be	8	6	—	83.28	Fe	5R	1	—
94.51	Rh	4	—	—	82.3	A Bl	—	—	4
94.44	Be	8	6	—	82.04	Hg I	4	1	—
94.2	Se	—	—	6	81.75	Sb	3	1	—
93.9	Tl I	2R	—	—	81.71	Lu	2	3	—
93.70	Ru	1	6	—	81.5	A Bl	—	—	4

λ in I. A.	Element	Bogen	Funke	Geißler	λ in I. A.	Element	Bogen	Funke	Geißler
2481.2	Mo	—	8	—	2467.44	Pt	6R	2	—
80.8	A Bl	—	—	5	66.59	Fe	4	1	—
80.45	Sb	3	3	—	65.15	Fe	5	—	—
80.42	Ag	—	6	—	65.40	Zr	5	—	—
80.27	Au	—	3	—	64.75	Kr	—	—	8
80.2	Fe	—	3	—	64.53	Ny	10R	—	—
80.18	Nt	3	—	—	64.3	Er	—	4	—
79.78	Fe I	4	1	—	64.21	Co	2	8	—
79.78	Zn I	3	—	—	64.07	Hg I	4	1	—
79.1	A Bl	—	—	6	63.72	Th	—	7	—
78.92	Ru	2	6	—	63.59	Rh	4	4	—
78.9	Kr	—	—	4	63.5	Zn I	3	1	—
78.6	C II	10	10	—	62.651	Fe I	6	1	—
78.6	Cd	—	3	—	62.2	Ag	—	6	—
78.6	Ti	—	5	—	62.19	Fe I	6	1	—
78.5	O	—	—	6	62.—	Fe II	—	3	—
78.35	Sb	2	6	—	61.59	Y	2	4	—
77.6	Cs	—	10	—	61.43	Os	4	1	—
77.5	Mo	—	4	—	61.3	Fe II	—	3	—
77.30	Ag	2	7	—	61.27	Ag	—	4	—
76.7	La	—	7	—	61.05	Rh	2	6	—
76.67	Fe	3	1	—	60.58	Y	2	4	—
76.41	Pd	10R	2	—	60.47	Hf	6	6	—
76.39	Pb	4R	2R	—	60.32	Ag	—	6	—
75.9	X	—	—	10	60.08	In I	6R	—	—
75.64	Rh	1	6	—	59.6	Kr	—	—	7
75.11	Ir	4	2	—	59.5	Se	—	5	7
75.00	Rh	4	1	—	58.92	Rh	2	6	—
75.0	Li I	4R	—	—	58.8	Fe	—	3	—
74.82	Fe	5	2	—	57.8	Mo	—	4	—
74.58	Sb	3	2	—	57.73	Pd	2	5	—
74.2	Mo	—	4	—	57.7	Kr	—	—	8
74.1	A Bl	—	—	4	57.60	Fe	6	1	—
74.01	Th	—	5	—	57.43	Zr	4	4	—
73.88	Ag	3	8	—	57.28	Pd	1	6	—
73.46	Cu	1	4	—	56.58	Ru	3	6	—
73.18	Ni	1	5	—	56.52	As	4R	7	5
73.16	Fe	4	—	—	56.44	Ru	3	6	—
72.91	Fe I	4	1	—	56.1	Kr	—	—	8
72.9	Se	—	3	6	55.9	Cs	—	10	—
72.87	Fe I	5	—	—	55.71	Rh	2	5	—
72.35	Fe	5	—	—	55.53	Ru	4	6	—
72.32	Pd	—	3	—	55.24	Sn	3	3	—
71.18	Pd	1	5	—	54.75	Pd	—	5	—
71.1	Cl	—	—	4	54.4	A Bl	—	—	6
70.02	Pd	1	7	—	53.48	Fe	4	1	—
69.76	Cd	—	4	—	53.37	Ag	3	8	—
69.27	Pd	1	10	—	53.3	Kr	—	—	6
68.88	Fe	5	1	—	52.52	Mn II	2R	10	—
68.01	In I	4R	—	—	52.3	Kr	—	—	6

λ in I. A.	Element	Bogen	Funke	Geißler	λ in I. A.	Element	Bogen	Funke	Geißler
2452.—	Tl III	—	8	—	2438.7	A Bl	—	—	6
50.96	Pt	3	1	—	37.90	Ni	2	10	—
50.5	Pt	5	—	—	37.77	Ag	3	8	—
50.45	Ti	2	6	—	37.5	Mn II	—	5	—
50.07	Ga	2R	6	—	37.22	As	1	5	3
50.0	Co	—	6	—	36.69	Pt	3R	2	—
49.85	Zr	5	3	—	36.10	O II	—	—	4
48.8	Zr	—	4	—	35.33	Pd	1	10	—
48.6	Cl	—	—	4	35.159	Si I	5R	5	—
48.06	Bi	4	—	—	35.0	W	—	5	—
47.92	Pd	10R	8	—	34.0	Cl	—	—	5
47.91	Ag	2	8	—	33.6	L	—	1	—
47.71	Fe I	4	2	—	33.56	O II	—	1	9
47.7	Co	—	10	—	33.4	Bi	3	—	—
46.91	Hg I	4	1	—	33.11	Pd	2	10	—
46.72	Pd	1	7	—	33.0	Nh	—	10	—
46.5	Kr	—	—	8	32.9	Fe	—	3	—
46.4	W	1	8	—	32.7	A Bl	—	—	4
46.3	Ag	—	4	—	32.5	Co	—	5	—
46.20	Pb	4R	4	—	32.3	Fe	—	3	—
46.18	Pd	1	10	—	32.21	Co I	3R	—	—
45.6	Cd	—	3	—	31.74	Th	—	7	—
45.55	O II	—	1	10	30.95	Pd	2	8	—
45.53	Sb I	3R	5	—	30.7	In I	1R	—	—
45.5	L	—	1	—	30.1	Fe	—	3	—
44.5	Fe	—	4	—	29.7	In I	1R	—	—
44.26	O II	—	—	5	29.65	Ag	3	9	—
44.26	Rh	4	—	—	29.50	Sn	7R	8R	—
44.20	Ag	—	4	—	28.4	Fe	—	3	—
44.00	Nb	—	4	—	28.3	Kr	—	—	10
43.87	Fe	4	1	—	28.11	Sr I	3R	—	—
43.86	Pb	4R	4	—	28.0	Mn	—	4	—
43.39	Si I	3	2	—	27.98	Th	—	8	—
42.6	Co	—	5	—	27.96	Au I	10R	10R	—
42.6	Kr	—	—	7	27.96	Mn II	—	4	—
42.6	Pt	—	6	—	27.77	Mn II	—	4	—
42.575	Fe	4	1	—	27.48	W	2	5	—
42.1	Zn	—	3	—	27.4	Mn	—	3	—
41.62	Cu	5R	2	—	27.11	Rh	3	4	—
41.44	Pd	6R	—	—	27.1	Zn I	—	4	—
41.30	Th	—	9	—	26.87	Pd	1	10	—
41.0	Kr	—	—	5	26.64	Pb	4	4	—
40.9	Se	—	—	5	26.4	Kr	—	—	9
40.2	Ti	—	5	—	26.37	Sb	3R	3	—
40.08	Pt	4R	4	—	25.62	O II	—	—	5
39.9	Zn I	3	1	—	25.5	Li I	3R	—	—
39.746	Fe	4	1	—	25.0	Kr	—	—	5
39.2	Kr	—	—	8	24.94	Co I	3R	—	—
38.86	Dy	3	—	—	24.99	Ga III	—	7	—
38.77	Si	3	2	—	24.88	Pt	1	10	—

λ in I. A.	Element	Intensität			λ in I. A.	Element	Intensität		
		Bogen	Funke	Geißler			Bogen	Funke	Geißler
2424.48	Pd	2	8	—	2411.1	A Bl	—	—	4
24.258	Ti	4	1	—	11.07	Fe	6	3	—
24.2	Fe	—	3	—	10.53	Fe II	6	5	—
22.75	Dy	3	—	—	10.1	Mo	—	4	—
22.20	Y	4	—	—	09.1	Kr	—	—	8
22.2	Mo	—	4	—	08.5	Kr	—	—	7
22.15	Sb	3	3	—	08.18	Sn	4R	3	—
21.70	Sn	6R	8R	—	07.92	Ru	2	7	—
21.312	Ti	4	1	—	07.49	O II	—	—	4
20.98	Rh	2	5	—	07.26	Co I	2R	1	—
20.8	Pt	—	5	—	07.2	Kr	—	—	5
20.7	Co	—	6	—	06.9	L	—	2	—
20.5	A Bl	—	—	4	06.75	Pd	1	5	—
20.4	Se	—	—	6	06.68	Cu	4	1	—
20.20	Y	4	8	—	06.66	Fe	6	4	—
20.2	Kr	—	—	10	06.4	Kr	—	—	6
20.12	Ag	—	6	—	04.886	Fe II	6	6	—
18.9	Zn	—	3	—	04.43	Fe	4	2	—
18.73	Pd	1	10	—	04.3	A Bl	—	—	4
18.70	GaIII	1	4	—	04.2	V	—	5	—
18.64	Rh	3	—	—	03.6	Mo	—	4	—
18.48	O II	—	1	6	03.4	Cu	1	5	—
18.363	Ti	4	1	—	03.35	Er	—	4	—
18.2	Kr	—	—	10	03.2	Cl	—	—	5
18.06	Pt	3	3	—	03.10	Pt	4R	3	—
17.9	Fe	—	3	—	02.75	Ag	—	3	—
17.66	Co	2	5	—	02.73	Au	—	3	—
17.4	As	—	—	5	02.72	Ru	3	10	—
17.37	Ge	3	10	—	01.95	Pb	4R	3	—
16.9	Co	1	5	—	01.87	Pt	3	1	—
16.14	Ni	2	10	—	00.89	Bi	8R	10	—
15.85	Rh	4	8	—	00.63	Ta	2	7	—
15.6	A Bl	—	—	6	00.2	Kr	—	—	5
15.30	Co I	3R	2	—	00.10	Cu	2	5	—
15.0	Kr	—	—	9	2399.60	Pb	3R	1	—
14.75	Bi	—	8	—	99.40	Hg I	4d	—	—
14.75	Pd	2	8	—	99.4	L	—	1	—
14.7	Y	—	10	—	99.24	Fe	6	5	—
14.45	Co I	2R	2	—	99.20	In I	4R	—	—
14.00	Nb	—	4	—	98.75	Ir	1	5	—
14.0	Ti	—	10	—	98.58	Ca I	8R	1R	—
13.9	Kr	—	—	9	98.3	Kr	—	—	10
13.50	Th	—	6	—	98.04	De	2	—	—
13.5	Se	—	6	5	97.92	Ge	1	1	—
13.312	Fe	6	3	—	97.4	Co	—	10	—
13.22	Ag	4	8	—	97.11	W	2	10	—
12.8	Mo	—	8	—	97.0	Kr	—	—	5
11.75	Pb	4R	2	—	96.68	Pt	1	4	—
11.62	Co I	3R	3	—	96.53	Rh	1	5	—
11.38	Ag	—	8	—	96.44	Er	—	5	—

λ in I. A.	Element	Intensität			λ in I. A.	Element	Intensität		
		Bogen	Funke	Geißler			Bogen	Funke	Geißler
2395.63	Fe II	8	4	—	2381.20	As I	4R	5	5
95.62	L	—	2	—	81.2	Ta	1	4	—
95.6	A Bl	—	—	4	80.763	Fe	4	3	—
95.421	Fe	4	3	—	80.75	Sn	3R	1	—
95.22	Sb	2	3	—	79.7	In I	1R	—	—
94.56	Ni	2	10	—	79.60	Tl I	8R	10R	—
94.4	Li I	1R	—	—	79.4	La	—	10	—
94.0	Kr	—	—	8	79.276	Fe	4	3	—
93.81	Pb	5R	3R	—	79.2	Cs	—	4	—
93.80	Zn	4	1	—	79.15	Ge	1	3	—
93.7	V	—	5	—	78.62	Co	3	10	—
92.8	Kr	—	—	7	78.43	Al I	3	1	—
92.64	Cu	7	1	—	78.36	Hg I	4	—	—
92.18	La	2	3	—	77.92	Pd	1	4	—
90.57	Ag	—	4	—	77.27	Pt	2	8	—
90.4	W	1	5	—	77.1	Mo	—	4	—
90.0	Se	—	—	6	76.25	Au	4	3	—
89.98	Fe	4	—	—	75.73	O II	—	—	4
89.8	Br	—	3	—	75.6	Kr	—	—	10
89.55	In I	8R	—	—	75.43	Ni	1	8	—
88.9	Co	2	10R	—	75.194	Fe II	—	3	—
88.8	Pb	3R	1	—	75.0	Ag	8	3	—
88.63	Fe	6	3	—	75.0	Ti	—	6	—
88.33	Pd	1	5	—	73.74	Fe II	6	4	—
88.2	Au	—	3	—	73.74	Sb	4R	3	—
87.78	Ni	1	4	—	73.7	Kr	—	—	6
87.75	Au	5	3	—	73.62	Fe	4	—	—
87.1	Ta	1	5	—	73.4	Mn	—	3	—
86.9	Mo	—	4	—	73.36	Al I	2R	2R	—
86.8	Br	—	3	—	73.13	Al I	8R	4R	—
86.34	Co	2	5	—	73.12	Ba	3	1	—
86.32	Ag	—	3	—	72.78	Ir	4	2	—
86.14	Rh	4	—	—	72.7	Se	—	4	5
85.78	Te	10R	10R	—	72.16	Pd	2	10	—
85.39	He	—	—	5	72.06	Al I	3	3	—
85.22	Y	2	—	—	71.62	Au	—	3	—
84.73	Ir	—	4	—	71.5	Kr	—	—	8
84.427	Ti	3	1	—	71.30	Ga	1	3	—
84.04	Mn	2	1	—	71.1	Se	—	—	6
83.64	Pt	4	2	—	71.1	V	—	5	—
83.63	Sb	3R	4	—	70.77	As	4R	5	4
83.45	Co	3	8	—	70.5	Fe	6	—	—
83.27	Te	10R	10R	—	70.4	Cl	—	—	4
83.25	Fe	4	2	—	69.91	Cu I	5	8	—
82.6	Pd	—	5	—	69.67	As	4R	5	4
82.04	Fe II	8	10	—	69.4	Au	—	3	—
82.1	L	—	2	—	69.29	Al II	2	2	—
81.93	Dy	3	—	—	69.59	Fe II	7	3	—
81.80	Ir	2	4	—	68.54	Bi	—	2	—
81.6	Ta	1	4	—	68.39	Bi	—	2	—

λ in I. A.	Element	Bogen	Funke	Geißler	λ in I. A.	Element	Bogen	Funke	Geißler
2368.25	Bi	—	2	—	2348.62	Be I	10R	3	—
68.03	Ir	4	4	—	48.13	Fe II	—	5	—
67.96	Pd	1	10	—	47.58	Ba II	5	7	—
67.2	Y	—	10	—	46.8	Ti	—	6	—
67.06	Al I	8R	4R	—	45.53	Ni I	2R	8R	—
66.59	Fe	5	—	—	45.5	Kr	—	—	6
66.3	V	—	4	—	44.5	Kr	—	—	8
65.7	Kr	—	—	5	44.3	A Bl	—	—	5
64.92	Au	—	4	—	43.50	Fe II	2	7	—
64.83	Fe	8	—	—	41.1	Co	—	5	—
64.59	Au	4	3	—	40.8	Kr	—	—	5
64.1	A Bl	—	—	4	40.6	Cs	—	4	—
64.0	Ag	—	5	—	40.22	Au	—	5	—
63.8	Co	2	10	—	40.2	In I	6R	—	—
63.3	Gd	—	4	—	40.18	Pt	2	2	—
63.05	Ir	4	3	—	38.6	Ga	1R	—	—
62.9	Kr	—	—	8	38.06	Fe	6	—	—
62.33	Pd	1	7	—	37.7	A Bl	—	—	5
62.19	Ag	—	3	—	36.59	Pd	1	5	—
62.1	Fe	8	—	—	36.43	Pd	1	5	—
61.80	Y	2	—	—	36.2	Lu	—	5	—
60.50	Sb	2	2	—	35.25	Ba II	6R	10R	—
60.3	Fe II	5	2	—	34.816	Sn	4R	4R	—
59.9	Kr	—	—	10	34.7	Rh	2	5	—
59.7	Mo	—	4	—	34.60	Ni	1	5	—
59.6	Cl	—	—	4	33.79	Bi	3	—	—
59.1	Fe	6	—	—	32.80	Fe II	2	6	—
58.85	Ag	1	6	—	32.57	Y	2	—	—
57.92	Ag	4	6	—	32.47	Pb	4R	2	—
57.9	Sn	3	—	—	31.93	Au	—	3	—
57.63	Pd	1	5	—	31.6	A Bl	—	—	4
57.6	In I	1R	—	—	31.41	Pd	1	4	—
57.10	Pt	4R	2	—	31.35	Ag	4	6	—
56.91	Dy	2	—	—	31.30	Fe	—	7	—
56.63	Cu	2	4	—	30.9	Mo	—	4	—
54.9	Fe	6	—	—	29.27	Cd	8R	6	—
54.84	Sn	5R	6R	—	29.2	Kr	—	—	8
54.3	Se	—	3	5	27.93	Ge	1	3	—
54.3	Sr I	1R	—	—	27.39	Fe II	2	6	—
54.20	Y	3	—	—	27.3	Y	—	5	—
53.9	Kr	—	—	10	26.5	Kr	—	—	5
53.4	Co I	—	6	—	26.11	W	1	6	—
52.67	Au	4	4	—	25.81	Ni I	3R	2	—
51.88	Pd	1	4	—	25.77	Mn	2	—	—
51.34	Pd	1	7	—	25.1	Ag	—	4	—
51.24	Hf	5	6	—	24.9	Cr	—	4	—
51.2	Fe	4	—	—	24.63	Ag	2	6	—
50.78	Be	6	3	—	24.3	Co	—	5	—
50.5	A Bl	—	—	4	23.1	W	1	5	—
49.84	As I	10R	5	4	22.29	Au	—	4	—

λ in I. A.	Element	Bogen	Funke	Geißler	λ in I. A.	Element	Bogen	Funke	Geißler
2321.56	Al II	2	3	—	2304.22	Ba II	6R	8R	—
21.52	Ag	—	3	—	03.9	W	1	4	—
21.42	Ni I	3R	2	—	03.134	Cu	4	3	—
21.35	Mn	2	—	—	03.1	Si	2	3	—
21.75	Cd II	1	7	—	02.97	Ni	2	4	—
20.87	Ny	2	—	—	02.82	O II	—	—	5
20.8	Kr	—	—	6	02.8	Kr	—	—	6
20.5	Mn	—	3	—	02.03	Pd	3	4	—
20.24	Ag	2	6	—	01.7	Fe	—	5	—
20.08	Ni I	5R	1	—	01.6	Kr	—	—	8
19.66	O II	—	1	4	00.35	O II	—	—	8
19.6	Cu	4	—	—	00.3	Kr	—	—	8
19.04	Al II	—	2	—	00.1	Fe	—	5	—
18.5	L	—	1	—	2299.2	Fe I	—	5	—
17.22	Sn	5R	4R	—	98.9	Kr	—	—	6
17.15	Ni I	2R	1	—	98.2	Fe I	7	1	—
17.03	Ag	2	5	—	98.16	Tl	1	9	—
16.4	A Bl	—	—	4	97.8	Fe I	6	—	—
16.2	Kr	—	—	10	97.8	La	—	7	—
16.04	Ni	2	6	—	96.8	C	6	6	—
16.0	Tl I	6R	4	—	96.52	Pd	3	5	—
15.86	Au	—	4	—	94.696	Cd II	5	4	—
15.4	Kr	—	—	9	94.41	Fe I	—	—	—
14.67	Au	—	5	—	94.30	Cu	3	5	—
14.4	Kr	—	—	9	94.19	Ga	1R	2	—
14.22	Ge	1	3	—	93.85	Cu	6R	3	—
14.1	Kr	—	—	8	93.45	Sb	3	2	—
13.9	A Bl	—	—	4	93.32	O II	—	—	6
13.1	Fe I	5	—	—	92.6	Rb	—	10	—
12.9	Zn	—	5	—	92.5	Fe	5	—	—
12.88	Cd II	4	10R	—	91.51	Au	—	4	—
12.4	Ag	4	2	—	91.2	Kr	—	—	6
12.36	Ni I	3R	1	—	91.1	Fe	6	—	—
11.9	Kr	—	—	8	90.76	O II	—	—	4
11.6	Co I	—	6	—	90.6	Fe	5	—	—
11.50	Sb I	6R	7R	—	90.03	Ni	6	—	—
10.99	Ni I	3R	2	—	90.00	Rh	—	3	—
10.97	Pt	3	5	—	89.0	Sb	3	2	—
10.01	Fe I	5	—	—	89.0	Fe	6	—	—
09.54	Ag	6R	4	—	88.19	Pt	6	3	—
09.45	Au	—	4	—	88.14	As I	10R	3	—
09.3	A Bl	—	—	4	88.03	Cd I	10R	10R	—
09.3	Bi	4	—	—	88.0	Zn	—	3	—
08.59	Pd	—	3	—	87.9	L	—	1	—
08.04	Pt	3	2	—	87.7	Kr	—	—	10
07.9	Co	2	6R	—	87.6	Fe	5	—	—
07.51	Pd	—	3	—	87.3	Fe	5	—	—
06.63	Cd	4R	3	—	87.08	Si IV	—	10d	—
06.48	Sb	5R	4R	—	86.73	Cu	3	3	—
04.81	Au	—	4	—	86.68	Sn	4R	3R	—

λ in I. A.	Element	Bogen	Funke	Geißler	λ in I. A.	Element	Bogen	Funke	Geißler
2286.2	Co	2	6R	—	2262.5	Sb	3	3	—
83.9	Cl	—	—	4	62.2	Hg	4	3	—
83.6	Co	3	2	—	60.8	Fe	6	—	—
83.33	Au	4	4	—	60.48	Cu	4R	2	—
82.8	Kr	—	—	10	60.5	In I	1R	—	—
82.3	Sn	3	—	—	60.4	Hg II	4	3	—
81.5	A Bl	—	—	5	59.02	Te	8R	3	—
80.2	Fe	6	—	—	58.0	Al I	2	—	—
79.97	Ag	1	5	—	56.7	Co	—	3	—
79.9	Fe	6	—	—	55.8	Fe	7	—	—
79.7	Kr	—	—	5	55.50	Te	5R	3	—
79.55	Ni	5	—	—	55.1	Rb	—	10	—
78.3	In I	1R	—	—	54.73	Ba	3	3	—
77.1	Kr	—	—	7	53.9	Pb	3R	1	—
76.6	Co	3	1	—	53.2	Fe	6	—	—
76.57	Bi I	5R	2	—	52.3	A Bl	—	—	4
76.26	Cu	4	4	—	51.9	Fe	6	—	—
76.0	Fe I	5	—	—	51.5	Cl	—	—	5
75.5	Ca I	4R	4R	—	51.2	Sn	4R	1	—
75.2	Ag	—	3	—	51.0	Cl	—	—	5
74.6	Co	5	1	—	49.9	W	—	4	—
74.5	Cs	10	—	—	49.2	Fe	7	—	—
74.1	Fe	5	—	—	48.9	Fe	6	—	—
73.9	Ni	5	—	—	48.73	Ag	3	3	—
73.18	Sc	—	3	—	46.99	Cu	3	6R	—
73.1	Kr	—	—	6	46.90	Pb	6R	4R	—
72.8	Fe	5	—	—	46.8	Zn	4	—	—
71.39	As	4	1	—	46.38	Ag	3	3	—
70.3	W	1	4	—	46.05	Sn	3R	3R	—
70.24	Ni	1	4	—	45.6	Ba	3	3	—
69.21	Al I	2R	—	—	45.6	Fe	6	—	—
69.09	Al I	4R	2R	—	45.3	Kr	—	—	6
68.92	Sn	3R	3R	—	45.1	Co	—	3	—
68.3	Cs	—	10	—	45.6	A Bl	—	—	4
67.6	Fe	5	—	—	43.03	Y	3	3	—
67.47	Cd	4R	2	—	42.7	Au	2	4	—
67.2	Sn	3R	1	—	42.7	Ir	2	3	—
67.1	Fe	5	—	—	42.622	Cu	2	6	—
66.9	B	—	2	—	40.9	In I	1R	—	—
66.9	Fe	5	—	—	40.6	Fe	5	—	—
66.3	B	—	2	—	39.86	Cd	6R	3	—
65.52	Te	5R	3	—	38.44	Cu I	2R	—	—
65.2	Fe	5	—	—	37.8	Tl I	6R	3R	—
65.03	Cd II	4R	10R	—	37.42	Pb	3R	2R	—
65.0	Zn	—	3	—	37.0	Kr	—	—	5
64.7	Rb	—	10	—	36.3	Cu	1R	—	—
64.45	Ni	1	4	—	35.5	Ba	—	—	—
64.4	Fe	5	—	—	34.6	A Bl	—	—	4
63.45	Al I	4R	2R	—	33.5	A	—	—	1
63.1	Cu	3R	2	—	32.8	Ba	—	—	—

λ in I. A.	Element	Intensität			λ in I. A.	Element	Intensität		
		Bogen	Funke	Geißler			Bogen	Funke	Geißler
2231.7	Sn	3R	1	—	2204.03	Al I	2R	—	—
31.2	Fe	7 l	—	—	03.5	Pb	3	4R	—
30.62	Bi I	8R	4R	—	03.1	Bi	4	1	—
30.09	Cu	4R	2R	—	03.0	Sb	2	1	—
29.8	In I	1R	—	—	02.5	In I	1R	—	—
29.51	Ag	2	4	—	02.1	Ag	2	2	—
29.1	Fe	6	—	—	01.4	Sb	3	2R	—
29.0	Au	—	4	—	01.3	Au	—	4	—
28.85	Cu	4	4	—	01.1	Ba II	—	—	—
28.7	As	2	1	—	00.8	Ca I	3	2	—
28.25	Bi	6R	2R	—	00.7	Fe	5	—	—
27.9	Kr	—	—	6	00.3	Fe	6	—	—
27.76	Cu	4R	1R	—	2199.62	Cu	4Rd	2	—
25.68	Cu	3R	2	—	99.6	Al I	1	—	—
24.9	Sb	2	2	—	99.5	Fe	5	—	—
24.7	Hg II	4	4	—	99.3	Sn	3R	2R	—
24.26	Bi	2	—	—	98.8	Rb	—	10d	—
22.0	Sb	2	2	—	98.71	Ge	—	2R	—
21.3	Cs	—	10	—	98.2	In I	1R	—	—
21.3	Fe	4	—	—	97.8	Ca II	3	3	—
20.8	Sb	2	2	—	96.6	Co	5	—	—
19.8	A Bl	—	—	4	96.0	Fe	5	—	—
19.4	In I	1R	—	—	94.62	Cd II	1	4R	—
18.08	Cu	1R	5	—	94.5	Sn	3R	2R	—
17.8	Rb	—	10	—	92.25	Cu	3	4	—
16.69	Si I	3	5	—	92.1	As	—	2	—
16.6	Ba	2	—	—	92.0	In	1R	—	—
15.7	Cu	4R	3	—	91.8	Fe	5	—	—
14.67	Au	—	3	—	89.631	Cu	2	4	—
14.6	Ba	2	—	—	89.59	Bi	6R	—	—
14.58	Cu	4R	2	—	89.0	In I	1R	—	—
14.1	Bi	3	1	—	88.91	Au	—	3	—
13.9	Co	3	1	—	86.94	Bi	—	2	—
13.6	Fe	4	—	—	86.8	Ag	—	3	—
12.4	Co	4	—	—	86.8	Co	4	—	—
11.75	Si I	3	4	—	85.76	Ag	2	3	—
10.9	In I	1R	—	—	83.0	As	10	1	—
10.91	Si I	3	3	—	82.72	O II	—	—	4
10.5	Tl	2R	1R	—	81.70	Cu	2R	3	—
10.25	Cu	2	4	←	81.7	In I	1R	—	—
10.05	Al 1	2R	—	—	80.2	Cs	—	9	—
09.6	Sn	3R	2R	—	79.4	Cu	4	4	—
08.88	Te	6	2	—	79.25	Sb	4R	3R	—
08.7	Ca II	3	3	—	78.9	Cu	2R	1	—
08.53	Sb	3	4	—	78.1	Fe	5	—	—
07.9	Co	5	2	—	77.7	In	1R	—	—
07.1	Tl I	4R	2	—	76.62	Bi	6R	1	—
06.3	Cs	—	10	—	75.88	Sb I	6R	3R	—
06.0	As	2	—	—	75.6	Pb	4R	—	—
05.2	As	2	—	—	74.0	Al I	1R	—	—

λ in I. A.	Element	Intensität			λ in I. A.	Element	Intensität		
		Bogen	Funke	Geißler			Bogen	Funke	Geißler
2171.4	Sn	2R	—	—	2141.7	Sb	3	2	—
71.3	Fe	5	—	—	41.—	Sn	6R	1	—
71.0	In	1R	—	—	39.8	Sb	3	2R	—
70.1	Sb?	—	2	—	39.7	Fe	5	—	—
70.0	Pb	6R	2R	—	38.5	Zn I	3R	2R	—
68.8	Al I	1R	—	—	37.1	Sb	5	—	—
68.6	Tl I	4R	—	—	36.8	P I	8	—	8
66.8	Fe	6	—	—	36.1	P I	6	—	6
66.6	Fe	6	—	—	35.9	Cu	2	3R	—
66.5	Ag	2	3	—	34.3	Bi	8R	1	—
66.—	Sr II	1R	1	—	33.7	As	2	2	—
65.8	Fe	5	—	—	32.6	Bi	7R	—	—
65.6	Co	3	2	—	32.4	Cs	—	10	—
65.5	As	4	2	—	32.05	O II	—	—	5
65.2	Rb	—	10	—	27.5	Sb I	3	1	—
65.06	Cu	2R	1	—	27.48	Si IV	—	—	4
64.3	Se	6	—	—	26.0	Cu	2	3	—
64.1	Bi	4R	—	—	25.9	Rb	—	8	—
62.5	Cr	6	—	—	25.2	Au	—	3	—
60.12	Te	6	1	—	24.14	Si I	6R	10	—
59.9	Fe	5	—	—	21.4	Sn	2R	—	—
59.6	Pb	3R	—	—	20.4	Ag	2	3	—
59.1	Sb	3	1	—	18.5	Sb	—	2	—
57.8	Cr	6	—	—	17.2	Sb	2	—	—
56.9	Bi	9R	—	—	15.0	Pb	5R	—	—
54.8	P I	7	—	7	14.6	Fe	4	—	—
54.7	In	—	7	—	13.8	Ag	2	3	—
54.5	Cr	4	—	—	13.8	Bi	—	3	—
54.0	Ba II	—	—	—	13.8	Sn	3R	1	—
53.6	P I	6	—	6	13.5	Ni	—	3	—
53.5	Bi	4R	—	—	13.—	As	2	3	—
52.9	Bi	7R	—	—	12.7	Ca II	2	3	—
51.7	Fe	5	—	—	12.0	Cu	2	2	—
51.4	Sn	2R	2	—	12.—	Pb	3	—	—
49.8	P I	8	—	8	11.8	Pb	4	—	—
49.—	Cu	1	3	—	11.6	Cd	—	2	—
48.897	Cu	1	4	—	10.7	Au	—	3	—
48.7	Sn	3R	1	—	10.3	Bi	8R	2	—
47.5	Cs	—	10	—	07.9	Ni	—	4	—
47.3	Te	8	1	—	06.9	Co	4	1	—
45.6	Ag	2	3	—	06.4	Fe	4	—	—
45.0	Sb	3	2	—	05.—	Co	4	1	—
44.6	Rb	—	10	—	04.7	Cu	2R	1	—
44.4	Bi	—	2	—	03.2	Ca II	2	3	—
44.4	Fe	5	—	—	02.4	Cr	—	10	—
44.39	Cd II	4R	6R	—	01.30	O II	—	—	4
44.2	As	4	1	—	00.8	Sn	2R	—	—
43.3	Bi	—	2	—	00.5	Zn II	8	8	—
43.0	Te	9R	1	—	2098.8	Tl	—	9	—
42.2	Cs	—	10	—	98.43	Sb	5	1	—

λ in I. A.	Element	Intensität			λ in I. A.	Element	Intensität		
		Bogen	Funke	Geißler			Bogen	Funke	Geißler
2097.4	Pt	—	4	—	2063.7	Sn	3	—	—
96.3	Sn	3R	—	—	63.5	Sb	—	5	—
95.7	Ru	—	3	—	62.7	Ga	—	6	—
94.3	Al II	—	6	—	62.0	Cd	—	5	—
93.7	Fe	4	—	—	61.9	Zn II	4	4R	—
93.6	Cl	—	—	4	61.7	Bi	8R	1	—
93.5	Ru	—	3	—	61.7	Cr	—	5	—
92.7	Ir	—	3	—	60.7	Ru	—	3	—
91.8	Rb	—	8	—	60.7	Pb	—	8	—
91.5	Sn	2R	1	—	60.0	Ru	—	3	—
91.5	Cd	—	7	—	58.20	Si I	—	—	5R
90.29	B I	—	2	—	57.3	Pb	—	30	—
89.60	B I	—	2	—	55.6	Cr	—	5	—
89.3	Ru	—	3	—	55.3	Cd	—	3	—
89.2	Cs	—	8	—	55.—	Ba II	—	—	—
88.2	Pb	5R	8	—	54.0	Sb	—	4	—
87.1	Cl	—	—	5	54.—	Hg	4	—	—
84.2	Fe	4	1	—	53.7	Sn	4	—	—
83.—	Ba II	—	7	—	51.1	Ir	—	5	—
82.1	Fe	—	7	—	49.6	Ir	—	3	—
82.0	Au	—	4	—	49.5	Sb	—	7	—
81.8	Te	8	7	—	49.2	Pt	—	5	—
80.6	Cs	—	8	—	44.8	Ir	—	3	—
80.1	Sn	4	—	—	44.6	Sb	—	4	—
79.5	Sb	2	—	—	44.48	Au	3	1	—
75.2	In	4	7	—	44.4	Ru	—	4	—
77.79	B III	—	—	—	44.2	Ir	—	3	—
76.7	Rb	—	10	—	43.4	Ru	—	3	—
75.2	V	—	30	—	40.6	Fe	—	3	—
75.15	O II	—	—	4	40.3	Ca	4	—	—
74.8	Se	8	3	—	40.0	Se	8	8	—
74.6	Ti	—	5	—	39.7	Sb	—	5	—
74.5	As	—	12	—	39.6	Au	—	5	—
74.0	Pb	—	20	—	39.5	Sn	—	50	—
72.9	Sn	3R	—	—	39.3	Cr	3	—	—
72.6	Si II	—	—	10	39.3	Ru	—	3	—
72.23	O II	—	—	6	38.3	Ru	—	3	—
71.94	Si II	—	—	8	38.—	Se	8	2	—
69.9	As	—	—	2	37.3	Ru	—	4	—
68.6	Sn	4	—	—	37.0	Cu	—	6	—
68.4	Sb	4R	1	—	35.7	Cs	—	8	—
68.3	Ti	—	5	—	35.1	Ca	4	—	—
67.88	B III	—	2	—	34.8	Sn	—	5	—
66.8	Tl	—	4	—	34.0	P I	7	—	7
66.41	B III	—	2	—	33.8	Ag	—	4	—
65.9	Ag	—	8	—	32.98	P I	6	—	6
65.0	Cr	6	—	—	31.9	As	—	10	—
64.2	Zn II	5	4	—	29.3	Sb	—	4	—
63.7	Fe	3	—	—	29.1	Ni	—	6	—
63.7	Se	7	8	—	28.8	Ru	—	3	—

λ in I. A.	Element	Intensität			Beobachter	λ in I. A.	Element	Intensität			Beobachter
		Bogen	Funke	Geißler				Bogen	Funke	Geißler	
2028.5	Cd	—	5	—		1983.1	Pt	—	8	—	
28.5	Zn	4	2R	—		81.9	Ni	—	5	—	
28.2	Mg I	6	6	—		81.2	U	—	5	—	L
26.1	Ga	—	8	—		80.5	Ga	—	5d	—	W
25.5	Zn II	10	10	—		79.3	Ni	—	6	—	Bl
25.4	Cu	—	4	—		79.12	Cu	4	7	—	
25.0	P I	6	—	6		78.5	Pt	—	3	—	
24.4	Ir	—	5	—		77.4	In	2	5	—	
23.98	P I	7	—	7		77.5	Au	—	6	—	
23.9	Sb I	—	4	—		77.0	Cd	—	2	—	
22.8	Ir	—	3	—		74.2	Co	—	4	—	
21.5	Ir	—	3	—		73.9	Ni	—	6	—	Bl
21.0	Ni	—	6	—		73.2	Bi	2	2	—	
20.6	Fe	3	—	—		73.—	Hg	4	—	—	
19.2	Cd	—	2	—		71.—	As	—	4R	—	Bl
19.0	Ni	—	6	—		70.9	Pt	—	4	—	
17.4	Ir	—	3	—		69.3	Ca	—	5	—	L
12.7	Ir	—	3	—		69.3	Co	—	4	—	
11.5	Co	—	7	—		66.6	In	2	6	—	
09.2	Ru	—	4	—		66.1	Ag	—	3	—	
08.9	U	—	5	—		65.3	Cd	—	2	—	
07.6	Cd	—	2	—		61.60	O II	—	—	3	F
06.4	Ru	—	3	—		60.—	Se	10R	10	—	ML
05.6	Ru	—	3	—		59.6	Bi	3	3	—	
04.2	Cd	—	5	—		58.6	Co	—	5	—	
00.6	Ag	—	3	—		56.9	Ag	7	3	—	
00.6	Au	—	3	—		56.7	Co	—	5	—	
00.3	Fe	—	3	—		56.5	Ga	—	8	—	W
1999.6	Cu	5	2	—		55.4	Ga	—	8	—	W
97.2	Ru	—	3	—		55.2	Co	—	4	—	
96.5	Ir	—	3	—		54.4	Ga	—	8	—	W
95.0	Cd	—	3	—		54.2	Rb	—	2	—	Sh
94.8	Ir	—	3	—		54.1	Pt	—	4	—	
94.7	Se	1	5	—	ML	54.0	Bi	3	5	—	
93.6	Ag	—	3	—		54.0	Co	—	4	—	
93.—	Se	—	5	—		53.6	Fe	—	2	—	Mi
92.6	Ru	—	4	—		52.3	Ag	3	9	—	
91.2	Au	—	5	—		51.2	Au	—	3	—	
90.4	Ga	—	7	—	C	49.6	Sb	5	5	—	
89.8	Al II	—	8	—		49.5	Co	—	5	—	
89.8	Pt	—	5	—		49.2	Pt	—	4	—	
89.6	Ni	—	6	—	Ta	47.7	Ag	4	1	—	
89.—	Co	—	4	—		45.6	Ag	3	2	—	
88.—	Ba II	—	—	—	Sa	44.6	Ag	3	1	—	
87.5	Pt	—	5	—		43.8	Pt	—	5	—	Ta
85.4	U	—	5	—	L	42.2	Cd I	—	6	—	
85.2	Sb	5	5	—		42.—	Hg II	10	—	—	
84.5	Te	—	5	—	L	42.—	Sn	6	5	—	
83.2	Co	—	4	—		41.0	Pd	—	5	—	Kail
83.2	Rb	—	4	—	Sh	40.7	Ru	—	5	—	

Bl = Bloch. — C = Carroll. — E = Eder. — F = Fowler. — H = Hopfield. — Hu = Hutchinson. — L = Lang. — Ly = Lyman. — Mi = Millikan. — ML = McLennan. — S = Saltmarsh. — Sa = Saunders. — Sh = Shaver. — Ta = Takamine. — W = Weinberg.

λ in I. A.	Element	Bogen	Funke	Geißler	Beobachter	λ in I. A.	Element	Bogen	Funke	Geißler	Beobachter
1940.4	Co	—	6	—		1902.5	Bi	10	10	—	
39.2	Pt	—	6	—		01.0	Si I	—	5	5R	
36.6	Pb	—	4	—	C	01.00	Sn	—	10	—	
36.—	As	—	5	—	Bl	1895.9	Ag	4	2	—	
35.8	Al III	—	7	—		95.6	Fe	4	6	—	
35.7	Ga	—	8	—	W	95.3	Ce	—	3	—	
35.2	Cs	—	8	—	Sh	94.9	Fe	—	5	—	
32.5	In	—	5	—	W	93.3	Ag	4	2	—	
32.3	Ag	6	2	—		92.9	Tl	5	10	—	
31.9	As	—	10	—		92.8	Si I	—	—	3R	F
31.1	C	—	7d	—		89.9	Au	—	4	—	
31.0	Sb	4	5	—		89.5	Pt	—	6	—	
30.3	Al	—	3	—		89.2	Cs	—	6	—	Sh
30.1	C	—	8	—		89.—	As	—	4R	—	Bl
30.1	Ru	—	3	—		88.9	Ag	6	5	—	
29.8	Ni	—	5	—	Bl	87.5	Ru	—	3	—	
29.7	Pd	—	4	—	Kail	86.3	Au	—	4	—	
29.4	Ir	—	3	—		86.1	A Bl	—	—	7	Ly
28.5	Pt	—	4	—		86.1	Zn	—	4	—	
28.2	As	—	5	—	L	86.—	Mg	5	—	—	
27.9	Co	—	4	—		85.5	Si?	—	10	—	ML
26.6	Sb	4	5	—		84.0	Cs	—	6	—	Sh
24.7	Au	—	5	—		83.2	Tl	—	5	—	C
24.6	Ag	—	5	—	E	82.7	Tl	—	5	—	C
22.6	Sb	—	5	—		81.3	Tl	—	7	—	
21.9	Pd	—	8	—	Kail	79.7	A Bl	—	—	8	Ly
21.8	Cd	—	3	—		79.6	Ag	6	5	—	
20.8	Au	—	5	—		77.7	A Bl	—	—	8	Ly
19.5	Zn	—	3	—		75.7	Hg	—	6	—	
18.9	Au	—	3	—		74.9	Ru	—	3	—	
18.4	Co	—	3	—		74.3	As	—	5	—	L
16.3	Ag	8	4	—		74.2	Ag	3	1	—	
16.2	Ru	—	3	—		73.7	Cd	1	6	—	
14.7	Mn	—	5	—		73.2	A Bl	—	—	10	Ly
14.2	Fe	—	3	—		72.8	Zn	—	4	—	
14.0	Pd	—	5	—	Kail	72.7	Ag	6	5	—	
13.7	Pb	—	4	—	Mi	72.7	Pt	—	8	—	
13.3	Fe	—	5	—	L	72.5	Ca	—	3	—	
12.6	Sn?	—	15	—	L	71.8	Ag?	—	5	—	
12.2	Ag	4	1	—		70.4	Ca	—	3	—	Ly
11.6	Pt	—	5	—		70.4	Sb	10	10	—	
08.7	Tl	10	10	—		69.4	Hg II	—	10	—	
07.8	Ag	4	1	—		69.2	Ba II	—	5	—	Ly
07.6	Sn	—	5	—	C	68.7	A Bl	—	—	7	Ly
07.3	As	—	5	—	L	67.6	Sb	8	8	—	
06.0	Ga	—	5	—	W	67.4	Ag	4	1	—	
05.0	Ga	—	5	—	W	66.3	Ag	4	1	—	
04.3	Mn	—	5	—	Ta	65.9	A Bl	—	—	8	Ly
03.9	Au	—	2	—		64.—	Mg	4	—	—	
03.9	Ga	—	5	—	W	64.—	Zn	—	5	—	

λ in I. A.	Element	Bogen	Funke	Geißler	Beobachter
1863.5	Pb	—	5	—	
62.90	Al III	—	10	—	
62.—	Mn	—	3	—	
61.5	Au	—	3	—	
61.5	Co	—	10	—	
59.9	Ag	5	1	—	
59.3	P	6	—	6	S
58.9	P	8	—	8	S
58.5	Ag	4	1	—	
58.—	Se	4	7	—	ML
57.8	Al II	—	6	—	
56.3	Cd	—	7	—	
56.—	Mg	5	—	—	
55.7	A Bl	—	—	9	Ly
55.6	Ag	4	1	—	
55.3	Cd	2	5	—	
55.—	Na	—	5	—	
54.67	Al III	—	10	—	
54.4	Se	5	7	—	ML
53.0	Ag	4	1	—	
53.—	Co	—	10	—	
51.3	Ca II	—	7	—	
51.1	P	6	—	6	S
50.2	A Bl	—	—	4	Ly
49.6	Hg I	10	10	—	
49.5	Ba II	—	4	—	
49.3	Ga	—	9	—	C
48.5	Ag	5	1	—	
47.0	Sr II	—	3	—	Ly
46.9	A Bl	—	—	6	Ly
46.8	P	—	—	7	S
45.3	Co	—	3	—	
45.0	Ga	—	8	—	W
44.3	Cd	—	6	—	
43.9	Fe	—	2	—	
43.7	Ca II	—	6	—	Ly
43.7	Te	—	5	—	ML
43.1	A Bl	—	—	9	Ly
42.9	B	—	2	—	Mi
40.8	Hg	—	7	—	
40.6	Cu	—	4	—	
40.2	Ca II	10	10	—	
39.3	Zn	—	4	—	
39.2	A Bl	—	—	9	Ly
39.—	Ag	5	3	—	
38.1	Ca II	10	10	—	
36.3	A Bl	—	—	9	Ly
35.2	Pb	—	10	—	L
34.5	P	—	—	4	S
34.—	Zn	—	3	—	

λ in I. A.	Element	Bogen	Funke	Geißler	Beobachter
1832.8	U	—	5	—	L
32.—	Sn	—	6	—	
31.4	A Bl	—	—	9	Ly
31.2	Sn	6	3	—	
30.6	A Bl	—	—	10	Ly
29.2	Sb	5	1	—	
28.5	Ag	5	2	—	
28.1	Tl	2	6	—	
27.6	A Bl	—	—	6	Ly
27.—	C	—	1	—	Mi
26.3	Cu	—	8	—	
26.—	Te	—	10	—	
26.41	B I }	—	5	—	Mi
25.87	B I }	—	5	—	Mi
23.5	Bi	5	5	—	
22.1	Pb	8	10	—	
22.0	Ag	4	4	—	
22.0	Sn	—	8	—	L
20.8	Hg	—	10	—	
20.0	A Bl	—	—	7	Ly
20.—	Te	—	10	—	
17.06	Si II	—	8	—	
16.4	Cr	—	40	—	L
16.0	Ag	6	4	—	
15.0	Ca II	4	5	—	
15.0	Tl	6	10	—	
14.—	Sb	6	2	—	
13.9	Ga	—	9	—	
11.—	Zr	—	3	—	ML
10.7	Sn	—	20	—	
09.8	Mo	—	20	—	
08.14	Si II	—	—	8	F
08.—	Ag	5	2	—	
07.8	Ca II	4	7	—	
07.5	A Bl	—	—	4	Ly
05.6	As	—	5	—	Bl
04.4	Tl	—	5	—	C
02.3	Ga	—	9	—	C
02.—	Ag	4	2	—	
00.7	Au	—	6	—	Bl
1799.8	Sb	5	2	—	
99.3	Ga	—	7	—	C
98.7	Hg	—	9	—	
98.6	Tl	—	5	—	C
96.5	Pb IV	3	10	—	
96.2	Hg	—	7	—	
96.2	In	—	4	—	C
94.—	Au	—	4	—	
93.2	Cd	—	3	—	
93.0	Tl	8	9	—	

λ in I. A.	Element	Bogen	Funke	Geißler	Beobachter	λ in I. A.	Element	Bogen	Funke	Geißler	Beobachter
1791.7	Bi	4	4	—		1751.6	Zr	—	6	—	ML
90.4	Co	—	4	—	Bl	50.9	Mg II	—	5	—	
89.2	Mn	—	10	—	L	50.8	Ag	4	6	—	
89.0	Cd	4	3	—		50.1	Cu	—	6	—	
89.—	Te	—	5	—		49.9	Zn	—	5	—	
88.1	A Bl	—	—	5	Ly	49.3	Na	—	8	—	Sh
87.4	Na	—	4	—	Sh	49.—	Cu	4	5	—	
87.1	Bi	4	4	—		48.9	In III	—	7	—	
87.0	O	—	—	7	H	48.8	Ga	—	8	—	C
84.97	Tl	—	5	—	C	48.—	Zn	—	4	—	
84.7	Mn?	—	10	—	L	47.8	Cd	2	6	—	
84.—	Cu	—	5	—		46.—	Al	—	2	—	
83.5	Au	—	5	—	Bl	45.31	N I	—	6	—	
83.4	Sb	—	20	—	L	44.—	Mg	—	5	—	
82.7	P	—	—	7	S	42.81	N I	—	7	—	
81.6	Pb	—	6	—	L	42.0	As	—	20	—	
81.4	O	—	—	7	H	41.3	Cu	—	5	—	
78.8	Sr II	—	9	—	Ly	41.2	Na	—	4	—	Sh
77.6	Pt	—	5	—	Bl	41.—	Mg	—	5	—	
77.—	Al	—	3	—		41.—	Pb	—	4	—	
76.7	Bi	5	5	—		40.3	Au	—	5	—	
75.8	Au	—	4	—		39.5	Cu	—	5	—	
75.—	Cu	—	4	—		38.3	Hg	—	8	—	
74.9	Hg	8	5	—		37.9	Mg II	2	6	—	
74.8	P	—	—	7	S	35.9	Sb	5	—	—	ML
73.5	Na	—	6	—	Sh	35.—	Mg II	1	6	—	
73.1	Cd	2	5	—		32.9	As	—	15	—	
73.—	Fe	—	5	—	L	31.—	Sb	—	5	—	
72.8	Co	—	5	—		30.5	Sb	—	7	—	
71.—	In	1	5	—		29.—	Zr	—	8	—	ML
70.8	Na	—	6	—	Sh	28.3	Pb	—	8	—	L
70.5	Ga	—	5	—	C	28.0	Cd	4	—	—	ML
69.8	Sr II	—	8	—	Ly	27.4	Si IV	—	—	4	
69.2	Cu	—	4	—		26.9	Au	—	4	—	
68.8	Cd	1	3	—		26.6	Pb	1	10	—	
68.8	Ag	4	1	—		25.7	Au	—	4	—	
68.6	Al II	—	7tr	—		25.2	Sb	—	7	—	
67.8	Zn	—	6	—		25.01	Al II	—	10	—	
67.6	Au	—	5	—		25.0	Sn	—	8	—	L
67.5	Ni	—	5	—		24.—	Fe	—	2	—	
65.8	Al II	—	7tr	—		22.7	Si IV	—	5	—	
63.9	Al II	—	9d	—		21.8	Cd	—	5	—	
61.9	Al II	—	7tr	—		21.8	Cu	6	5	—	
61.9	Sb	10	10	—		21.28	Al II	—	9	—	
60.9	O	—	—	8	H	19.5	Al II	—	5	—	
60.1	Al II	—	7	—		18.3	Fe	—	2	—	
57.—	Sn	—	10	—		16.6	In	—	5	—	C
53.7	Mg II	—	6	—		15.—	Ni	—	5	—	
52.—	Al	—	3	—		11.8	Sb	—	6	—	
52.—	C	—	2	—		11.1	Pb	—	4	—	C

λ in I. A.	Element	Bogen	Funke	Geißler	Beobachter
1711.0	Si II	—	6	—	F
09.—	Ni	—	5	—	
08.7	Cu	4	6	—	
07.2	Co	—	4	—	Bl
07.2	Zn	—	5	—	
07.1	Cd	—	5	—	
05.3	Cu	—	5	—	
03.5	Na	—	9	—	Sh
02.6	Cu	—	3	—	
02.5	In	—	5	—	C
01.4	Tl	—	5	—	C
00.6	As	—	10	—	
00.0	Ga	—	4	—	C
00.0	In	—	4	—	C
00.0	Sn	—	6	—	
1699.8	In	—	2	—	
98.9	Na	—	10	—	Sh
98.9	Ca II	—	2	—	Ly
96.3	Co	—	3	—	Ly
94.3	Ba II	—	6	—	Ly
93.8	P	—	—	5	S
93.5	Ag	5	6	—	
92.7	Ni	—	6	—	
88.7	Zn	—	5	—	
87.—	Cu	4	3	—	
85.8	P	—	3	—	S
83.—	Co	—	3	—	
82.4	Pb	1	10	—	
81.0	Ag	3	5	—	
80.5	Ca II	2	2	—	
79.7	Pt	—	5	—	
79.—	Cu	2	6	—	
79.—	Te	—	20	—	L
78.0	In	—	8	—	C
78.—	Hg	—	10	—	
77.9	Ba II	—	3	—	Ly
75.8	N	—	—	6	H
75.6	A Bl	—	—	6	Ly
75.—	Sn	—	10	—	
74.7	Tl	—	5	—	C
74.5	Ba	—	4	—	Ly
74.5	Ag	—	3	—	
74.5	Cu	—	6	—	
74.1	In	—	6	—	C
74.1	Sb	—	7	—	
73.5	Au	—	6	—	
73.5	A Bl	—	—	7	Ly
71.7	Cu	—	6	—	
71.6	Pb	—	10	—	
71.5	P	—	—	3	S

λ in I. A.	Element	Bogen	Funke	Geißler	Beobachter
1671.2	Ti	—	20	—	L
71.0	Hg	—	7	—	
71.0	Al II	—	10	—	
70.8	Se	4	—	—	ML
70.2	Zr	—	2	—	ML
70.—	Cu	2	6	—	
69.7	A Bl	—	—	7	Ly
69.3	Na	—	4	—	Sh
68.7	Cd I	10	—	—	ML
68.7	Na	—	4	—	Sh
67.7	Ca	—	30	—	L
62.7	In	—	4	—	C
62.6	Hg	—	7	—	
61.—	As	—	4	—	
60.5	Pb	—	6	—	L
60.0	Tl	6	10	—	
59.7	Na	—	4	—	Sh
58.18	C	—	1	—	
57.96	C	—	1	—	
57.42	C	—	1	—	
57.04	C	—	2	—	
56.33	C	—	1	—	
57.2	Ag	—	5	—	
57.2	N	—	—	8	H
56.7	Zr	—	7	—	ML
55.3	Pt	—	5	—	Bl
54.4	Cu	—	6	—	
53.8	Tl	6	4	—	
53.0	Ni	—	5	—	
52.—	Cu	2	2	—	
51.9	Zn	—	4	—	
51.9	Cu	—	6	—	
50.1	Tl	—	9	—	C
50.1	In	—	10	—	C
50.0	Ga	—	5	—	C
49.96	Ca II	—	2	—	
49.8	Hg II	—	10	—	
47.6	In	—	8	—	C
47.4	Hg	—	9	—	
47.2	Tl	—	5	—	C
45.0	Zn	1	6	—	
44.6	H	—	—	7	Ly
43.8	Tl	—	6	—	C
42.1	Cu	8	5	—	
41.0	Sb	—	4	—	
40.5	He II	—	—	6	Ly
40.0	Fe	—	3	—	
39.5	Zn	1	6	—	
39.4	Ga	—	6	—	C
36.5	H	—	—	7	Ly

λ in I. A.	Element	Bogen	Funke	Geißler	Beobachter	λ in I. A.	Element	Bogen	Funke	Geißler	Beobachter
		Intensität						Intensität			
1634.0	Tl	—	7	—	C	1592.9	Hg	—	5	—	C
33.7	H	—	—	6	Ly	91.5	H	—	—	8	Ly
33.1	Zn I	—	4	—		89.7	Zn I	6	10	—	
31.6	Co	—	3	—		89.5	A Bl	—	—	4	Ly
30.9	Fe	—	2	—		89.5	Au	—	4	—	Bl
29.3	Zn	2	6	—		89.0	H	—	—	8	Ly
28.5	H	—	—	8	Ly	86.5	U	—	5	—	L
26.6	H	—	—	8	Ly	86.4	Ga	—	8	—	
25.4	Ga	—	7	—	C	86.4	In	—	10	—	C
25.3	In III	—	11	—		85.3	Sb	5	8	—	
25.2	Al	—	5	—		83.2	Co	—	3	—	Bl
24.4	B	—	8	—	Mi	82.5	Cd	—	3	—	
24.—	Co	—	3	—	Bl	81.9	Co	—	3	—	Bl
23.8	H	—	—	7	Ly	81.7	Al	—	6	—	Hu
23.3	Tl	—	6	—	C	81.5	Zn	4	6	—	
22.6	Zn	1	5	—		80.—	Co	—	5	—	
22.0	Au	—	4	—		77.2	H	—	—	8	Ly
21.5	Pt	—	5	—	Bl	76.8	Co	—	3	—	Bl
20.7	Sr II	—	5	—	Ly	75.7	Co	—	3	—	Bl
20.0	Zn	1	5	—		75.7	U?	—	10	—	L
14.8	A Bl	—	—	4	Ly	73.5	Mn?	—	5	—	L
13.3	Sr II	—	4	—	Ly	73.1	Cd	—	3	—	Bl
12.0	Co	—	3	—	Bl	72.9	Ba	—	2	—	Ly
11.9	Al III	—	8	—		72.6	Co	—	10	—	
12.0	A Bl	—	—	4	Ly	72.0	Tl	—	4	—	C
08.5	H	—	—	10	Ly	70.4	Sn	—	20	—	
07.7	H	—	—	10	Ly	70.3	Cd	—	3	—	Bl
07.0	A Bl	—	—	3	Ly	69.—	Cd	—	3	—	
05.8	Al III	—	8	—		68.5	Tl	—	6	—	C
04.2	A Bl	—	—	4	Ly	66.3	Ag	—	4	—	
02.6	Ge	—	7	—	C	66.2	Cd	—	2	—	
02.4	Tl	—	5	—	C	65.8	Sb	4	8	—	
02.0	H	—	—	8	Ly	62.4	Ca	—	6	—	
01.1	Zn I	—	5	—		62.3	Au	—	3	—	
01.—	Cd	—	3	—		61.7	Ag	—	5	—	
01.—	Co	—	3	—		61.5	Tl	10	10	—	
00.7	A Bl	—	—	5	Ly	61.2	N	—	8	—	H
00.5	Sb	4	8	—		61.97	C I	—	5	—	
00.3	Au	—	3	—	Bl	60.76	C I	—	5	—	
00.0	Ge	—	6	—	C	60.34	C I	—	5	—	
1599.—	Hg	—	7	—		60.8	Cd	—	3	—	
98.6	Cd	—	2	—	Bl	58.7	Ti	—	20	—	L
98.5	Zn	—	3	—		58.6	Tl III	10	10	—	
97.7	Fe	—	2	—		56.6	Cd	—	2	—	Bl
97.6	Pb	—	3	—		55.—	Pb	—	20	—	
96.9	Tl	—	6	—	C	55.1	Ca II	—	8	—	
96.6	Pt	—	4	—		54.5	Ba	—	3	—	Ly
96.2	H	—	—	10	Ly	53.5	Ca II	—	7	—	
94.—	Cu	8	3	—		53.3	H	—	—	10	Ly
93.0	In	—	6	—	C	53.1	Pb	—	20	—	C

λ in I. A.	Element	Intensität			Beobachter	λ in I. A.	Element	Intensität			Beobachter
		Bogen	Funke	Geißler				Bogen	Funke	Geißler	
1552.7	Zn	1	5	—		1506.2	Tl	—	4	—	C
52.6	Au	—	5	—	Bl	06.0	Cd	—	2	—	Bl
52.2	Cd	—	2	—	Bl	06.0	Zn	—	5	—	
50.84	C IV	—	3	—		05.0	H	—	—	8	Ly
48.3	C	—	4	—		03.9	Ba	—	4	—	Ly
47.3	Cd	—	2	—	Bl	02.4	Cd	—	2	—	
47.2	Cl	—	3	—	Mi	02.3	Co	—	3	—	
45.5	In	—	5	—	C	02.0	Si III	—	—	5	
44.7	H	—	—	8	Ly	01.32	Si III	—	—	5	
42.5	Fe	—	2	—		01.2	Cd	—	3	—	Bl
42.2	Co	—	3	—		00.8	Ti	—	3	—	L
40.0	Al	—	3	—		00.6	Ge IV	—	6	—	C
38.3	Fe	—	2	—		00.5	Au	—	5	—	Bl
38.0	Tl	4	7	—		00.4	Sb	7	3	—	
34.65	Ga III	—	10	—		00.39	Si III	—	—	5	
34.1	Co	—	3	—	Bl	1499.8	H	—	—	7	Ly
34.0	Au	—	5	—	Bl	99.7	Ni	—	2	—	Mi
33.9	Ca	—	2	—		99.5	Zn	—	4	—	
33.6	Bi	5	5	—		99.2	Tl	6	10	—	
33.5	In	—	9	—	W	95.5	H	—	—	10d	Ly
33.5	Si IV	—	10	—		95.4	Ga III	—	12	—	C
33.5	Si II	—	10	—		94.9	Ge IV	—	6	—	C
32.3	Fe	—	2	—		94.78	N	—	5	—	
32.2	Cd	—	2	—	Bl	94.0	In III	—	3	—	C
30.2	In	—	5	—	C	92.83	N	—	6	—	
29.3	Cd	—	2	—	Bl	91.9	H	—	—	7	Ly
28.5	Co	—	2	—	Bl	90.4	Tl	2	10	—	
28.4	Cd	—	3	—	Bl	90.1	Cd	—	2	—	Bl
27.4	Ni	—	2	—		89.2	Sn	—	6	—	
27.4	Hg	—	4	—		88.7	In III	—	8	—	
26.8	Cd I	—	8	—		88.0	Au	—	4	—	
26.7	Ca	—	2	—	Ly	87.0	Ba	—	2	—	Ly
26.4	Si II	—	8	—		86.9	H	—	—	9	Ly
26.2	Cd I	—	2	—		86.4	Zn	6	4	—	
25.5	Te	—	3	—	L	84.0	Ga	—	6	—	C
25.5	Fe	—	2	—	Mi	82.4	Cd	—	2	—	Bl
23.4	H	—	—	8	Ly	82.—	C	—	3	—	
21.7	In	—	6	—		77.—	Zn	4	4	—	
15.9	Zn	1	4	—		76.9	Tl III	—	4	—	C
15.—	Cd	—	10	—		75.5	Sn	—	40	—	
14.—	Sb	7	20	—		75.—	Ca	—	—	—	Sa
13.6	Pb	—	5	—	L	74.—	Pt	—	4	—	
13.1	Au	—	4	—		73.5	Mn?	—	5	—	
12.8	Be?	—	—	—	Mi	72.4	In	—	5	—	C
12.7	Cd	—	4	—	Bl	71.6	Cd	—	5	—	
11.7	Pb	—	4	—	ML	69.4	Cd I	—	3	—	
11.5	H	—	—	8	Ly	67.9	A Bl	—	—	2	Ly
10.7	Cd	—	2	—	Bl	66.5	Cd	—	5	—	
08.5	Tl	4	10	—		66.5	Pt	—	4	—	
06.4	Sb	—	20	—		65.6	A Bl	—	—	4	Ly

λ in I. A.	Element	Bogen	Funke	Geißler	Beobachter
1463.9	H	—	—	8	Ly
63.7	C	—	3	—	
63.3	A Bl	—	—	3	Ly
61.0	Pt	—	4	—	
60.8	Te	—	15	—	L
60.1	A Bl	—	—	5	Ly
57.9	Zn I	4	4	—	
56.0	Cd	—	2	—	Bl
55.7	Bi	4	4	—	
55.1	H	—	—	7d	Ly
54.2	Hg	—	4	—	C
53.8	V	—	4	—	L
53.0	Cd	—	2	—	Bl
51.1	Zn	5	4	—	
50.0	Sn?	—	30	—	
47.8	Cd	—	2	—	Bl
47.3	Te	—	8	—	L
46.0	Cd	—	2	—	Bl
45.2	Zn	5	5	—	
43.9	Ga	—	7	—	W
43.6	H	—	—	7	Ly
41.0	H	—	—	8	Ly
40.2	Cd I	—	3	—	
38.9	Au	—	2	—	Bl
38.4	Sb	—	30	—	
38.3	Sn	—	4	—	
37.8	Mn	—	5	—	L
37.5	Sn IV	—	60	—	
37.3	Ti	—	10	—	L
37.3	V	—	4	—	L
37.1	Ga	—	7	—	W
36.8	Se	3	—	—	ML
36.3	H	—	—	7d	Ly
35.8	A Bl	—	—	7	Ly
35.6	Hg I	—	6	—	
35.4	Au	—	6	—	
35.1	In	—	9	—	
34.5	A Bl	—	—	7	Ly
34.3	Ca II	—	6	—	
34.2	Pb	—	20	—	
33.7	A Bl	—	—	7	Ly
33.1	Ca II	—	5	—	Ly
33.0	H	—	—	8d	Ly
32.9	Cd	—	5	—	L
31.9	Pb	—	5	—	
30.6	Fe	—	2	—	Mi
30.1	H	—	—	7	Ly
29.6	Cd	—	5	—	
27.8	H	—	—	7d	Ly
24.4	Bi	—	4	—	Bl

λ in I. A.	Element	Bogen	Funke	Geißler	Beobachter
1420.7	Cd?	—	20	—	
18.5	Cd	—	2	—	Bl
17.3	Ba	—	2	—	Ly
16.3	Cd	—	20	—	
15.0	Hg	—	4	—	C
14.8	Ba	—	3	—	Ly
14.5	Hg	—	4	—	
14.5	Ga	—	10	—	
13.0	H	—	—	8	Ly
12.—	N	—	4	—	
11.3	Ni	—	2	—	Mi
10.8	Sn	—	40	—	L
10.5	H	—	—	8	Ly
09.4	Fe	—	2	—	Mi
07.3	H	—	—	7	Ly
06.2	In	—	8	—	
04.2	Zn I	—	4	—	
03.1	In III	—	5	—	C
02.9	Hg	—	4	—	C
02.9	Si IV	—	—	8	
02.8	Ge	—	6	—	C
02.8	H	—	—	8	Ly
02.7	Hg I	—	8	—	
02.7	Ca	—	4	—	
02.4	Sn	—	4	—	ML
02.2	Pt	—	5	—	Bl
00.7	Sn	—	7	—	C
00.7	Ca	—	4	—	Sa
00.6	Hg	—	3	—	C
1399.0	H	—	—	7	Ly
98.5	Ni	—	2	—	Mi
96.9	Cd	—	10	—	L
96.4	H	—	—	7	Ly
95.7	Zn	4	3	—	
95.6	Ge	—	5	—	C
94.0	H	—	—	7d	Ly
93.9	Si IV	—	10	—	
93.8	Ge	—	8	—	C
93.6	Ca?	—	5	—	
87.8	Fe	—	2	—	Mi
87.0	Sn	—	40	—	
85.4	Cu	—	2	—	
84.2	Al III	—	5	—	
81.6	In	—	6	—	
79.9	Al III	—	3	—	
79.1	Hg	—	3	—	C
77.9	Hg	—	3	—	C
77.8	Pt	—	3	—	L
77.3	Tl	—	7	—	C
77.1	Cu	—	2	—	ML

λ in I. A.	Element	Bogen	Funke	Geißler	Beobachter
1376.9	Zn I	—	2	—	
74.6	Tl	—	5	—	C
73.9	Fe	—	2	—	Mi
72.6	Ce	—	20	—	L
71.3	H	—	—	6	Ly
70.9	Tl	—	4	—	C
70.6	Ca II	—	3	—	Ly
70.5	Sn	—	10	—	
69.6	Cd	—	20	—	L
69.1	Ca II	—	3	—	Ly
67.9	Cu	—	2	—	ML
63.4	H	—	—	8	Ly
62.7	B	—	5	—	Mi
62.6	C	—	5	—	Mi
62.5	Ge	—	4	—	C
62.0	Fe ?	—	2	—	Mi
61.0	Ba	—	2	—	Ly
59.2	Cu	—	4	—	ML
58.7	O I	—	—	5	H
58.6	Tl	—	5	—	C
55.7	O I	—	—	8	H
55.5	H	—	—	7	Ly
54.0	Ga III	—	4	—	C
53.6	H	—	—	8	Ly
53.0	Al III	—	2	—	
52.5	H	—	—	8	Ly
51.1	In	—	5	—	C
50.4	Y	—	3	—	
49.4	Tl	—	5	—	C
48.6	Pb	—	10	—	L
47.8	Sn	—	4	—	C
47.2	H	—	—	9d	Ly
47.1	Ca	—	1	—	
47.1	Sn	—	50	—	
46.4	Bi	—	10	—	L
45.4	H	—	—	8d	Ly
44.6	In	—	5	—	C
44.5	Te	—	15	—	L
43.4	Al ?	—	2	—	
42.07	Ca II	—	2	—	
38.7	H	—	—	7d	Ly
38.2	Ga	—	6	—	
37.2	Tl	—	4	—	
36.1	H	—	—	8d	Ly
35.8	A Bl	—	—	7	Ly
35.72	C II	—	10	—	
35.3	Hg	—	5	—	
35.3	N	—	10	—	H
34.7	Sn	—	3	—	C
34.7	Tl	—	6	—	C

λ in I. A.	Element	Bogen	Funke	Geißler	Beobachter
1334.54	C II	—	10	—	
34.5	A Bl	—	—	7	Ly
33.9	H	—	—	8d	Ly
33.7	A Bl	—	—	5	Ly
32.4	Tl	—	8	—	
31.8	Ce	—	20	—	L
31.1	Ba	—	2	—	Ly
30.9	In	—	6	—	C
30.8	Hg	—	4	—	C
29.60	C	—	8	—	
29.14	C	—	8	—	
28.84	C	—	1	—	
27.2	Sn	—	50	—	
26.9	Bi	—	5	—	L
26.4	Hg	—	4	—	
23.9	C	—	7	—	
23.2	Hg	—	4	—	
23.2	Ga III	—	4	—	C
22.3	C	—	2	—	Mi
21.7	Tl	—	7	—	C
20.2	In	—	5	—	
19.6	N	—	5	—	H
19.4	Al ?	—	6	—	
18.3	Mo	—	3	—	L
17.4	Bi	—	15	—	L
16.5	Pb	—	30	—	L
14.7	Sn IV	—	12	—	C
13.2	Pb IV	—	9	—	C
12.9	Tl	—	5	—	C
11.6	Ca	—	10	—	L
11.0	N	—	5	—	H
10.5	C	—	1	—	
10.1	Al ?	—	6	—	Ly
09.7	Ga	—	5	—	
08.7	Tl	—	5	—	L
06.8	Sb	—	30	—	L
06.3	Bi	—	10	—	L
06.12	O I	—	—	10	H
06.0	Sn	—	4	—	C
06.0	As ?	—	20	—	L
04.96	O I	—	—	10	H
04.6	Tl	—	8	—	C
03.6	Ga	—	6	—	
02.27	O I	—	—	10	H
1299.5	Ga	—	6	—	C
99.10	Si III	—	—	4	
98.8	Ti	—	5	—	L
97.1	Te	—	10	—	L
96.8	C	—	2	—	
96.0	In	—	9	—	

λ in I. A.	Element	Bogen	Funke	Geißler	Beobachter
1295.9	Ga III	—	6	—	
94.7	Si	—	6	—	
94.4	Sn	—	15	—	L
94.3	Ti	—	5	—	L
93.5	Ga III	—	6	—	C
91.1	Te	—	10	—	L
87.3	As	—	10	—	L
86.7	Pt	—	5	—	L
85.4	Ga	—	5	—	C
83.4	H	—	—	6	Ly
80.7	Hg	—	4	—	
79.3	Ga	—	5	—	C
78.—	C	—	5	—	
77.19	O	—	—	4	H
76.4	Ca	—	3	—	Ly
76.22	O	—	—	4	H
76.0	N	—	—	10	H
75.08	O	—	—	3	H
72.2	Mo	—	3	—	L
72.2	Fe	—	2	—	Mi
69.7	Hg I	—	5	—	
69.3	Te	—	8	—	L
68.2	Ca	—	2	—	Ly
67.6	As	—	40	—	L
67.2	Ga III	—	6	—	C
66.6	Pb	—	20	—	L
66.4	Tl III	—	10	—	
65.04	Si II	—	—	10	
64.8	Ge	—	4	—	C
64.6	Ti	—	10	—	L
64.4	Ca ?	—	2	—	
63.5	As ?	—	20	—	L
63.—	Zn	—	3	—	
61.9	Ge	—	6	—	C
61.9	H	—	—	8	Ly
61.2	C	—	3	—	
60.8	Fe	—	2	—	Mi
60.7	Si II	—	—	8	
60.48	C	—	3	—	
59.3	S	—	3	—	Mi
59.2	Sn ?	—	20	—	L
58.8	Ga	—	7	—	
54.3	Ca	—	2	—	Ly
54.1	Fe	—	2	—	Mi
53.6	Zn	—	4	—	
53.2	H	—	—	6	Ly
51.3	Sn	—	60	—	L
50.5	Pb	—	30	—	
47.7	O	—	—	10	H
47.4	C	—	6	—	

λ in I. A.	Element	Bogen	Funke	Geißler	Beobachter
1246.8	Ti ?	—	5	—	L
45.5	Ga	—	4	—	C
45.0	Sn ?	—	20	—	L
42.9	N	—	3	—	
42.8	As ?	—	25	—	L
39.9	O	—	—	4	H
37.1	Ge	—	6	—	C
31.6	Pb	—	20	—	L
31.6	Tl III	—	6	—	C
30.7	Sn ?	—	10	—	L
30.1	H	—	—	8	Ly
29.8	Ge IV	—	12	—	C
29.0	N	—	—	6	H
28.9	Fe	—	2	—	Mi
28.3	H	—	—	8	Ly
28.0	Ga	—	6	—	
25.9	H	—	—	7	Ly
25.5	N	—	—	8	H
25.5	Pt	—	5	—	L
25.1	Bi ?	—	10	—	L
25.1	Sb	—	30	—	L
23.6	Sn	—	10	—	L
23.4	Zn	—	3	—	
23.2	Te	—	15	—	L
18.8	Te	—	15	—	L
17.7	O	—	—	10	H
16.1	Cu	—	5	—	ML
15.7	Ge	—	5	—	C
15.7	H I	—	—	10	L
15.5	Te	—	15	—	L
15.1	He II	—	4	—	Ly
15.1	Al	6	4	—	Hu
13.5	Pb	—	8	—	
12.7	Pb	—	8	—	L
11.0	Sb	—	10	—	L
09.8	Sn ?	—	40	—	L
08.8	As	—	30	—	L
06.9	Si III	—	—	10	
06.9	H	—	—	6	Ly
06.5	Ge	—	4	—	C
05.2	H	—	—	6	Ly
05.2	Sb	—	10	—	L
03.2	Pb	—	20	—	L
00.8	S	—	4	—	Mi
00.76	O	—	—	3	H
00.4	N	—	—	10	H
00.25	O	—	—	3	H
1199.56	O	—	—	3	H
99.0	Sb ?	—	10	—	L
97.4	O	—	—	4	H

λ in I. A.	Element	Intensität			Beobachter
		Bogen	Funke	Geißler	
1195.0	Ga	—	4	—	
94.9	Si II	—	5	5	
94.4	C	—	1	—	
93.2	C	—	1	—	
93.2	Sb	—	10	—	L
93.0	Ga	—	4	—	
92.1	Al	—	4	—	Hu
90.8	Ga	—	4	—	C
90.1	Al	—	4	—	Hu
90.1	Pb	—	7	—	C
89.7	O	—	—	5	H
89.7	Sn?	—	40	—	L
89.0	Ge IV	—	12	—	C
89.0	H	—	—	7d	Ly
86.4	Fe	—	2	—	Mi
85.6	Pb	—	4	—	C
85.2	Ga	—	4	—	C
85.1	N	—	—	4d	H
83.4	Ge	—	8	—	C
80.8	H	—	—	7	Ly
76.40	C	—	3	—	
76.08	C	—	3	—	
75.72	C	—	3	—	
75.31	C	—	3	—	
74.4	C	—	3	—	
76.0	Al	2	4	—	Hu
75.6	O	—	—	20	H
74.0	Te	—	15	—	L
73.8	Ge	—	6	—	C
73.4	S	—	3	—	Mi
71.5	Sb	—	10	—	L
71.4	As	—	15	—	L
70.6	Ga	—	5	—	
68.5	O	—	—	5	H
68.4	N	—	—	4d	H
67.7	O	—	—	7	H
67.7	Sb	—	10	—	L
67.1	Te	—	20	—	L
67.0	Pb	—	20	—	
64.8	N	—	—	3	H
63.6	Ga	—	4	—	
63.0	S	—	3	—	Mi
62.8	Tl	—	4	—	C
62.2	Sb	—	10	—	L
60.9	H	—	—	10d	Ly
60.8	Ge	—	8	—	C
59.9	Sb?	—	10	—	L
59.1	Ge	—	8	—	C
58.7	N	—	—	5	H
58.2	Sn	—	60	—	L

λ in I. A.	Element	Intensität			Beobachter
		Bogen	Funke	Geißler	
1158.0	Pb	—	8	—	C
58.0	In	—	3	—	C
56.3	Ga	—	4	—	
56.2	Au	—	4	—	L
52.6	O	—	—	6	H
51.9	Sb?	—	10	—	L
50.6	Ge	—	8	—	C
50.2	Ga	—	4	—	C
49.9	Te	—	10	—	L
48.7	As?	—	5	—	L
47.5	O	—	—	6	H
46.5	Sb	—	8	—	L
45.5	H	—	—	8d	Ly
44.1	Tl	—	3	—	C
44.0	Te	—	5	—	L
43.8	O	—	—	6	H
43.4	Fe	—	2	—	Mi
42.1	O	—	—	5	H
41.5	C	—	4	—	
39.6	Bi?	—	10	—	L
39.3	Tl	—	3	—	C
38.0	Ge	—	8	—	C
37.7	Pb	—	8	—	
37.4	C	—	3	—	Mi
36.9	Ga	—	8	—	W
35.8	Ga	—	8	—	W
35.02	N	—	—	1	
34.45	N	—	—	1	
34.20	N	—	—	1	
34.3	Tl	—	4	—	C
33.8	Ga	—	3	—	
33.6	Au	—	3	—	L
32.3	O	—	—	10	H
32.3	Sn	—	40	—	L
28.4	O	—	—	8	H
28.4	Si IV	—	8	—	
28.3	Ga	—	3	—	
28.0	Ce?	—	5	—	L
27.8	P V	—	5	—	Mi
27.6	Co	—	3	—	L
26.3	Ga	—	3	—	
25.5	Tl	—	4	—	C
23.0	Te	—	15	—	L
22.6	Si IV	—	8	—	
21.4	Au	—	3	—	L
21.3	S	—	5	—	Mi
20.8	Ga	—	3	—	
20.5	Ti	—	10	—	L
20.0	Pb?	—	10	—	L
18.3	Ga	—	3	—	

λ in I. A.	Element	Bogen	Funke	Geißler	Beobachter	λ in I. A.	Element	Bogen	Funke	Geißler	Beobachter
1118.2	Mn	—	5	—	L	1083.7	O	—	—	6	H
18.2	Pt	—	3	—	L	82.9	Sb	—	8	—	L
17.9	P V	—	5	—	Mi	82.8	Hg	—	4	—	C
16.8	Ge	—	6	—	C	82.7	Tl	—	4	—	C
16.5	Te	—	10	—	L	82.2	In	—	2	—	
16.2	Pb IV	—	4	—	C	81.8	Te	—	8	—	L
15.4	Ga	—	2	—		81.7	B	—	2	—	Mi
14.8	S	—	5	—	Mi	81.6	Tl	—	5	—	L
14.2	Mn	—	5	—	L	81.5	As	—	50	—	L
13.8	Si III	—	8	—		80.6	Ce	—	5	—	L
13.5	Mn	—	5	—	L	80.1	Hg	—	4	—	C
13.4	Ti	—	10	—	L	79.7	Tl	—	5	—	
12.8	Be	—	3	—	Mi	79.0	Cl	—	3	—	Mi
12.5	U	—	2	—	L	74.1	Tl	—	5	—	L
12.1	V	—	3	—	L	72.5	Ge	—	6	—	C
10.5	Si III	—	5	—		70.9	Cl	—	4	—	Mi
10.1	Hg	—	5	—	C	70.5	Tl	—	4	—	C
10.—	O	—	—	5	H	69.2	Pb IV	—	4	—	C
09.5	Au	—	3	—	L	69.1	Ge	—	5	—	C
09.4	Tl	—	4	—	C	68.3	Ge	—	5	—	C
08.8	Si III	—	4	—		68.2	Cl	—	3	—	Mi
06.5	As	—	10	—	L	68.1	Tl	—	5	—	
06.5	Te	—	10	—	L	66.4	Si IV	—	8	—	Mi
05.0	Ge	—	6	—	C	66.3	O	—	—	5	H
04.8	H	—	—	6	Ly	66.1	C	—	6	—	
02.9	Ga	—	4	—		65.1	Tl	—	5	—	
01.3	N	—	—	4	H	64.2	Te	—	10	—	L
1099.6	Tl	—	6	—	C	63.6	Cl	—	3	—	Mi
98.7	Ge	—	6	—	C	62.2	Ce ?	—	10	—	L
94.6	Mo ?	—	3	—	L	62.1	Fe	—	2	—	Mi
93.5	As	—	20	—	L	61.8	Sn	—	10	—	L
92.6	C	—	3	—	Mi	58.9	Ge	—	6	—	C
92.0	Ga	—	5	—	C	58.6	Bi	—	3	—	L
91.7	Ga	—	2	—		58.5	Mo	—	3	—	L
90.7	Tl	—	4	—	C	58.1	Ga	—	3	—	
90.4	Ga	—	2	—		57.6	Sn	—	10	—	L
89.4	Ge	—	5	—	C	56.7	Tl	—	5	—	L
89.3	Te	—	8	—	L	56.1	H	—	—	6	H
88.8	Sn	—	15	—	L	55.5	Pt	—	3	—	L
88.4	Ce	—	5	—	L	53.1	H	—	—	6	H
88.3	Ge	—	8	—	C	53.0	Sn	—	5	—	L
87.0	Sb	—	8	—	L	52.2	In	—	5	—	W
86.5	Ge	—	5	—	C	51.6	Bi	—	10	—	L
86.4	Sn	—	15	—	L	50.4	Ga	—	4	—	
85.75	N	—	—	4		49.9	Ge	—	5	—	C
85.59	N	—	—	3		49.0	Tl	—	5	—	L
84.60	N	—	—	4		48.9	Pb	—	12	—	C
84.04	N	—	—	3		48.8	Zn	—	3	—	
85.0	He II	—	—	5	Ly	48.1	In	—	3	—	C
85.0	Ga	—	5	—	C	48.0	Sb	—	10	—	L

λ in I. A.	Element	Bogen	Funke	Geißler	Beobachter
1047.5	H	—	—	7	
45.8	In	—	5	—	W
45.7	Bi	—	10	—	L
45.5	Ge	—	7	—	C
45.1	H	—	—	4	H
44.2	Tl	—	5	—	
43.6	Sn	—	50	—	L
41.7	Sb	—	10	—	L
40.8	Ge	—	5	—	C
40.4	H	—	—	7	H
41.71	O ⎫	—	—	7	H
41.00	O ⎬	—	—	8	H
39.26	O ⎭	—	—	8	H
37.2	Al	4	2	—	Hu
36.9	O	—	—	8	H
37.03	C II ⎫	—	10	—	
36.35	C II ⎭	—	10	—	
34.7	Tl	—	3	—	C
31.8	Fe	—	4	—	Mi
31.5	In	—	5	—	W
31.—	H	—	—	7	
30.9	Mn	—	2	—	L
30.9	Tl	—	3	—	C
30.3	P	—	3	—	Mi
29.3	Ge	—	5	—	C
29.—	Zn	—	2	—	
28.8	Pb IV	—	30	—	L
28.6	In	—	3	—	C
27.6	Mn	—	2	—	L
25.6	He	—	—	8	L
24.6	In	—	4	—	W
24.0	Au	—	2	—	L
22.8	Te	—	5	—	L
19.3	Sn	—	50	—	L
18.7	Cr	—	5	—	L
18.—	Zn	—	2	—	
17.6	Fe	—	6	—	Mi
16.5	Ge	—	8	—	C
16.2	H	—	—	5	Ly
15.8	Ti	—	2	—	L
14.9	Cl	—	4	—	Mi
12.4	H	—	—	4	H
12.3	Ge	—	6	—	C
12.2	Mn	—	2	—	L
11.7	Sb	—	10	—	L
11.2	Ge	—	9	—	C
10.5	O	—	—	10	H
10.28	C I	—	10	—	
10.10	C I	—	10	—	
09.86	C I	—	10	—	

λ in I. A.	Element	Bogen	Funke	Geißler	Beobachter
1009.1	As	—	10	—	L
08.9	Mn	—	2	—	L
08.6	Cl	—	4	—	Mi
07.9	H	—	—	4	H
07.0	Te	—	10	—	L
06.4	H	—	—	4	H
06.0	Fe	—	2	—	Mi
05.4	Cl	—	3	—	Mi
04.6	Pb	—	10	—	L
04.4	Cr	—	5	—	L
04.2	Ge	—	6	—	C
03.5	Te	—	10	—	L
02.3	H	—	—	4	H
01.8	As	—	10	—	L
01.4	H	—	—	4	H
997.5	Si III	—	2	—	
96.5	Ge	—	8	—	C
95.9	Ge	—	8	—	C
95.6	Si III	—	2	—	
94.5	Pt	—	2	—	L
91.66	N III	—	—	4d	
91.6	Te?	—	5	—	L
90.5	Ge	—	5	—	C
90.0	U?	—	10	—	L
90.—	Zn	—	2	—	
90.73	O ⎫	—	—	10	
90.13	O ⎬	—	—	10	
88.67	O ⎭	—	—	10	
89.6	Ga	—	4	—	
89.0	Ge	—	6	—	C
87.9	Ge	—	5	—	C
87.5	Ge	—	5	—	C
87.5	Te	—	5	—	L
86.8	Ga	—	4	—	
86.6	Au	—	3	—	L
84.8	Cl	—	4	—	Mi
84.8	Ge	—	4	—	C
84.6	As	—	10	—	L
83.8	Fe	—	3	—	Mi
83.1	Te	—	5	—	L
81.9	H	—	—	5	H
80.9	Sb	—	10	—	L
78.8	H	—	—	8	H
78.62	O ⎫	—	—	4	H
78.06	O ⎬	—	—	5	H
76.50	O ⎭	—	—	5	H
77.9	Ca?	—	2	—	Sa
77.4	Al	3	4	—	Hu
77.2	Cl?	—	4	—	Mi
77.2	H	—	—	8	H

λ in I. A.	Element	Bogen	Funke	Geißler	Beobachter	λ in I. A.	Element	Bogen	Funke	Geißler	Beobachter
977.1	Hg	—	7	—	C	927.6	Te	—	8	—	L
77.0	C	—	10	—		26.7	As	—	8	—	L
76.9	Ge	—	7	—	C	26.7	Pb	—	20	—	L
75.5	Sb	—	10	—	L	25.5	Cr	—	3	—	L
75.5	Au	—	20	—	L	23.3	Hg	—	4	—	C
73.92	O }	—	—	4	H	23.1	O II }	—	5	—	Mi
73.26	O }	—	—	5	H	21.1	O II }	—	5	—	Mi
71.76	O }	—	—	8	H	22.8	Au ?	—	4	—	L
71.3	Ge	—	6	—	C	22.5	Pb IV	—	4	—	C
70.9	H	—	—	4	H	21.6	He II	—	—	6	
70.8	Te	—	8	—	L	21.4	Ga	—	4	—	C
67.4	Bi	—	3	—	L	19.9	H	—	—	4	H
65.3	Ga	—	6	—	C	18.8	P	—	2	—	Mi
65.0	Te	—	5	—	L	17.8	O }	—	—	15	H
64.5	P	—	3	—	Mi	16.4	O }	—	—	15	H
63.3	As	—	10	—	L	17.0	As ?	—	8	—	L
62.4	Fe	—	2	—	Mi	16.9	H	—	—	3	H
60.4	Cl	—	6	—	Mi	16.8	P	—	2	—	Mi
60.2	As ?	—	5	—	L	16.82	N II }	—	—	15	
59.6	Ca	—	5	—	L	16.13	N II }	—	—	15	
58.9	Mo	—	3	—	L	15.71	N II }	—	—	15	
58.0	Hg	—	4	—	C	15.0	Ge IV	—	8	—	C
56.9	Ga	—	5	—	C	11.5	Fe	—	2	—	Mi
56.0	As	—	8	—	L	11.3	Ga	—	4	—	C
55.8	Sn	—	30	—	L	09.7	Sn	—	10	—	L
55.3	H	—	4	—	H	09.3	Ga	—	3	—	
54.4	H	—	4	—	H	08.3	Ga	—	3	—	
54.4	Pb	—	5	—		07.8	Tl	—	2	—	L
53.4	Te	—	6	—	L	07.0	Sn	—	10	—	L
52.8	As	—	8	—	L	07.—	Pt	—	20	—	
51.9	H	—	—	4	H	04.7	O	—	—	10	H
51.7	Cd	—	2	—	L	04.5	Al	5	4	—	Hu
50.6	P	—	6	—	Mi	04.1	Ga	—	4	—	C
50.5	Ti	—	2	—	L	04.1	In	—	5	—	C
47.2	Ga	—	4	—		04.48	C }	—	10	—	
45.7	In	—	4	—	W	03.98	C }	—	10	—	
45.3	C	—	4	—		03.63	C }	—	10	—	
42.0	Te	—	6	—	L	02.3	Ca	—	20	—	L
38.9	Au	—	3	—	L	02.3	Sn	—	50	—	L
38.9	Ge IV	—	6	—	C	01.5	Te	—	5	—	L
38.6	Ga	—	4	—		899.1	Hg	—	4	—	C
37.7	S	—	3	—	Mi	94.1	Pb	—	15	—	
37.4	Co	—	5	—	L	94.0	Mo	—	3	—	L
36.7	Ge IV	—	9	—	C	93.5	Cl	—	4	—	Mi
35.6	H	—	—	5	H	92.6	Ge	—	5	—	C
35.4	Pt	—	3	—	L	92.6	Mn	—	30	—	L
31.0	Te	—	8	—	L	92.2	Sn	—	10	—	L
30.2	Pt	—	3	—	L	92.0	Ca	—	4	—	L
30.0	Ga	—	3	—		91.2	Fe	—	2	—	Mi
29.2	Fe	—	3	—	Mi	90.8	Pb IV	—	4	—	C

λ in I. A.	Element	Bogen	Funke	Geißler	Beobachter
889.7	O	—	—	5	
89.5	Pb	—	20	—	L
89.3	Ga	—	3	—	C
89.0	Cd	—	5	—	L
88.0	Cl	—	4	—	Mi
86.0	Mo	—	3	—	L
85.2	Cr	—	40	—	L
84.8	C	—	1	—	
84.5	Au ?	—	5	—	L
84.1	Fe	—	2	—	Mi
83.7	Pb	—	15	—	
82.5	Mo	—	3	—	L
82.3	B	—	2	—	Mi
82.0	In	—	4	—	W
81.9	Zn	2	4d	—	
80.6	Fe	—	2	—	Mi
78.0	As	—	8	—	L
77.0	P V	—	2	—	Mi
76.3	Fe	—	2	—	Mi
74.4	Ga	—	4	—	
73.7	As	—	8	—	L
73.6	Fe	—	2	—	Mi
71.—	P V	—	2	—	
68.3	Ge IV	—	6	—	C
65.4	Co	—	2	—	L
64.4	Cl	—	4	—	Mi
64.3	Au	—	5	—	L
64.0	Pb	—	5	—	C
63.2	Fe	—	3	—	Mi
61.0	Sb	—	6	—	L
60.4	Ga	—	3	—	
59.9	Fe	—	4	—	Mi
59.6	P	—	4	—	Mi
58.55	C II	—	6	—	
58.09	C II	—	6	—	
58.0	O	—	—	5	H
56.9	Al III	—	1	—	Mi
55.5	P	—	3	—	Mi
54.5	Au	—	4	—	L
52.7	Pb	—	5	—	L
51.8	Fe	—	2	—	Mi
51.6	Cl	—	4	—	Mi
51.2	Pb	—	8	—	L
48.4	C	—	2	—	
47.8	Ge IV	—	5	—	C
47.7	Fe	—	2	—	Mi
46.8	Cd	—	10	—	L
45.0	Fe	—	2	—	Mi
44.0	Au ?	—	5	—	L
40.9	Cl	—	6	—	Mi

λ in I. A.	Element	Bogen	Funke	Geißler	Beobachter
840.5	Cr	—	3	—	L
39.9	Ga	—	2	—	
39.9	Ca	—	10	—	L
38.2	Cd ?	—	15	—	L
37.0	Sn	—	8	—	L
35.71	N	—	—	1	
35.4	Pb	—	3	—	C
35.31	O	—	4	—	Mi
35.12	O	—	4	—	Mi
34.48	O	—	4	—	Mi
33.77	O	—	4	—	Mi
33.35	O	—	4	—	Mi
32.95	O	—	3	—	Mi
32.78	O	—	3	—	Mi
34.0	Ti ?	—	45	—	L
31.6	Au	—	4	—	L
31.6	Ca	—	20	—	L
30.4	Ce	—	20	—	L
29.8	Ga	—	7	—	W
28.8	Ga	—	7	—	W
27.9	P	—	3	—	Mi
27.4	As	—	5	—	L
27.3	8n	—	8	—	L
24.5	P	—	3	—	Mi
18.0	Si IV	—	5	—	
15.0	Si IV	—	5	—	
17.0	Tl	—	3	—	L
13.7	Fe	—	2	—	Mi
12.5	Te	—	10	—	L
12.1	Pb	—	3	—	L
11.0	Au	—	3	—	L
09.8	C	—	4	—	
09.2	S	—	5	—	Mi
07.8	Tl	—	2	—	L
06.6	C	—	6	—	
05.0	Pt	—	3	—	L
04.7	Sb	—	5	—	L
04.0	Al ?	—	2	—	Mi
00.5	Ga	—	3	—	
799.8	C	—	5	—	
96.9	S	—	4	—	Mi
96.8	K ?	—	3	—	Mi
96.7	O	—	3	—	
95.3	Ga	—	3	—	C
93.9	Cl	—	3	—	Mi
92.0	Tl	—	2	—	L
91.5	Bi	—	2	—	L
91.4	Cu	—	4	—	Mi
90.0	U ?	—	5	—	L
90.22	O IV	—	2	—	

λ in I. A.	Element	Funke	Beobachter	λ in I. A.	Element	Funke	Beobachter
787.74	O IV	2		729.4	Cl	3	Mi
88.9	Ca	2	L	25.2	S	4	Mi
88.3	Cu	6	Mi	23.4	V	5	L
87.8	Cl	4	Mi	23.1	Fe	2	Mi
87.3	Ca	2	L	23.0	Sb	3	L
86.6	S	5	Mi	22.0	S	4	Mi
86.5	C	1		18.9	Al	3	Hu
84.1	Sn	20	L	18.7	Cl?	5	Mi
81.6	Ti	20	L	18.56	O	3	
80.1	Cr	3	Mi	18.2	Ca	10	L
79.81	O	2	Mi	18.2	U?	10	L
79.7	Cd?	3	L	16.9	S	4	Mi
78.6	K?	3	Mi	15.8	Cl	4	Mi
77.9	Ga	3	C	15.3	Cu	3	Mi
77.3	Cu	5	Mi	13.7	Tl	2	L
76.6	As?	3	L	13.5	Pt	3	L
75.9	N	2	Mi	12.6	Cl	4	Mi
75.0	Sn?	10	L	11.0	C	1	
74.2	S	4	Mi	11.0	S	4	Mi
72.97	N ⎫	1	Mi	10.7	Cd	2	L
72.45	N ⎬	1	Mi	07.4	Cl	4	Mi
71.97	N ⎭	1	Mi	03.90	O III ⎫	3	Mi
71.59	N ⎭	1	Mi	02.89	O III ⎬	3	Mi
65.7	K	3	Mi	02.36	O III ⎭	3	Mi
64.7	S	5	Mi	03.7	S	4	Mi
64.6	Ti?	5	L	03.1	Ti?	8	L
64.4	Cr	4	Mi	02.5	Mn	2	L
64.4	N	3		01.7	Pt	3	L
63.7	U	5	L	01.4	S	4	Mi
60.4	As?	3	L	00.1	Cu	3	Mi
60.4	Ga	3	C	699.2	S	4	Mi
60.3	Ge	3	C	98.4	Sb	2	L
59.9	Sn	8	L	97.1	Tl	4	L
58.68	B III	3	Mi	96.5	Mo	10	L
58.47	B III	3	Mi	96.1	Pt	3	L
54.6	Pb	3	L	95.9	Al III	2	
52.0	Sn	10	L	94.7	Cr	5	Mi
49.7	Si IV	3	ML	91.6	Mo	8	L
49.5	S	5	Mi	91.2	Cu	3	Mi
48.5	Pb	4	L	91.0	Sb	2	L
48.3	Te	3	L	88.—	Ca	4	
46.9	As?	3	L	87.7	Cr	4	Mi
45.2	S	5	Mi	87.39	C II ⎫	8	
43.5	Ne	—	Hertz	87.10	C II ⎭	8	
40.7	Ce	5	L	86.39	N ⎫	1	Mi
35.7	Ne	—	Hertz	85.86	N ⎬	1	Mi
32.0	Sb?	3	L	85.55	N ⎬	1	Mi
30.3	Cu	3	Mi	85.04	N ⎭	1	Mi
29.9	Fe	3	Mi	84.5	V?	10	L
29.4	S	5	Mi	82.5	Au?	3	L

λ in I. A.	Element	Funke	Beobachter	λ in I. A.	Element	Funke	Beobachter
682.2	Cl	3	Mi	647.6	Te	2	L
82.1	Cu	3	Mi	46.4	Ca	3	Mi
82.1	S	4	Mi	46.0	Si IV	2	
81.3	Cr	5	Mi	45.1	Au	2	L
79.9	S	5	Mi	44.8	K?	4	Mi
79.7	Ga	2	W	44.17	O	1	
78.0	Al	5	Hu	44.1	Co?	3	L
77.8	Zn	5		42.5	Ca?	2	
77.6	Cr	4	Mi	42.0	Te?	2	L
77.4	S	4	Mi	41.8	C	5	
77.16	B III	5	Mi	39.1	Cl	3	Mi
77.01	B III	5	Mi	37.9	Ca	2	
76.5	Cu	3	Mi	37.8	Cr	6	Mi
74.4	Pb?	2	L	36.3	C II	3	
72.6	Pb	2	L	35.8	Cl	4	Mi
71.3	Mo?	10	L	34.3	Ca	5	L
70.8	Cl	3	Mi	34.0	Cr	5	Mi
70.6	Ga	4	W	34.0	Te	2	L
69.9	Fe	4	Mi	32.3	Ca	2	
69.3	Ca	6		29.9	Cr	6	Mi
67.5	Mo?	10	L	29.75	O	1	
67.1	Cr	5	Mi	28.7	Ca?	1	
66.9	Fe	4	Mi	25.84	O	—	
64.8	Au	3	L	2514	O	4	Mi
63.2	Cl	4	Mi	24.8	As?	2	L
62.4	Tl	3	L	24.61	O	1	
61.4	S	5	Mi	19.9	Cu	2	Mi
61.1	Au	3	L	19.9	Cr	6	Mi
58.3	Mo?	10	L	19.6	Ca	3	L
58.31	F	5	Mi	19.1	Sn	5	L
57.69	F	5	Mi	17.7	C	1	
56.84	F	5	Mi	17.05	O	1	
56.34	F	5	Mi	16.33	O	1	
56.00	F	5	Mi	15.8	Cu	2	Mi
58.4	O IV	1	Mi	14.6	Sn	2	L
56.7	O IV	1	Mi	13.8	As	3	L
57.9	Au?	3	L	13.8	Cr	5	Mi
56.6	S	4	Mi	11.4	S	3	Mi
55.5	Au?	3	L	11.3	Pt	2	L
55.5	Ca	7		11.0	Ca	3	L
54.9	Cr	4	Mi	11.0	Tl	2	L
54.6	S	4	Mi	10.79	O	1	
53.7	Cl	4	Mi	10.7	Co?	4	L
53.6	Te	2	L	10.06	O	1	
52.9	S	4	Mi	10.0	U?	2	L
52.9	U	2	L	09.85	O	1	
52.1	C	3		09.3	Cl	3	Mi
51.0	C	3		09.1	Fe?	9	Mi
48.7	Cr	4	Mi	08.41	O	2	
47.8	Mn	2	L	07.6	Co	4	L

λ in I. A.	Element	Funke	Beobachter	λ in I. A.	Element	Funke	Beobachter
607.99	F ⎤	7	Mi	554.07	O ⎫	1	Mi
07.43	F ⎟	7	Mi	53.33	O ⎭	1	Mi
06.53	F ⎬	7	Mi	54.0	S	2	Mi
06.23	F ⎟	7	Mi	53.6	Ca	3	L
05.64	F ⎦	7	Mi	53.1	Cl?	3	Mi
06.3	Cl	3	Mi	52.1	Fe	7	Mi
05.4	Sn	3	L	51.1	Ca	3	L
02.4	Fe	4	Mi	51.0	S	2	Mi
00.2	K?	4	Mi	49.6	C	2	
599.60	O	5		48.7	Fe?	7	Mi
98.1	Fe?	4	Mi	48.6	Ca	3	L
95.8	Cl	3	Mi	48.5	Cu	2	Mi
94.9	C II	5		47.7	Mo	10	L
94.2	Fe?	3	Mi	47.2	F	0	Mi
93.5	Ca	3	L	47.1	Cu	2	Mi
91.5	Cl	3	Mi	43.4	C II	2	
90.9	Ca	4	L	42.4	Cu	2	Mi
86.9	Cl	4	Mi	40.7	Cu	2	
86.5	Ca	6	L	40.7	Mo?	10	L
85.7	C	3		38.4	C	7	
84.6	Cl	3		37.6	Ca?	6	
84.0	Fe	3	Mi	37.2	V?	8	L
83.5	In	1	W	36.7	Cl	4	Mi
80.6	K?	2	Mi	35.0	Ca	3	
80.2	Fe?	3	Mi	33.9	C II	2	
79.7	Mn?	3	L	30.3	C	2	
75.3	Cr	5	Mi	29.5	Pb	2	L
74.5	C	6		27.6	Ca	3	L
74.3	Cl	4	Mi	25.82	O	1	Mi
72.0	Ca	2		25.7	U?	2	L
71.4	F	1	Mi	25.5	V?	5	L
69.8	Fe	3	Mi	11.3	Ga	3	W
69.7	Cl	3	Mi	09.8	Ga	3	W
69.6	Pb	2	L	09.0	Te	0	L
69.0	Ca	3	L	08.23	O III ⎫	5	Mi
67.5	F	2	Mi	07.73	O III ⎬	5	Mi
65.7	Fe	3	Mi	07.45	O III ⎭	5	Mi
65.1	Cl	3	Mi	07.7	V?	2	L
64.8	C	3		07.5	Sn	8	L
64.2	Ca	5	L	07.3	Ca?	3	L
63.4	Au?	2	L	06.7	Fe	3	Mi
61.5	Cl	4	Mi	05.4	Cu	8	Mi
61.—	Si IV	1		02.4	Fe	3	Mi
60.9	Ca	8	L	02.0	Sn	8	L
60.5	C II	3		499.7	C	4	
58.0	Ca	4		99.6	Cu	4	Mi
56.4	Cl	4	Mi	96.9	Cu	3	Mi
55.5	Ca	5	L	96.4	Pb	2	L
55.23	O ⎫	1	Mi	93.7	C	1	
54.52	O ⎭	1	Mi	91.8	Cu	4	Mi

λ in I. A.	Element	Funke	Beobachter	λ in I. A.	Element	Funke	Beobachter
490.3	F	1	Mi	394.5	Tl	1	L
86.3	Si	0	Mi	92.9	Fe	7	Mi
84.7	O	2	Mi	92.7	K	2	Mi
84.5	Cu	4	Mi	92.7	Si	2	Mi
83.0	V	10	L	91.5	Sn	2	L
78.3	Pb	2	L	90.1	K	2	Mi
76.2	Cu	3	Mi	87.7	Fe?	9	Mi
75.0	Pb	3	L	86.4	C	4	
72.9	Zn	2d		85.6	Sn?	2	L
72.5	Cu	3	Mi	85.2	Fe?	9	Mi
70.4	K	4	Mi	84.4	C	4	
70.2	S	0	Mi	82.5	K	2	Mi
69.8	Cr	4	Mi	81.1	Fe	4	Mi
67.4	Zn	2d		79.3	Cu	3	Mi
64.9	F	1	Mi	78.6	F	0	Mi
64.3	Cu	5	Mi	76.6	Na?	1	Mi
64.0	Cr	4	Mi	74.3	O	4	Mi
63.0	Au	1	L	73.5	Mo?	1	L
59.7	C	6		73.3	Sn?	2	L
58.0	Au	1	L	72.3	Na	3	Mi
57.7	Si IV	3		69.2	Cd	1	L
56.8	Cr	4	Mi	65.8	Fe	5	Mi
56.0	Sb	1	L	61.6	Si IV	1	Mi
52.8	Cu	7	Mi	61.5	Sn?	2	L
50.9	C	1		61.0	Cu	4	Mi
48.5	K	2	Mi	60.5	C	1	
46.6	Cu	4	Mi	59.4	Pb?	1	L
44.4	K	2	Mi	58.0	Cu	5	Mi
44.0	Cu	3	Mi	57.9	Ca	3	
38.3	Cr	4	Mi	55.7	Sn	2	L
34.6	Cr?	4	Mi	55.3	Mg?	0	Mi
34.5	O	2	Mi	52.9	Mg?	0	Mi
26.5	Fe	3	Mi	44.4	Ca	2	
25.1	Ga	4	W	40.8	Ca	4	
24.3	Ti	2	L	39.8	Cu	4	Mi
22.0	Fe	3	Mi	36.3	Cr	3	Mi
22.0	Ga	3	W	33.2	Cu	4	Mi
20.1	F	1	Mi	31.6	Ca	3	
19.8	C	1		29.2	Cu	5	Mi
17.5	Fe	4	Mi	29.7	Ca	2	Mi
14.4	K	2	Mi	29.5	Cu	6	Mi
10.2	Ca	8		23.2	Mg	4	Mi
09.8	K	2	Mi	20.9	Mg	5	Mi
09.5	Sn	5	L	16.4	Zn	0	Savyer
03.8	Ca	8		12.9	K	0	Mi
00.8	Fe	3	Mi	11.8	Fe	2	Mi
398.7	Ce	1	L	11.4	Mn	1	L
97.2	U	1	L	08.5	Fe	2	Mi
95.7	O	2	Mi	05.7	O	3	Mi
95.6	Fe?	1	Mi	03.7	O	2	Mi

λ in I. A.	Element	Funke	Beobachter	λ in I. A.	Element	Funke	Beobachter
299.7	Ca	o	Mi	224.4	Ti	4	L
97.3	Fe	2	Mi	21.5	Al?	o	
94.3	Fe	2	Mi	19.1	Al?	o	
90.8	Fe	1	Mi	02.6	Cr	1	Mi
81.6	Cu	2	Mi	189.2	Cu	o	
80.9	Ca	o	Mi	62.4	Al?	o	
69.9	Ca	o	Mi	61.8	In	o	W
69.8	Cr	2	Mi	55.7	Cu	o	Mi
55.0	Cu	2	Mi	44.3	O? Al?	o	
38.6	Cr?	2	Mi	36.6	O? Al?	o	
31.6	Mg	2	Mi	24.0	Ga?	o	W

Seriengesetze der Linienspektren. Gesammelt von **F. Paschen** und **R. Götze.**
IV, 154 Seiten. 1922. Gebunden RM 11.—

Tabellen zur Röntgenspektralanalyse. Von **Paul Günther**, Assistent am
Physikalisch-Chemischen Institut der Universität Berlin. 61 Seiten. 1924. RM 4.80

Spektroskopie der Röntgenstrahlen. Von Dr. **Manne Siegbahn**, Professor an
der Universität Upsala. Mit 119 Abbildungen. VI, 257 Seiten. 1924. RM 15.—

Valenzkräfte und Röntgenspektren. Zwei Aufsätze über das Elektronen-
gebäude des Atoms. Von Dr. **W. Kossel**, o. Professor an der Universität Kiel. Z w e i t e ,
vermehrte Auflage. Mit 12 Abbildungen. 89 Seiten. 1924. RM 3.60

Probleme der Astronomie. Festschrift für **Hugo v. Seeliger**, dem Forscher und
Lehrer zum fünfundsiebzigsten Geburtstage. Mit 58 Abbildungen, 1 Bildnis und 3 Tafeln.
IV, 476 Seiten. 1924. RM 45.—

Probleme der Atomdynamik. E r s t e r T e i l : **Die Struktur des Atoms.**
Z w e i t e r T e i l : **Die Gittertheorie des festen Zustandes.** Dreißig Vorlesungen, gehalten im Wintersemester 1925/26 am Massachusetts Institute of Technology. Von **Max
Born**, Professor der Theoretischen Physik an der Universität Göttingen. Mit 42 Abbildungen und einer Tafel. VIII, 183 Seiten. 1926. RM 10.50; gebunden RM 12.—

Struktur der Materie in Einzeldarstellungen. Herausgegeben von **M. Born,**
Göttingen, und **J. Franck,** Göttingen.
E r s t e r B a n d : **Zeemaneffekt und Multiplettstruktur der Spektrallinien.** Von
Dr. **E. Back**, Privatdozent für Experimentalphysik in Tübingen, und Dr. **A. Landé,**
a. o. Professor für Theoretische Physik in Tübingen. Mit 25 Textabbildungen und
2 Tafeln. XII, 213 Seiten. 1925. RM 14.40; gebunden RM 15.90
Z w e i t e r B a n d : **Vorlesungen über Atommechanik.** Von Dr. **Max Born**, Professor
an der Universität Göttingen. Herausgegeben unter Mitwirkung von Dr. **F r i e d r i c h
H u n d**, Assistent am Physikalischen Institut in Göttingen. E r s t e r B a n d . Mit
43 Abbildungen. IX, 358 Seiten. 1925. RM 15.—; gebunden RM 16.50
D r i t t e r B a n d : **Anregung von Quantensprüngen durch Stöße.** Von Dr. **J. Franck,**
Professor an der Universität Göttingen, und Dr. **P. Jordan**, Assistent am Physikalischen
Institut Göttingen. Mit etwa 50 Textabbildungen. Erscheint im Juni 1926.

Weiter werden in dieser Sammlung erscheinen:

Strahlungsmessungen. Von Professor Dr. W. G e r l a c h - Tübingen.
Graphische Darstellung der Spektren. Von Privatdozent Dr. W. G r o t r i a n - Potsdam und
Geheimrat Professor Dr. R u n g e - Göttingen.
Lichtelektrizität. Von Privatdozent Dr. B. G u d d e n - Göttingen.
Die Bedeutung der Radioaktivität für die verschiedenen Gebiete der Naturwissenschaften.
Von Professor Dr. O. H a h n - Berlin.
Atombau und chemische Kräfte. Von Professor Dr. W. K o s s e l - Kiel.
Bandenspektra. Von Professor Dr. A. K r a t z e r - Münster.
Starkeffekt. Von Professor Dr. R. L a d e n b u r g - Berlin.
Kern-Physik. Von Professor Dr. Lise M e i t n e r - Berlin.
Kristallstruktur. Von Professor Dr. P. N i g g l i - Zürich und Professor Dr. P. S c h e r r e r -
Zürich.
Periodisches System und Isotopie. Von Professor Dr. F. P a n e t h - Berlin.
Das ultrarote Spektrum. Von Professor Dr. C. S c h a e f e r - Marburg.
Vakuumspektroskopie. Von Dr. Herta S p o n e r - Göttingen.
Atomtheorie der Gase und Flüssigkeiten. Von Privatdozent Dr. R. F ü r t h - Prag.
Linienspektra und periodisches System der Elemente. Von Privatdozent Dr. F. H u n d -
Göttingen.

Made in the USA
Monee, IL
07 July 2026

56550255R00118